KB117630

인조이 **푸껫**

인조이 푸껫

지은이 마연희 · 박민
펴낸이 임상진
펴낸곳 (주)넥서스

초판 1쇄 발행 2010년 10월 31일
5판 24쇄 발행 2019년 12월 26일

6판 1쇄 인쇄 2023년 3월 3일
6판 1쇄 발행 2023년 3월 10일

출판신고 1992년 4월 3일 제311-2002-2호
주소 10880 경기도 파주시 지목로 5
전화 (02)330-5500 팩스 (02)330-5555

ISBN 979-11-6683-502-5 13980

www.nexusbook.com

여행을 즐기는 가장 빠른 방법

인조이 푸껫 PHUKET

마연희·박민 지음

넥서스BOOKS

Prologue

여는 글

푸껫은 내 젊음의 열정을 바친 곳

잘 다니던 회사를 그만두고 여행에 미쳐 무작정 여행업으로 뛰어든 나에게 가장 먼저 주어진 여행지가 푸껫이었다. 동남아의 어느 작은 섬 휴양지라고 만만하게 여겼던 나에게 만 가지의 매력으로 다가온 푸껫. 수많은 호텔과 리조트들, 그것도 모자라 매년 들어서는 신생 리조트들은 그 수를 헤아리기 어려울 정도였다. 스노클링, 다이빙, 사파리 등등 즐길 거리는 넘쳤고, 푸껫을 둘러싼 수많은 아름다운 섬들은 나를 매료시켰다. 어느 골목의 식당을 들어가도 맛있는 음식과 단돈 만 원이면 충분한 마사지까지. 이곳이 진정한 파라다이스였다.

왜 그렇게 푸껫만 가냐며 타박하는 주변 사람들의 만류에도 불구하고 나는 매년 '푸껫을 알기 위해' 푸껫으로 날아갔다. 그렇게 드나들기를 10여 년. 그리고 다시 10년이 지나 '이젠 푸껫을 좀 안다.'라고 말할 수 있게 되었다.

이 책에는 푸껫에서의 나의 20여 년 동안의 행적이 고스란히 담겨 있다. 32℃의 땡볕 아래서 한없이 걸었던 먼지 날리는 비포장 길, 롱테일 보트와 스피드 보트에 여객선까지 멀미와 비바람을 맞아 가며 찾아갔던 섬들. 호텔 정문에서 문전박대를 당하던 기억들. 임신 6개월에 카메라를 들고 구석구석 찾아 다녔던 그 골목의 식당들까지.

사진 한 장, 글 한 줄에 얽힌 사연만 담아도 이 책 몇 권 분량이 될 것이다. 그렇게 이 책에는 나의 땀과 그동안의 시간이 고스란히 담겨 있다. 부디 내가 겪었던 시행착오는 피해 가고, 푸껫에 대한 나의 느낌이 잘 전달되어 독자들도 푸껫의 매력에 푹 빠져 보기를 바란다.

부족한 글솜씨로 책에 다 담지 못한 푸껫에 대한 뒷이야기와 생생한 정보들은 네이버 휴트래블 카페(cafe.naver.com/honeymoon100)를 통해서 업데이트할 예정이다. 물론 푸껫에 관한 어떠한 질문이라도 환영한다.

Special Thanks to,

항상 바쁜 나의 뒤에서 묵묵히, 든든히 지원해 준 남편과 가족들, 그리고 늦어지는 원고에도 믿고 기다려 주신 넥서스 권근희 이사님께도 감사의 마음을 전한다. 더불어 이 책과 함께 푸껫을 여행하는 휴트래블 앤 컨설팅 가족분들과 모든 여행자들이 안전하고 멋진 여행을 하기 바란다.

나와 같이 푸껫의 매력에 빠지기를 바라며!

Bon voyage!

태국, 푸껫을 사랑하는
마연희

1

미리 만나는 푸껫

태국의 대표적인 휴양지 푸껫은 어떤 매력을 가지고 있을까? 푸껫의 기본 정보를 비롯해 대표적인 명소와 액티비티, 음식, 쇼핑 아이템를 사진으로 보면서 여행의 큰 그림을 그려 보자.

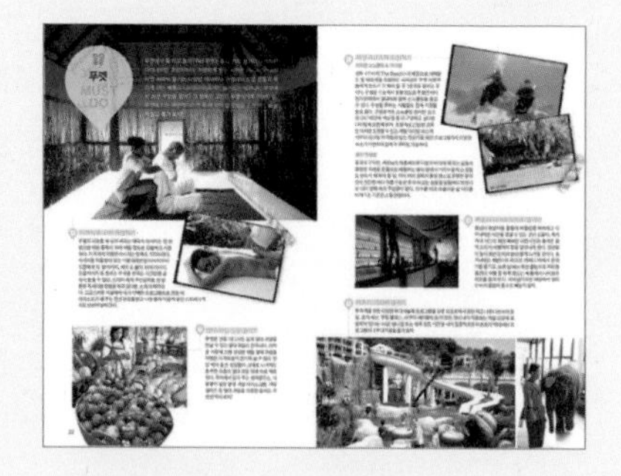

2

추천 코스

전문가가 추천하는 푸껫 여행 코스를 참고하여 자신의 여행 스타일에 맞는 최적의 일정을 세워 보자.

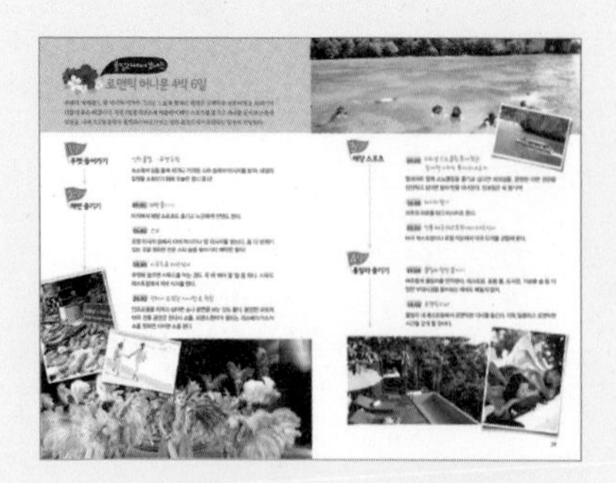

3

지역 여행

푸껫의 주요 관광지를 상세하게 다루었다. 푸껫에서 꼭 가 봐야 할 대표적인 명소부터 마사지 숍, 맛집, 숙소 등을 소개하고 상세한 관련 정보를 담았다.

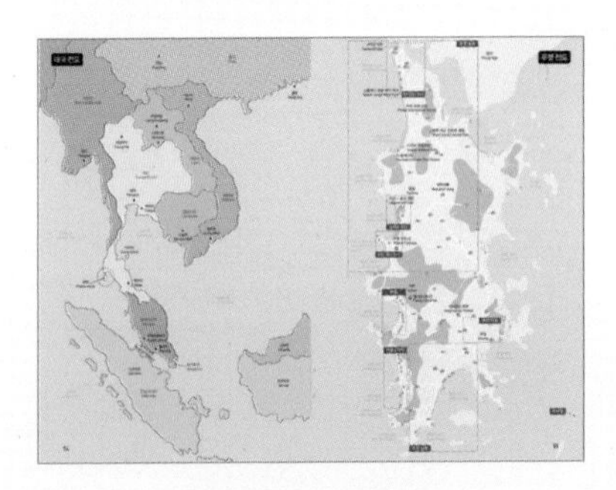

상세한 지도와 교통 정보

아름다운 비치와 볼거리 소개

마사지와 스파 숍 즐기기

추천 맛집, 나이트라이프, 쇼핑 스폿, 숙소

현지의 최신 정보를 정확하게 담고자 하였으나 현지 사정에 따라 정보가 예고 없이 변동될 수 있습니다. 특히 요금이나 시간 등의 정보는 안내된 자료를 참고 기준으로 삼아 여행 전 미리 확인하시기 바랍니다.

4

테마 여행

여행을 더 풍성하고 다채롭게 만들어 줄 푸껫의 즐길 거리들을 테마별로 소개한다.

5

여행 정보

여행 전 준비부터 공항 출입국 수속까지, 여행 전 알아두면 유용한 정보들을 담았다.

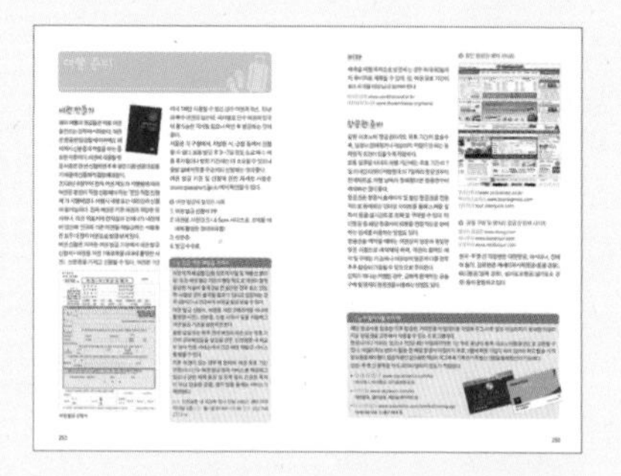

6

여행 회화

현지에서 사용할 수 있는 간단한 태국어와 영어 회화 표현을 수록했다.

7

찾아보기

책에 소개된 관광 명소와 식당, 숙소 등을 이름만 알아도 쉽게 찾을 수 있도록 정리했다.

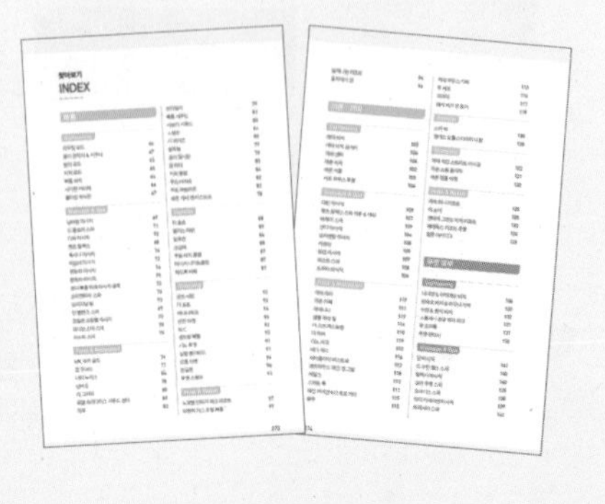

모바일 지도 **활용법**

책에 나온 장소를 내 휴대폰 속으로!

여행 중 길 찾기가 어려운 독자를 위한 인조이만의 맞춤 지도 서비스.
구글맵 기반으로 새롭게 돌아온 모바일 지도 서비스로 스마트하게 여행을 떠나자.

STEP 01

아래 QR을 이용하여 모바일 지도 페이지 접속.

STEP 02

STEP 03

지도 목록에서 찾고자 하는 장소를 검색하여 원하는 장소로 이동!

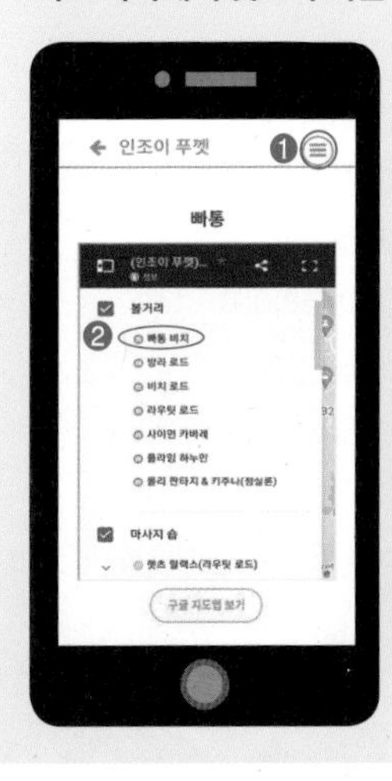

❶ 지역 목록으로 돌아가기
❷ 길 찾는 장소 선택
❸ 큰 지도 보기
❹ 지도 공유하기
❺ 구글 지도앱으로 장소 검색

※ 구글을 서비스하지 않는 지역에서는 사용이 제한될 수 있습니다.

Contents

목차

미리 만나는 푸껫

추천 코스

지역 여행

테마 여행

여행 정보

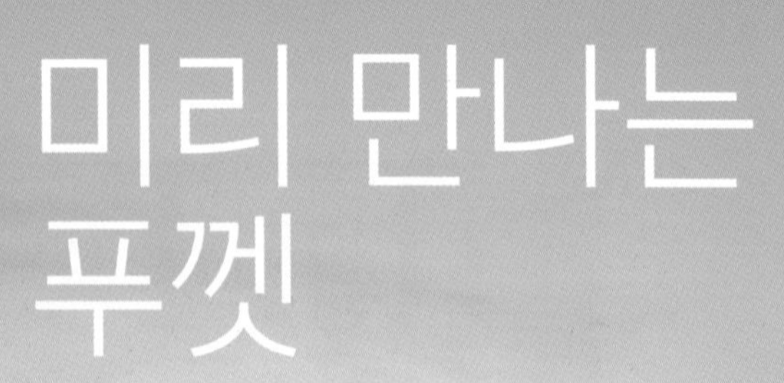

- 푸껫 기본 정보
- 푸껫 PREVIEW
- 푸껫 MUST DO
- 푸껫 MUST EAT
- 푸껫 MUST BUY
- 빅 C 마트 MUST HAVE ITEMS

Phuket Information

개요

푸껫은 산이라는 뜻의 말레이어 '부킷(Bukit)'에서 유래되었다. 실제로 섬의 중앙을 따라 70%가 산이나 구릉으로 이루어져 있다. 안다만해와 접하고 있는 서쪽은 해변이 발달된 반면 팡아만과 가까운 동쪽은 갯벌이나 절벽이 많아 대부분의 리조트는 서쪽 해안가에 집중되어 있다.

위치

방콕에서 남쪽으로 약 900km 떨어져 있으며 비행기로 약 1시간 20분이 소요된다. 북쪽 사라신 다리를 통하여 본토와 연결되어 있어 방콕에서 차로 약 14시간이 걸린다. 서쪽으로는 안다만 해를, 동쪽으로는 끄라비와 접하고 있으며 피피, 라차 등 주변 섬들을 푸껫에 포함시켜 부르기도 한다.

면적

태국에서 세 번째로 큰 섬. 총 면적 570km²로 싱가포르와 비슷하고 제주도의 약 1/3 크기이다.

인구와 종교

태국은 불교 국가로, 푸껫은 불교 60%, 이슬람교 35%, 기타 5%로 다른 지역에 비해 이슬람교의 비율이 높다.

언어

공용어는 태국어로, 호텔이나 식당 등의 관광지에서는 영어도 사용한다.

기후

연평균 27~34℃의 연중 더운 열대 기후이다. 11~4월은 건기, 5~10월은 우기로 나뉜다. 건기에는 기온이 27~29℃ 정도이고 습도도 낮아서 여행하기에 좋은 날씨이다. 바다에 파도가 잔잔하여 에메랄드 빛의 바다를 볼 수 있는 시기이기도 하다. 대신 여행객들이 몰리고 연말 휴가

센타라 그랜드 비치 리조트

시즌이 겹쳐서 숙박비가 높은 시즌이기도 하다. 우기에는 습도가 높아서 소나기가 자주 내리고 바다의 파도도 높은 편이다. 간혹 날씨가 많이 안 좋아 섬으로 가는 길이 막히는 경우도 있다.

시차

한국보다 2시간 느리다. 즉, 한국이 오후 4시이면 푸껫은 오후 2시이다.

교통

항공

대한항공, 아시아나, 진에어 등이 인천 ↔ 푸껫 직항 노선을 운항 중이다. 소요 시간은 약 6시간 정도다. 방콕을 경유할 경우 타이항공이 방콕에서 푸껫까지 매일 10여 편 운항하며 약 1시간 20분이 소요된다. 그 외 홍콩, 싱가포르 등을 경유할 수 있다.

육로

방콕 → 푸껫까지 버스로 약 14시간 소요된다. 그 외 싱가포르, 말레이시아에서 철도나 배로 오는 방법도 있다.

화폐·환율

타이바트(THB)를 사용하며, 줄여서 B로 표기한다. 1, 2, 5, 10바트짜리 동전이 있으며, 지폐로는 20, 50, 100, 500, 1000바트가 있다. 가장 많이 사용하는 지폐는 20, 50, 100바트짜리이다. 2023년 2월 기준 1바트 = 약 37원.

환전 및 신용카드

한국에서 달러로 환전 후, 빠통 등 시내에서 바트로 재환전하는 것이 다소 이익이다. 한국에서 달러로 환전할 때에는 50달러와 100달러 등과 같이 단위가 큰 통화를 가져가는 것이 현지에서 바트로 재환전할 때 환율이 높다. 빠통 등의 시내에는 환전소가 많은데, 은행에서 나온 환전소로 환율이 안정적이고 달러가 떨어졌을 경우에는 한국 원화도 환전이 가능하다. 1만 원권 이상부터 환전할 수 있다. 대부분의 식당과 쇼핑몰에서는 신용카드 사용이 자유롭지만, 몇몇 식당이나 야시장과 마사지 숍 등에서는 사용이 안 되는 곳도 있으니 어느 정도 현금을 가져가는 것이 좋다.

Tip 팁 주기

태국은 팁이 일반적인 곳은 아니다. 호텔에서 벨보이가 가방을 들어다 줄 때 주는 매너팁과 객실을 치워 주는 호텔 직원에게 주는 베드팁으로 20~50바트 정도 주는 것이 일반적이다.

전압

대부분의 호텔은 우리나라 전자 제품의 플러그를 사용할 수 있는 멀티 콘센트이다.

전화

태국 국가 번호 66, 푸껫 지역 번호 076

로밍 서비스나 현지 휴대폰을 이용하는 방법이 있다. 한국에서 쓰던 스마트폰은 현지에서 전원을 켜면 자동으로 로밍이 되고, 바로 사용할 수 있어 편리하나 요금이 비싼 편이다. 통신사마다 다르지만 푸껫→한국 간 발신 통화 1분에 약 1,700원 정도한다. 현지 휴대폰은 현지에서 심카드를 구입하여 사용하는데 푸껫→한국 간 발신 통화 1분에 약 600원 정도. 심카드는 약 300바트, 별도로 요금은 충전해서 사용해야 한다.

국제 전화를 할 때는 국제 전화 서비스 번호 + 국가 번호 + 지역 번호 또는 휴대폰 번호 앞자리의 0을 제외한 나머지 번호를 차례대로 누른다.

푸껫→한국 010-123-4567으로 걸 때

001(또는 00300, 009 등 국제 전화 서비스 번호) + 82(국가 번호) + 10 123 4567

푸껫→푸껫 123 456으로 걸 때

076(푸껫 지역 번호) + 123 456

한국→푸껫 076-123-456으로 걸 때

001(국제 전화 서비스 번호) + 66(태국 국가 번호) + 76 123 456

현지 핸드폰 사용하기 & 요금 충전하기

심카드(Sim Card) 구입하기

태국 현지 휴대폰은 요금을 충전해서 사용하는 선불제 휴대폰이다. 또 휴대폰이 있다면 먼저 사용할 번호가 들어 있는 심카드(Sim Card)를 구입해야 한다. 심카드는 편의점, 쇼핑몰 내 휴대폰 매장에서 구입할 수 있다.

여행자용 심카드(Tourist Sim Card)사용하기

푸껫 공항 내 여행자용 심카드(Tourist Sim Card)를 판매하는 데스크가 있다. 여행자용 심카드는 인터넷과 약간의 전화, 문자 메시지를 이용할 수 있는 패키지이다. 기간별로 16일, 30일, 90일 등으로 나뉘는데, 16일 기준 인터넷 데이터 약 15GB와 전화 통화를 할 수 있는 약 100B가 들어 있다(16일 기준 심카드 가격은 약 300B). AIS와 True Move 두 회사가 있고, 요금과 포함 사항은 비슷하다.

요금 충전하기

가까운 세븐일레븐 편의점으로 가서 원투콜(one-to-call) 콜링 카드(calling card)를 구입한다. 충전할 요금을 말하면 비밀번호가 적힌 영수증을 주는데, 그 번호를 휴대폰에 입력하면 충전되었다는 메시지가 휴대폰으로 온다.

잘 모르겠으면 세븐일레븐 직원에게 휴대폰과 전화카드를 주고 해 달라고 하면 된다. 요금은 100, 200, 300바트 단위로 충전할 수 있다.

비자

90일간 무비자로 체류할 수 있다. 단, 입국 시 여권 만료일이 최소 6개월 이상 남아 있어야 한다.

치안

푸껫은 태국 중에서도 치안이 안전한 곳이다. 빠통 등 사람들이 많이 모이는 곳에는 관광 경찰과 곳곳에 경찰이 있는 것을 자주 볼 수 있다.

그러나 어디든지 100% 안전한 곳은 없다. 밤 늦은 시간에 인적이 드문 뒷골목이나 해변, 산길을 다니는 것은 위험을 자초하는 일이기도 하다. 소매치기나 도난 사건이 많이 발생하는 편은 아니지만, 여권이나 귀중품은 호텔 내 금고나 트렁크에 넣어 두고 다니는 것이 좋다.

나이한 비치

태국과 태국 사람들

'로마에서는 로마법을 따른다'는 말처럼 태국에서도 몇 가지 알아 두어야 할 주의 사항이 있다. 알아 두면 안전하고 즐거운 여행이 될 뿐만 아니라 여행지에서 태국 현지인들과도 한 걸음 더 가까워질 수 있을 것이다.

국왕을 존경하는 나라

태국에서는 큰 도로의 교차로나 식당, 심지어 호텔 로비에 국왕의 사진이 걸려 있는 것을 쉽게 볼 수 있다. 국왕은 국민의 절대적인 존경의 대상으로 국왕을 손가락으로 가리키거나 모욕하는 표현은 금지이다. 또한 태국 정치에 대해 언급하는 것은 불편한 분위기를 만들 수 있음을 알아 두자.

인구의 95%가 불교 신자

태국은 국민의 약 95%가 불교를 믿는 불교 국가다. 건물이나 집집마다 사당을 만들어 놓으며 인사도 불교식 합장인 '와이'를 한다. 승려에 대한 존경과 신뢰도 상당히 높아서 여성의 경우 승려와 접촉하거나 물건을 직접 건네서는 안 된다. 사원에 들어갈 때에도 반바지, 민소매, 배꼽티 등은 피하고 신발은 벗어야 한다.
송끄란, 러이끄라통 등의 축제도 불교 행사의 한 부분으로 태국에서의 불교는 종교를 넘어 생활의 근간이 되는 문화 양식이다.

미소가 아름다운 나라

태국 사람들과 눈이 마주치면 어른이나 아이를 막론하고 모두 미소를 짓는다. 천성이 착한 것도 있지만 불교의 영향으로 착하게 살면 다음 생에 좋은 사람으로 태어난다는 내세 사상을 믿기 때문이다. 그러나 일단 시비가 붙으면 곤란한 상황이 생길 정도로 지독한 면도 있어서 심각한 상황이 벌어지면 침착하게 풀어가는 지혜가 필요하다.

남자? 여자? 트랜스젠더!

태국에서는 유독 성전환자인 트랜스젠더와 마주칠 일이 많다. 편의점이나 쇼핑몰, 호텔에서 일하는 그들과 마주치면 당황하는 쪽은 우리이다. 막상 태국인들은 아무렇지 않게 어울려 생활한다. 그들에게 트랜스젠더 그 자체는 흠이 되거나 부끄러운 일이 아니다. 이는 태국이 성적으로 개방적이라기보다는, 다름을 인정하고 받아들이는 관대한 문화의 한 부분이라고 할 수 있다. 따라서 그들에 대한 부정적인 시선이나 비판은 삼가는 것이 좋다.

푸껫을 세계적인 휴양지로 알려지게 한 빠통 비치는 여전히 아름답다.

아찔한 오션뷰에서 즐기는 여유, 파레사 리조트

어디서나 아름다운 해변과 마주한다.

'푸껫의 몰디브'라 불리는 라차,
그곳의 바다는 눈이 시릴 정도로 아름답다.

피피섬으로 향하는 배는 늘 여행자들로 붐빈다.

피피섬의 램통 비치와 피피 아일랜드 빌리지 리조트

태국식 인사 '와이'를 하고 있는 공손한 Mac Boy

빠통의 두 얼굴, 빠통의 낮과 밤은 다르다.

미소의 나라 태국, 선한 미소로 반겨 준다.

푸껫 타운의 젊은이들

부처의 사리가 보관되어 있는
왓찰롱과 푸껫의 수호상 빅 부다!

태국 최대 규모의 공연은 바로 푸껫 판타시다.

태국의 다양한 시푸드와 열대 과일,
시원한 수박 주스 땡모반까지.

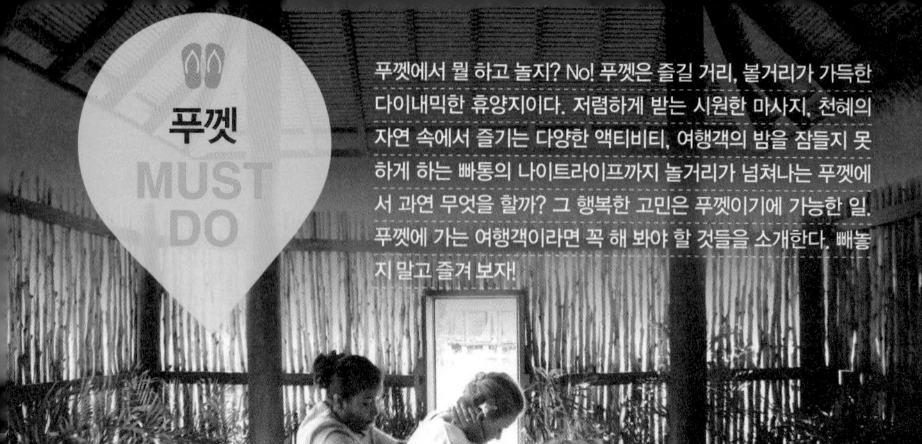

푸껫 MUST DO

푸껫에서 뭘 하고 놀지? No! 푸껫은 즐길 거리, 볼거리가 가득한 다이내믹한 휴양지이다. 저렴하게 받는 시원한 마사지, 천혜의 자연 속에서 즐기는 다양한 액티비티, 여행객의 밤을 잠들지 못하게 하는 빠통의 나이트라이프까지 놀거리가 넘쳐나는 푸껫에서 과연 무엇을 할까? 그 행복한 고민은 푸껫이기에 가능한 일. 푸껫에 가는 여행객이라면 꼭 해 봐야 할 것들을 소개한다. 빼놓지 말고 즐겨 보자!

마사지 & 스파 체험하기

온몸의 피로를 싹 날려 버리는 태국식 마사지는 한 번 받으면 바로 중독이 되어 버릴 정도로 강렬하고 시원하다. 가격까지 저렴한 마사지는 만족도 100%이다. 마사지를 처음 받아 보는 사람이라면 발 마사지부터 도전해 보자. 발 마사지, 헤드 & 숄더, 타이 마사지, 오일 마사지 등 원하는 부위를 원하는 시간만큼 골라서 받을 수 있다. 드라마 속의 주인공처럼 한 번쯤은 럭셔리한 경험을 하고 싶다면, 스파가 제격이다. 고급스러운 시설에서 내가 선택한 프로그램으로 전문 테라피스트가 해 주는 전신 관리를 받고 나면 몸과 마음에 쌓인 스트레스까지도 단번에 날아간다.

열대 과일 맘껏 즐기기

푸껫은 연중 어디서든 쉽게 열대 과일을 만날 수 있는 열대 과일의 천국이다. 가까운 시장에 가면 싱싱한 제철 열대 과일을 저렴한 가격에 봉지 한가득 살 수 있다. 한 입 베어 물면 싱싱함이 그대로 느껴지는 풍부한 과즙의 열대 과일 맛에 바로 매료된다. 즉석에서 갈아 주는 생과일주스, 내용물이 실한 열대 과일 아이스크림, 과일 샐러드 등 열대 과일을 이용한 음식도 꼭 한번 먹어 보자!

해양 스포츠에 도전하기

피피섬 스노클링 & 다이빙

팡아만 탐험

피피섬 스노클링 & 다이빙

영화 〈더 비치(The Beach)〉의 배경으로 에메랄드 빛 바다색을 자랑하는 피피섬은 푸껫 여행객들에게 반드시 가 봐야 할 곳 1순위로 꼽히는 곳이다. 수심을 가늠하지 못할 정도로 투명한 바다 한가운데에서 열대어와 함께 스노클링을 즐길 수 있다. 수영을 못하는 사람들도 전혀 걱정할 필요 없다. 구명조끼와 스노클링 장비만 있으면 OK! 바닷속 세상을 좀 더 구경하고 싶다면 다이빙에 도전해 보자. 초보자도 간단한 교육만 마치면 도전할 수 있는 체험 다이빙 코스에서부터 다이빙 자격증이 있는 전문가를 위한 프로그램까지 다양한 코스가 마련되어 있어 누구라도 가능하다.

팡아만 탐험

중국의 구이린, 베트남의 하롱베이와 더불어 바다에 떠 있는 섬들의 웅장한 자연을 온몸으로 체험하는 팡아만에서 시카누를 타는 경험도 반드시 해 봐야 할 일. 이미 여러 영화의 촬영 장소로 유명한 팡아만의 잔잔한 바다 위를 수놓은 듯이 떠 있는 섬들을 탐험하다 보면 나는 이미 영화 속의 주인공이 된다. 카누를 타고 아슬아슬 섬 사이를 비껴가는 기분은 스릴 만점이다.

빠통의 나이트라이프 즐기기

동남아 휴양지를 통틀어 빠통만큼 화려하고 다이내믹한 시간을 보낼 수 있는 곳이 드물다. 특히 저녁 시간이 되면 화려한 네온사인과 흥겨운 음악 소리가 여행객의 잠을 달아나게 한다. 정신없이 놀다 보면 오히려 밤이 짧게 느껴질 것이다. 초저녁에는 해변가의 라이브 카페나 바에서 분위기를 즐기고, 늦은 밤에는 핫한 클럽으로 자리를 옮긴다. 여행 중 하루 정도는 빠통에서 나이트라이프를 즐겨 보자. 피피섬이라면 해변에서 열리는 비치 클럽과 불쇼도 빼놓지 말자.

리조트 100배 즐기기

투숙객을 위한 다양한 부대시설과 프로그램을 갖춘 리조트에서 잠만 자고 나온다면 아까운 일. 요가 세션, 쿠킹 클래스, 아쿠아 에어로빅 등 이 모든 것이 내가 지불하는 객실 요금에 포함되어 있다는 사실! 반나절 또는 하루 정도 시간을 내어 집중적으로 리조트의 액티비티 프로그램이나 부대시설을 즐겨 보자.

태국 음식 맛보기

태국 음식은 세계 5대 음식 중 하나로 꼽힌다. 천혜의 자연에서 온 다양한 식재료로 만들어 가짓수만 해도 수십 가지이다. 특히 매콤 새콤한 맛이 한국 사람의 입맛에도 잘 맞는 편이다. 무난한 볶음국수 팟타이, 볶음밥 카오팟부터 시작해서 팍치(고수)가 많이 들어간 요리까지 단계별로 시도하면 무리가 없다. 고급 레스토랑보다 로컬 식당에서 현지 스타일로 즐기는 것이 태국 음식을 제대로 즐길 수 있는 방법이다.

싱싱한 해산물 맘껏 즐기기

사면이 바다로 둘러싸인 푸껫은 태국의 그 어느 지역보다 해산물이 풍부하다. 인근 해에서 갓 잡아 올린 해산물이 매일 공수된다. 싱싱한 해산물은 그대로 BBQ 해서 먹어도 좋고, 버터나 커리 양념으로 조리해서 먹는 방법도 있다. 빠통의 노천 시푸드촌이나 남부 라와이 비치 시푸드 식당들이라면 더욱 저렴하고 푸짐하게 즐길 수 있다. 깔끔한 분위기나 가족 단위 여행객이라면 호텔 시푸드 뷔페를 이용하는 것이 좋다.

푸껫 MUST EAT

태국 요리는 육지와 바다에서 나는 다양한 식재료를 이용한 풍부한 맛으로 세계인의 입맛을 사로잡고 있다.
수많은 태국 음식 중에서도 꼭 먹어 봐야 하는 음식 Best 10! 한국인 입맛에도 잘 맞고 간단하게 주문하기 쉬운 음식들로 골라 본다. 처음 태국 요리를 접하는 사람이라면 카오팟이나 팟타이 같은 무난한 음식부터 시작하고, 향이 강한 태국 음식들이 거북하다면 'No 팍치!'라고 요청하면 된다.

얌운센 Yam Wun Sen / Salad with Glass Noodle

얇은 당면인 글라스 누들에 오징어나 새우 등의 해산물과 야채를 넣어 버무린 샐러드로 새콤달콤하다. 해산물로만 하면 얌탈레(Yam Thale), 쇠고기를 넣으면 얌느어(Yam Nuea)가 된다.

똠얌꿍 Tom Yam Kung / Spicy & Sour Soup

태국의 대표적인 국물 요리로 얼큰하고 시원한 국물이 일품이다. 우리나라의 김치찌개와 비슷한 맛으로 술 먹은 다음 날 해장하기 좋다. 레몬그라스, 야채, 해산물, 생강 등이 들어간다.

카오팟 Khao Phad / Fried Rice

태국식 볶음밥으로 새우를 넣으면 카오팟 꿍, 돼지고기를 넣으면 카오팟 무, 닭고기를 넣으면 카오팟 까이가 된다. 여행자들이 가장 무난하게 먹을 수 있는 태국의 대표 요리이다.

카오팟 싸파롯 Khao Phad Sabparot / Fried Rice in Pineapple

카오팟에 파인애플을 잘게 썰어 넣은 볶음밥으로 속을 비운 파인애플 껍데기에 담겨 나온다. 먹는 재미, 보는 재미가 있다.

팟타이 Phad Thai / Fried Noodle

넓은 국수를 숙주와 말린 두부, 달걀 등을 넣어 볶은 면으로, 새우를 넣은 팟타이 꿍이 가장 인기이다. 카오팟과 더불어 태국에서 가장 많이 먹게 되는 요리이다.

꿰띠여우남 Kui Tiao Nam / Noodle Soup

국물이 있는 쌀국수로 굵은 면은 센야이, 얇은 면은 센미가 뒤에 붙는다. 여기에 다른 요리와 마찬가지로 새우를 넣으면 '~꿍', 돼지고기를 넣으면 '~무'이다.

무양 Mu Yang **까이양** Kai Yang
달콤한 간장 소스를 발라 숯불에 구운 바비큐이다. 다진 고추를 넣은 매콤한 양념을 찍어 먹는다. 돼지고기는 '무양', 닭고기는 '까이양'이다.

뿌팟뽕 커리 Poo Phad Phong Kari / Fried Crab with Curry
튀긴 게를 카레와 야채를 넣어 볶은 것이다. 게살을 카레에 찍어 먹고 밥을 비벼 먹기도 한다.

팟붕파이댕 Phad Bung Phaidaeng / Fried Morning glory
영어로는 모닝글로리라고 하는데, 한국의 미나리와 비슷한 맛으로 굴 소스에 볶은 것으로 짭짤한 맛이 밥반찬으로 좋다.

꿍파오 Kung Pao / Grilled Prawn
새우 BBQ로 숯불에 새우를 구워서 나온다. kg 단위로 주문하며, 새우 크기에 따라 가격이 다르다. 한국의 새우 소금구이에 나오는 새우보다 큰 사이즈의 새우를 사용한다.

쇼핑 또한 여행에서 빼놓을 수 없는 즐거움 중 하나이다. 푸껫에도 대형 쇼핑몰부터 백화점, 아웃렛, '태국의 이마트'라 불리는 태국의 대표 할인 마트 Big C 마트까지 다양한 쇼핑 공간이 있다. 특히, Big C 마트에는 생활용품부터 먹거리까지 다양한 물건이 있어 구경하는 재미도 쏠쏠하다.
여행 중에 필요한 물품에서부터 가족, 지인들의 선물까지 푸껫에 가면 꼭 사야 하는 것들에는 뭐가 있는지 알아보자.

푸껫의 쇼핑 아이템

수영복 Swimsuit

푸껫 여행을 앞두고 있다면 수영복은 현지에 가서 구입하는 것을 추천한다. 일 년 내내 여름인 태국은 수영복의 종류도 많고 가격도 저렴하기 때문이다. 태국 브랜드의 수영복은 세계 미인 대회에 협찬으로 들어갈 정도로 품질이 좋기로 유명하다. 화려한 컬러와 독특한 디자인의 수영복이 많아 고르기 힘들 정도이다. 수영복과 함께 매치할 수 있는 가운, 모자 등도 함께 판매한다.

Tip 수영복을 구입할 때에는 라이크라(Lycra) 성분이 많이 포함된 제품을 구입해야 오래 입을 수 있다. 정실론, 센트럴 페스티벌 등의 쇼핑몰 행사장에서 이월 상품이나 할인된 제품을 저렴한 가격에 구입할 수 있다.

여름옷 Summer Fashion

여름이 아닌 계절에 동남아로 여행을 가려면 여름옷을 장만하기 쉽지 않다. 연중 여름인 푸껫에서는 톱, 반바지, 티셔츠, 슬리퍼 등을 어디서나 쉽게 구입할 수 있다. 또 트로피컬 프린트 원피스에서부터 과감한 디자인의 톱까지 휴양지 느낌이 물씬 나는 여름옷이 많다. 한국에서는 구하기 힘든 리프(Reef), 록시(Roxy) 등의 세계적인 서핑 브랜드가 많은 것도 특징이다. 이미 여름 옷을 준비했다면 슬리퍼, 모자, 액세서리 하나 정도 구입해서 매치하면 색다른 분위기를 연출할 수 있다.

Tip 쇼핑몰의 이벤트 홀이나 행사장에서 연중 할인 행사 상품으로 알뜰 쇼핑을 할 수 있다.

란제리 Lingerie

태국은 세계적인 란제리 브랜드들의 현지 공장이 많아 와코루, 트라이엄프 등 유명 브랜드를 한국보다 30~50% 정도 저렴한 가격에 구입할 수 있다. 더운 날씨의 영향으로 얇고 보정력이 좋은 속옷이 많다. 특히 누드 컬러의 속옷이 인기 아이템이다. 하나씩 구입하는 것보다 여러 개 구입할 때 할인율이 높다.

Tip 태국 여성들의 사이즈는 한국보다 작은 편이다. 한국에서 입던 사이즈보다 한 치수 크게 사거나 직접 착용해 보고 사는 것이 좋다.

짐 톰슨 Jim Thompson

한국에는 아직 생소한 브랜드이지만 짐톰슨은 세계적으로 알려진 태국의 실크 브랜드이다. 실크로 된 스카프, 넥타이, 셔츠 등에서부터 실크와 면을 혼용한 침구류, 가방, 커튼, 쿠션 커버 등 다양한 제품이 있다. 특히 실크로 만든 코끼리 인형이 인기 아이템이다. 작은 파우치, 쿠션 커버, 손수건 등이 저렴하고 개별 포장도 해 주므로 선물용으로 좋다.

Tip 정규 매장은 라구나의 포르투 드 푸껫(Porto·De Phuket)과 푸껫 타운의 센트럴 플로레스타에 있고 아웃렛 매장은 푸껫 타운 인근의 더 코트야드에 있다. 아웃렛 매장을 이용하면 30~70%까지 할인된 가격에 구입할 수 있어 실속 있는 쇼핑을 할 수 있다. 선물용이라면 개별 포장해 달라고 하면 된다.

화장품 Cosmetics

연중 강렬한 태양에 맞서야 하는 태국에서는 자외선 차단제와 화이트닝 제품이 필수 아이템인 만큼 품질도 우수하다. 가격도 한국에서 구입하는 것보다 저렴한 편이다. 올레이(Olay)의 토탈 이펙트 크림, 로레알의 선크림은 필수 아이템이며, 선물용으로도 좋다.

Tip 왓슨(Watson), 부츠(Boots), 빅C(Big C) 등의 화장품 코너에 가면 쉽게 찾을 수 있다. 2개 사면 1개 추가 무료나 추가 할인이 되는 행사가 자주 있으니 반드시 확인하자.

아로마 & 보디 제품 Aroma & Body Product

마사지와 스파로 유명한 만큼 보디 제품은 천연 원재료의 함량도 높고 품질도 좋다. 쇼핑몰, 할인 마트 등에서 손쉽게 구입할 수 있으며 유명 스파숍에서는 직접 만든 제품을 판매하기도 한다.
방향제로 쓰이는 아로마 오일과 천연 비누, 보디로션이 추천 아이템이다.

Tip 아로마 오일은 향에 따라 용도와 기능이 다르다. 본인이 원하는 향을 직접 맡아 보고 구입하는 것이 좋다.

기념품 Souvenirs

푸껫섬 모양의 냉장고 자석, 코끼리 모양 인테리어용품, 실크 방석 커버 등의 기념품이 있다.
그 외 타이 마사지를 배워 볼 수 있는 마사지 CD나 잔잔한 힐링 효과의 스파 음악 CD도 좋다.

Tip 빠통의 야시장이나 정실론 지하, 빅 C 등에서 대량으로 구입이 가능하다.

Travel Tip

이런 것들은 이제 그만!

푸껫에 가면 라텍스, 진주 크림, 상아로 만든 목걸이 등을 찾는 사람들이 있다. 그러나 상아로 만든 제품은 국제적으로 거래가 금지된 품목으로 구입 자체가 불법이다. 고무나무가 많은 태국에는 라텍스 제품이 있으나 부피가 크고 한국에 돌아와서 추후 교환이나 환불이 힘든 단점이 있다.

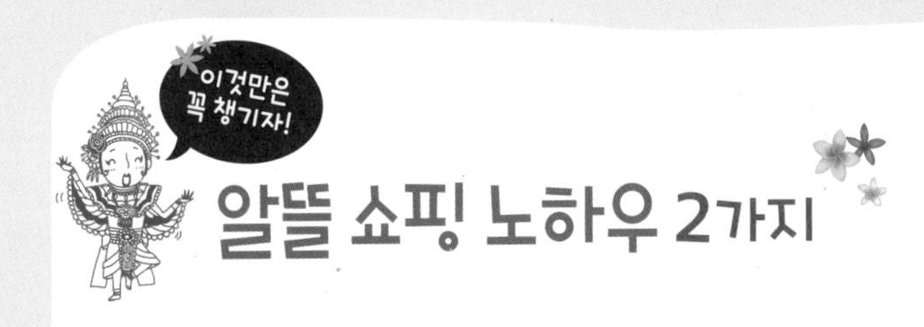

알뜰 쇼핑 노하우 2가지

여행자 할인 카드(Tourist Privilege Card)로 할인받기!

정실론, 센트럴 페스티벌 내 고객센터(Customer Service Counter)에서 여권을 제시하면 여행자 할인 카드(Tourist Discount Card)를 즉석에서 발급해 준다. 참여 업체에서 5~15% 정도 추가 할인을 받을 수 있고 할인 쿠폰도 준다.

VAT(Value Added Tax, 부가가치세) 리펀드 받기

태국에서 구입한 물건에 대해서 VAT(Value Added Tax, 부가가치세)를 환급받을 수 있다. 다만, 1일 내 한 매장에서 2,000바트 이상 구입하고 총금액이 5,000바트 이상이어야 한다.

'VAT Refund' 또는 'Tax Refund'라고 쓰인 상점에서 물건을 구입한 뒤, 매장 직원에게 'VAT Refund'라고 말하고 여권을 제시한 후 서류(VAT Refund Form)를 작성한다.

환급은 출발 일 푸껫 국제공항에서 짐을 부치기 전 세관에 작성한 서류와 물품, 영수증을 보여주고 확인 스티커를 붙인 후 출국 수속 후 VAT Refund Office에 서류를 제출하고 환급금을 수령한다. 구입 금액이 총 3만 바트 이내인 경우는 공항에서 태국 바트/수표/신용카드 계좌로, 3만 바트가 넘었을 경우 수표 또는 본인 신용카드 계좌로 환급해 준다. VAT 환급 수수료로 100바트가 공제된다.

푸껫 VAT Refund Office는 국제선 출발(International Departure)로 들어가서 출국 심사대(Immigration) 뒤편에 위치한다.

Phuket International Airport VAT Office 076) 328 267

빅C 마트 MUST HAVE ITEMS

똠얌꿍 라면

태국에서만 볼 수 있는 똠얌꿍 맛의 라면은 꼭 먹어 봐야 한다.

초대형 요구르트

얼굴만 한 사이즈의 대형 요구르트는 보는 재미, 먹는 재미가 있다.

태국 음식 재료

집에서도 간단하게 만들어 먹을 수 있는 태국 음식 재료와 레토르트 식품도 인기 아이템!

화장품

국내에도 입점된 브랜드지만 올레이(Olay)와 로레알 화장품을 더 저렴한 가격으로 살 수 있다.

어포

순한맛, 매운맛, 버터맛 등 다양한 맛의 어포는 간식과 술안주로 안성맞춤이다.

열대 과일

열대 과일을 가장 저렴한 가격으로 먹고 싶은 만큼 골라 살 수 있다.

말린 과일

망고, 바나나, 두리안 등 다양한 종류의 말린 열대 과일이 있다. 쫄깃한 식감과 달콤한 맛이 일품이다.

초콜릿

선물용으로 참 좋은 아이템이다. 맛 좋은 초콜릿을 저렴하게 구입할 수 있다.

태국 커피

쌉싸름하고 진한 맛의 태국 믹스 커피는 선물용으로도 좋은 아이템.

즉석 코너 식품

즉석 코너에 가면 포장된 태국 음식과 여행 중 기념일이 있을 때 필요한 케이크, 한국 음식이 그리울 때 찾게 되는 라면과 김치 등도 구할 수 있다.

달리 치약

미백 효과가 있다고 알려진 달리 치약이 한국보다 50% 정도 저렴하다.

샴푸와 컨디셔너

열대 과일향 등 한국에서는 보기 힘든 독특한 향의 샴푸와 컨디셔너가 있다.

발 마사지 전용 솔

가벼운 마사지 효과가 있는 발 마사지 전용 솔은 한 번 써보면 계속 생각난다.

추천 코스

- 풀빌라에서 보내는 로맨틱 허니문 4박 6일
- 알차게 즐기는 가족 여행 3박 5일
- 활동파를 위한 푸껫 완전 정복 5박 7일
- 환상의 섬, 피피와 함께하는 푸껫 + 피피 4박 6일
- 방콕 찍고 푸껫 가기 방콕 + 푸껫
- 쇼핑도 하고 휴양도 하고 싱가포르 + 푸껫

풀빌라에서 보내는

로맨틱 허니문 4박 6일

푸껫의 에메랄드 빛 바다와 야자수 그리고 드넓게 펼쳐진 해변은 로맨틱한 신혼여행을 보내기에 더없이 좋은 배경이다. 처음 2일은 리조트에 머물면서 해양 스포츠를 즐기고 시내를 돌아보는 관광 일정을, 나머지 2일 동안은 풀빌라나 바닷가 또는 섬의 리조트에서 휴양하는 일정이 적당하다.

푸껫 들어가기

인천 출발 → 푸껫 도착

숙소에서 짐을 풀며 쉬거나 가까운 스파 숍에서 마사지를 받자. 내일의 일정을 소화하기 위해 오늘은 잠시 휴식!

해변 즐기기

09:00 해변 즐기기

비치에서 해양 스포츠도 즐기고 느긋하게 선탠도 한다.

15:00 스파

로컬 마사지 숍에서 타이 마사지나 발 마사지를 받는다. 좀 더 분위기 있는 곳을 원하면 전문 스파 숍을 찾아가자. 예약은 필수!

18:00 시푸드로 저녁 식사

푸껫에 왔으면 시푸드를 먹는 것도 꼭 해 봐야 할 일 중 하나. 시푸드 레스토랑에서 저녁 식사를 한다.

20:00 판타시 쇼 또는 사이먼 쇼 관람

단조로움을 피하고 싶다면 쇼나 공연을 보는 것도 좋다. 웅장한 규모의 태국 전통 공연은 판타시 쇼를, 트랜스젠더가 펼치는 라스베이거스식 쇼를 원하면 사이먼 쇼를 본다.

3일차

해양 스포츠

09:00 피피섬 스노클링 투어 또는 팡아만 시카누 투어 다녀오기

열대어와 함께 스노클링을 즐기고 싶다면 피피섬을, 웅장한 자연 경관을 감상하고 싶다면 팡아만을 다녀온다. 선크림은 꼭 챙기자!

18:00 마사지 받기

하루의 피로를 타이 마사지로 푼다.

20:00 전통 태국 레스토랑에서 저녁 식사

태국 레스토랑이나 로컬 식당에서 태국 요리를 경험해 본다.

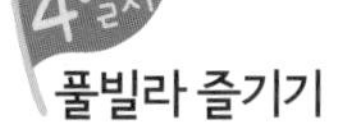

4일차

풀빌라 즐기기

09:00 풀빌라 맘껏 즐기기

여유롭게 풀빌라를 만끽한다. 레스토랑, 공용 풀, 도서관, 기념품 숍 등 다양한 부대시설을 돌아보는 재미도 빼놓지 말자.

18:00 로맨틱 디너

풀빌라 내 레스토랑에서 로맨틱한 디너를 즐긴다. 더욱 달콤하고 로맨틱한 시간을 갖게 될 것이다.

5일차
오전 자유 시간
남부 드라이빙 투어

09:00 풀빌라에서 여유 있는 아침 보내기

14:00 뷰 포인트 - 프롬텝 - 왓찰롱 - 푸껫 타운 드라이빙 투어
자동차로 푸껫 남쪽의 멋진 전망을 자랑하는 전망대를 둘러보고 왓찰롱에서 태국 사원을 만난다. 푸껫 타운에서 현지인들의 삶도 엿볼 수 있는 코스이다.

18:00 푸껫 타운 쇼핑
푸껫 타운의 센트럴 페스티벌, 짐 톰슨 아웃렛 등에 들러서 지인들의 선물과 기념품 등을 구입한다.

6일차
한국으로 출발

푸껫 출발 → 인천 도착

알차게 즐기는

가족 여행 3박 5일

다양한 놀거리와 볼거리 그리고 키즈 클럽, 액티비티 센터 등 부대시설을 갖춘 대형 리조트가 많은 푸껫은 가족 여행지로 100점 만점에 100점이다. 가족 구성원에 맞도록 휴식과 관광을 적절히 배분하는 일정을 만드는 것이 좋다. 태양이 뜨거운 낮에는 리조트나 해변에서 보내고 오전과 오후 늦게 움직이는 일정을 만드는 것이 포인트이다.

푸껫 들어가기

인천 출발 → 푸껫 도착

로컬 식당이나 리조트 내에서 저녁 식사를 하며 내일을 준비한다. 동반 자녀가 있을 경우 첫날부터 무리하는 것은 금물!

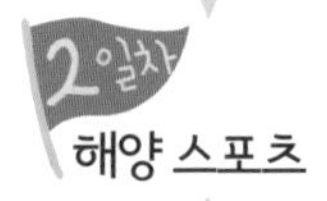

해양 스포츠

09:00 카이섬 스노클링 투어 다녀오기

푸껫에서 가까운 거리에 있는 카이섬의 스노클링 투어는 어린이나 노약자도 다녀올 만하다.

18:00 뷔페 저녁 식사

리조트 내 레스토랑에서 저녁 뷔페를 이용한다.

리조트 즐기기

09:00 리조트 100배 즐기기

리조트의 부대시설과 액티비티 프로그램을 알아보고 잘 활용하여 알찬 하루를 보낸다.

18:00 빠통 나이트 투어

빠통 시내의 야시장과 거리를 구경하고 로컬 식당이나 시푸드 레스토랑에서 저녁을 먹는다.

4일차
오전 자유 시간
남부 관광

09:00 오전 자유 시간

느긋한 오전 시간을 즐긴다.

14:00 왓찰롱 - 푸껫 버드 파크 - 아쿠아리아
- 센트럴 페스티벌 쇼핑몰 & 플로레스타 쇼핑몰, 드라이빙 투어

왓찰롱, 푸껫 버드 파크를 구경한 후 센트럴 플로레스타 지하 아쿠아리아 수족관을 구경하고 쇼핑몰을 들른다.

5일차
한국으로 출발

푸껫 출발 → 인천 도착

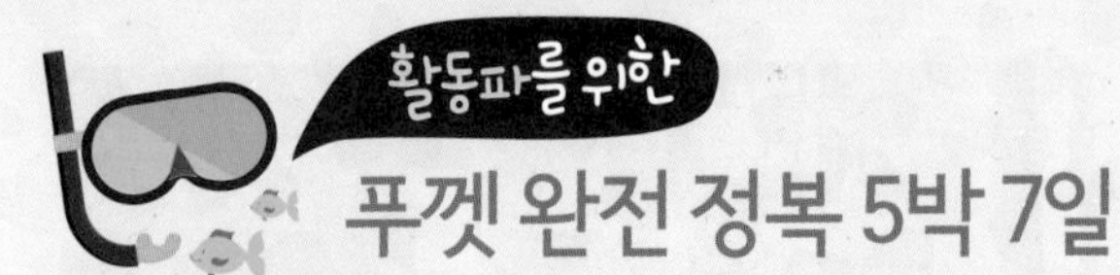

활동파를 위한 푸껫 완전 정복 5박 7일

에너지 넘치는 활동파를 위한 일주일 동안의 푸껫 완전 정복 일정. 일일 투어를 이용하여 피피섬, 팡아만 등을 다녀오고 빠통, 푸껫 타운의 구석구석을 돌아보는 액티브한 일정이다. 체력 안배와 효율적인 동선을 짜는 것이 관건이다.

1일차 푸껫 들어가기

인천 출발 → 푸껫 도착

2일차 해양 스포츠

09:00 피피섬 스노클링 투어 또는 다이빙 투어 다녀오기

열대어와 함께 스노클링을 즐기고 싶다면 피피섬을, 좀 더 과감한 것을 원하면 다이빙에 도전해 본다.

18:00 나이트라이프 즐기기

빠통 시내의 야시장과 거리를 구경하고 저녁은 로컬 식당에서 가볍게 먹는다. 바다가 보이는 라이브 바에서 맥주를 마시거나 클럽에서 시간을 보낸다.

3일차 푸껫 타운 워킹 투어

09:00 해변 즐기기

비치에서 해양 스포츠를 즐기고 느긋하게 선탠도 한다.

15:00 푸껫 타운 워킹 투어

푸껫 타운을 걸으면서 현지인들의 삶 속으로 들어가 보자. 한낮을 피해 오후 늦게 시작하는 것이 좋다.

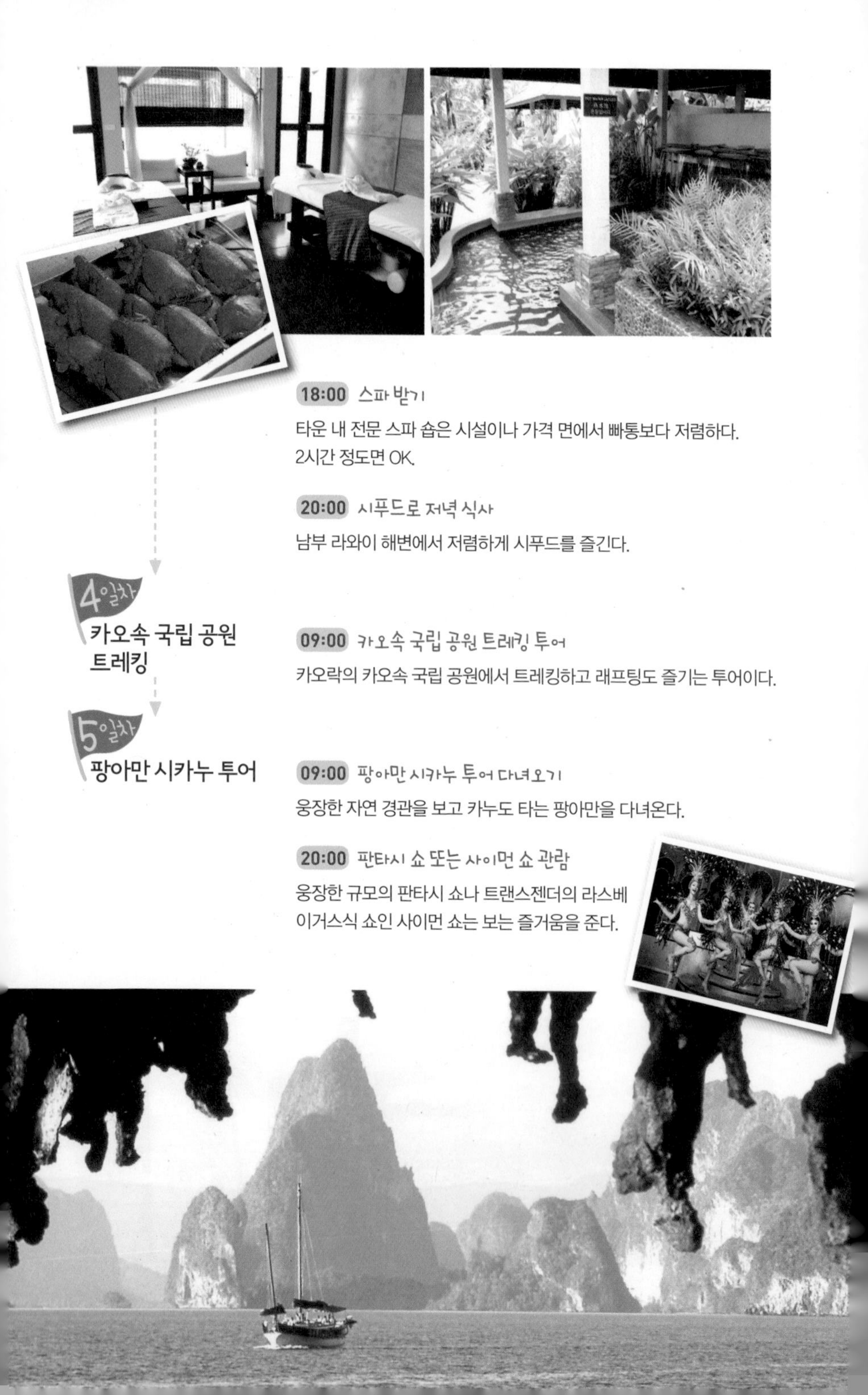

18:00 스파 받기

타운 내 전문 스파 숍은 시설이나 가격 면에서 빠통보다 저렴하다. 2시간 정도면 OK.

20:00 시푸드로 저녁 식사

남부 라와이 해변에서 저렴하게 시푸드를 즐긴다.

4일차

카오속 국립 공원 트레킹

09:00 카오속 국립 공원 트레킹 투어

카오락의 카오속 국립 공원에서 트레킹하고 래프팅도 즐기는 투어이다.

5일차

팡아만 시카누 투어

09:00 팡아만 시카누 투어 다녀오기

웅장한 자연 경관을 보고 카누도 타는 팡아만을 다녀온다.

20:00 판타시 쇼 또는 사이먼 쇼 관람

웅장한 규모의 판타시 쇼나 트랜스젠더의 라스베이거스식 쇼인 사이먼 쇼는 보는 즐거움을 준다.

6일차 오전 자유 시간 남부 드라이빙 투어

11:00 여유 있는 오전 시간

여유 있는 아침 시간을 보낸다.

14:00 뷰 포인트 - 프롬텝 - 빅부다 - 왓찰롱 - 왓쁘라통 드라이빙 투어

자동차로 푸껫 남쪽의 멋진 전망을 자랑하는 전망대를 둘러보고 빅부다, 왓찰롱, 왓쁘라통을 잇는 불교 사원을 탐방한다.

18:00 마사지로 여행을 마무리하기

타이 마사지로 여행의 피로를 풀고 깔끔하게 샤워도 한다.

7일차 한국으로 출발

푸껫 출발 → 인천 도착

환상의 섬, 피피와 함께하는

푸껫 + 피피 4박 6일

1년 내내 에메랄드 빛 바다를 볼 수 있는 피피섬에서의 숙박은 그만한 가치가 있다. 푸껫의 빠통 비치에서 마사지와 맛집 탐방을 하고 피피섬의 아름다운 해변과 리조트에서 휴양을 하는 일정이다. 피피섬에서 젊음의 자유분방한 분위기를 원하면 똔사이 항구 주변으로 숙소를 정하면 된다.

푸껫 들어가기

인천 출발 → 푸껫 도착

숙소에서 짐을 풀며 쉬거나 가까운 스파 숍에서 마사지를 받자. 내일부터의 일정을 소화하기 위해 오늘은 잠시 휴식!

빠통 시내 관광

09:00 빠통 시내 돌아보기

점심 식사는 썽피뇽에서 태국 음식으로 하고, 디와 마사지에서 발 마사지를 받는다. 정실론을 둘러보고 하나코에서 1시간 정도 얼굴 트리트먼트도 받는다.

20:00 수끼로 저녁 식사

MK 수끼나 샤브시에서 태국식 샤브샤브로 따끈한 저녁 식사를 한다.

3일차

피피 들어가기

08:00 피피섬으로 이동

섬으로 들어가기 전에 편의점이나 슈퍼마켓에서 음료나 간식거리를 준비하면 좋다. 뱃멀미에 대비하여 멀미약을 챙길 것.

10:00 해변 즐기기

원시적인 섬에서 에메랄드 빛 바다와 해변을 즐긴다.

18:00 해변 시푸드 레스토랑

바다와 가까운 시푸드 레스토랑에서 분위기 있는 저녁 식사를 즐긴다.

해양 스포츠

09:00 스노클링 투어

뱀부섬, 모기섬, 마야 베이 등으로 롱테일을 빌려 스노클링을 다녀온다.

17:00 피피 시내 즐기기

피피 시내인 똔사이에서 젊음의 자유를 즐겨 본다. 불쇼와 해변 클럽은 필수 코스!

5일차
피피 → 푸껫 이동, 쇼핑

12:00 피피섬 → 푸껫으로 이동

14:00 한식당에서 점심 식사

자칫 뱃멀미로 느끼할 수 있는 속을 한식으로 달랜다.

18:00 푸껫 타운에서 쇼핑

푸껫 타운의 센트럴 페스티벌, 짐 톰슨 아웃렛 등에 들러서 지인들의 선물과 기념품 등을 구입한다.

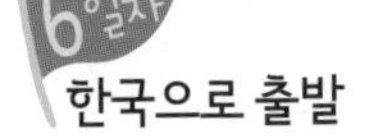

한국으로 출발

푸껫 출발 → 인천 도착

방콕 찍고 푸껫 가기

방콕 + 푸껫

타이항공을 이용하면 별도의 비용 없이 방콕과 연계한 일정이 가능하다. 또한 방콕-푸껫 간 하루 10여 편의 국내선 항공편이 운행하고 있어 다른 경유지보다 여유로운 일정을 만들 수 있다. 방콕에서 1~2일 정도 관광과 쇼핑을 즐기는 일정과 푸껫에서 바다와 가까운 숙소를 잡고 휴양에 초점을 둔 일정을 만드는 것이 좋다.

방콕 들어가기

오전 인천 출발 → 방콕 도착

카오산 로드 탐방

배낭여행족들이 모이는 방콕의 카오산을 둘러보고 길거리 음식도 먹어본다.

2일차

방콕 시내 관광

09:00 방콕 사원 관광

걸어서 다니는 사원 관광은 햇볕이 뜨겁지 않은 오전에 하는 것이 좋다.

12:00 마사지

로컬 마사지 숍에서 타이 마사지나 발 마사지를 받는다. 좀 더 분위기 있는 곳을 원하면 전문 스파 숍을 이용한다.

15:00 시암에서 쇼핑

파라곤, 디스커버리, 마분콩 등 쇼핑몰이 집중되어 있는 시암 지역에서 쇼핑을 즐긴다.

18:00 디너 크루즈

짜오프라야강에서 운영하는 디너 크루즈에서 분위기 있는 식사를 한다.

20:00 시로코, 버티고에서 야경 보기

방콕 야경이 한눈에 들어오는 멋진 바에서 칵테일 한잔으로 하루를 마무리한다.

3일차 푸껫, 리조트 즐기기

방콕 출발 → 푸껫 도착

4일차 푸껫 일정 시작

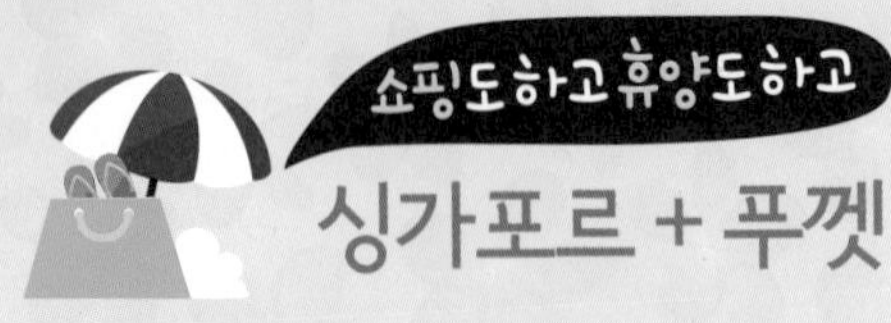

쇼핑도 하고 휴양도 하고

싱가포르 + 푸껫

다소 쇼핑할 곳이 부족한 푸껫 여행을 보완하기 위해 싱가포르를 넣는 일정이다. 오차드 로드나 마리나 지역에 숙소를 정하면 짧은 동선으로 충분한 쇼핑 시간을 확보할 수 있다. 싱가포르에서 쇼핑하는 틈틈이 마리나 베이 샌즈 등의 관광지도 둘러보는 일정이다.

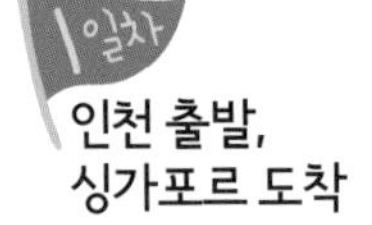

인천 출발, 싱가포르 도착

오전 인천 출발 → 싱가포르 도착

16:00 오차드 로드에서 쇼핑

쇼핑몰이 모여 있는 오차드 로드에서 본격적인 쇼핑에 돌입.

20:00 나이트라이프 즐기기

하버프런트 세인트 제임스 파워 스테이션, 오차드 로드 주크 등에서 나이트라이프를 즐긴다.

시내 관광

09:00 센토사섬 관광

걸어서 다니는 관광은 햇볕이 뜨겁지 않은 오전에 하는 것이 좋다.

14:00 차이나타운 관광

중국식 마사지도 받고 육포도 사 먹는다. 스리암만 사원과 헤리티지 센터에도 들른다.

20:00 클락 키에서 보트 타고 야경 관광

리버 보트로 싱가포르의 마천루와 야경을 감상한다.

3일차
마리나 베이 샌즈
+ 푸껫 들어가기

09:00 마리나 베이 샌즈 호텔

12:00 칠리 크랩으로 점심 식사

싱가포르에서 칠리 크랩은 꼭 먹어 봐야 할 메뉴이다.

17:00 싱가포르 출발 → 푸껫 도착

4일차
푸껫 일정 시작

- 빠통
- 까론 · 까따
- 푸껫 북부
- 푸껫 남부
- 푸껫 타운
- 피피섬

태국 전도

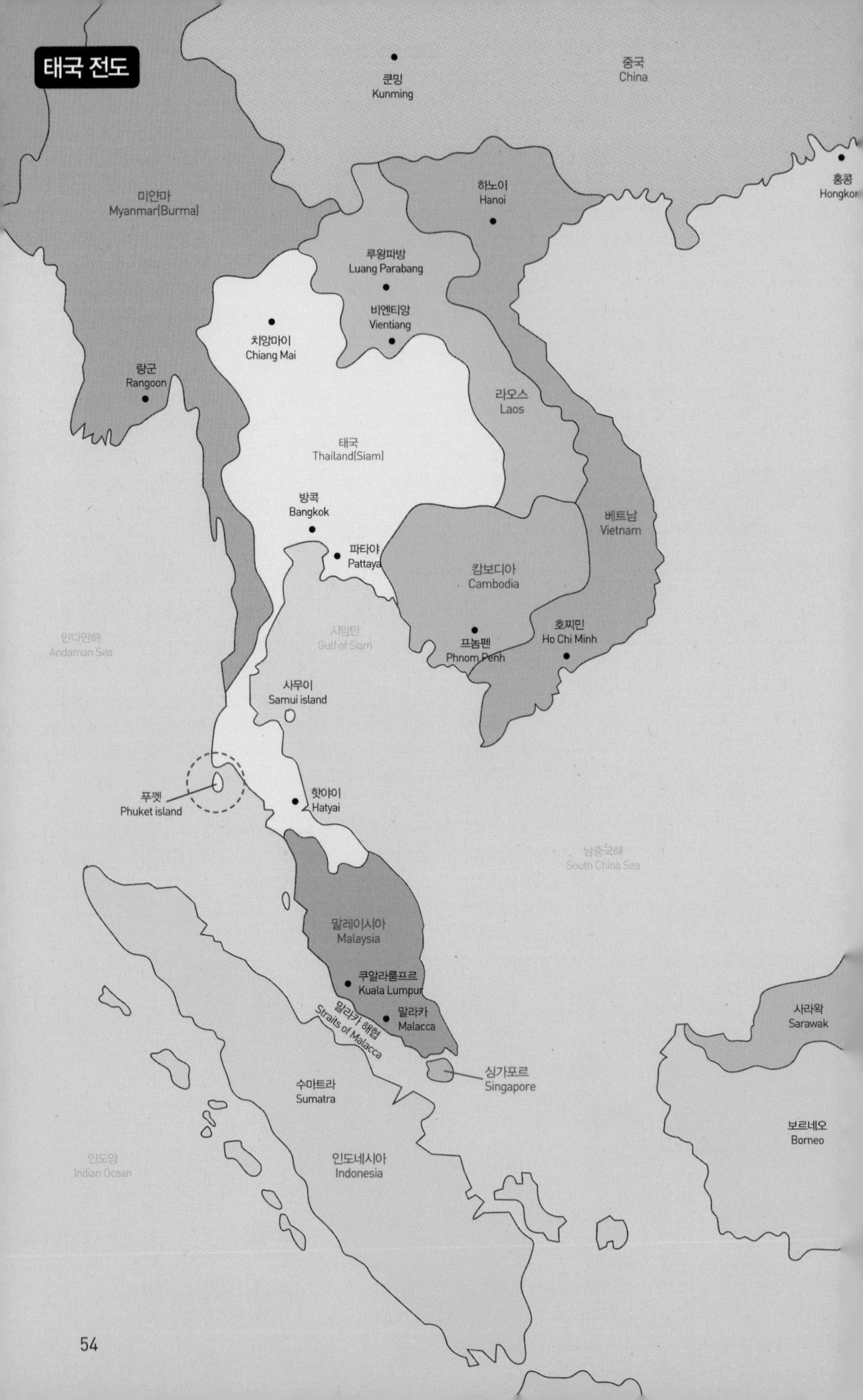

쿤밍
Kunming
중국
China
홍콩
Hongkon
미얀마
Myanmar(Burma)
하노이
Hanoi
루왕파방
Luang Parabang
비엔티앙
Vientiang
치앙마이
Chiang Mai
랑군
Rangoon
라오스
Laos
태국
Thailand(Siam)
방콕
Bangkok
베트남
Vietnam
파타야
Pattaya
캄보디아
Cambodia
시암만
Gulf of Siam
인다만해
Andaman Sea
호찌민
Ho Chi Minh
프놈펜
Phnom Penh
사무이
Samui island
푸껫
Phuket island
핫야이
Hatyai
남중국해
South China Sea
말레이시아
Malaysia
쿠알라룸프르
Kuala Lumpur
말라카
Malacca
말라카 해협
Straits of Malacca
사라왁
Sarawak
싱가포르
Singapore
수마트라
Sumatra
보르네오
Borneo
인도양
Indian Ocean
인도네시아
Indonesia

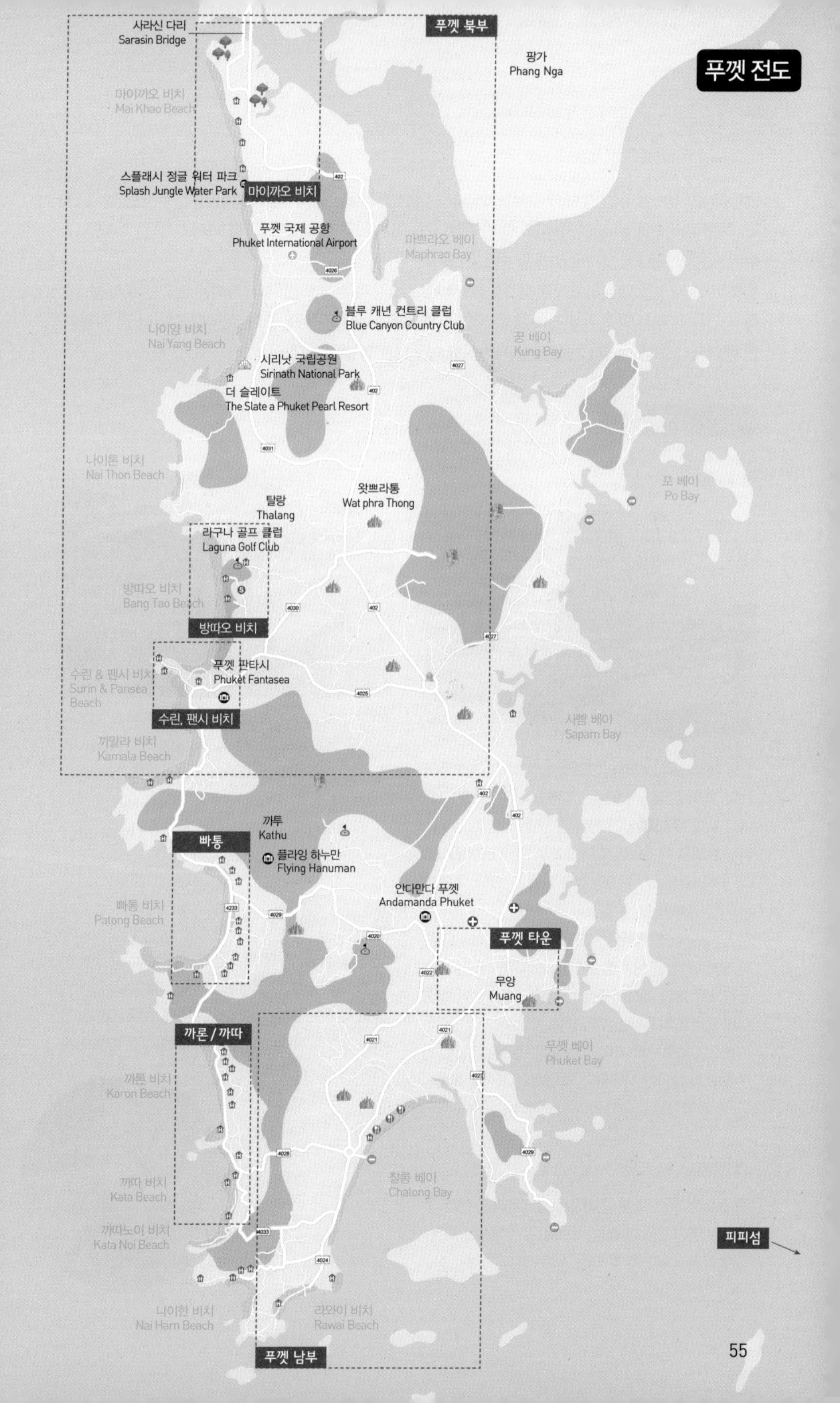
푸껫 전도
푸껫 북부
사라신 다리
Sarasin Bridge
팡가
Phang Nga
마이까오 비치
Mai Khao Beach
스플래시 정글 워터 파크
Splash Jungle Water Park
마이까오 비치
푸껫 국제 공항
Phuket International Airport
마프라오 베이
Maphrao Bay
블루 캐년 컨트리 클럽
Blue Canyon Country Club
나이양 비치
Nai Yang Beach
꿍 베이
Kung Bay
시리낫 국립공원
Sirinath National Park
더 슬레이트
The Slate a Phuket Pearl Resort
나이톤 비치
Nai Thon Beach
포 베이
Po Bay
왓쁘라통
Wat phra Thong
탈랑
Thalang
라구나 골프 클럽
Laguna Golf Club
방따오 비치
Bang Tao Beach
방따오 비치
푸껫 판타시
Phuket Fantasea
수린 & 팬시 비치
Surin & Pansea Beach
수린, 팬시 비치
사빰 베이
Sapam Bay
까말라 비치
Kamala Beach
까투
Kathu
빠통
플라잉 하누만
Flying Hanuman
안다만다 푸껫
Andamanda Phuket
빠통 비치
Patong Beach
푸껫 타운
무앙
Muang
까론 / 까따
푸껫 베이
Phuket Bay
까론 비치
Karon Beach
찰롱 베이
Chalong Bay
까따 비치
Kata Beach
까따노이 비치
Kata Noi Beach
피피섬
나이한 비치
Nai Harn Beach
라와이 비치
Rawai Beach
푸껫 남부

푸껫의 교통

완벽해 보이는 만점 휴양지 푸껫에도 한 가지 아쉬운 점이 있는데 바로 교통이다. 푸껫은 섬의 규모, 여행객의 수에 비해 택시, 버스 등의 개별 교통이 발달되지 않았다. 미터 택시가 있긴 하지만 그 수가 턱없이 모자라 실제로 이용할 수 있는 확률은 아주 낮다.
툭툭이 그 자리를 대신하고 있는데 요금이 비싸고 바가지가 심한 편이다. 가까운 거리는 툭툭을, 공항 픽업은 여행사 픽업 서비스나 호텔 픽업 서비스를 이용하는 것이 좋다. 이동이 많거나 긴 일정이면 렌터카나 여행사에서 차량 렌탈 서비스를 이용하는 방법이 있다.

푸껫의 교통수단

툭툭(TukTuk)

달릴 때 '툭툭' 소리가 난다고 해서 '툭툭'이라고 불리는데, 태국 전역에서 볼 수 있다. 방콕의 툭툭은 오토바이 뒤에 수레를 달아 만든 것인데, 푸껫의 툭툭은 미니 트럭을 개조하여 방콕의 툭툭과는 모양이 다르다. 뒷자리가 넓어 4~8명 정도 앉을 수 있다. 푸껫에서 가장 흔하게 볼 수 있으며 호텔 입구나 시내에 줄지어 세워 놓고 '툭툭!'이라고 호객 행위를 하기도 한다. 짧은 거리를 타기엔 좋지만 오래 타면 매연과 흔들림으로 속이 메스꺼워질 수 있다. 타기 전에 흥정하여 요금을 확정하는 것이 좋다.
기본 300바트부터 시작하며, 빠통 내에서 이동할 경우에도 이 요금이 적용된다. 흥정하여 가격을 정하지만, 거의 담합된 요금이 있어 비슷하다.

썽때우(Songtaew)

큰 트럭에 좌석이 두 줄이라서 썽때우라고 한다. 푸껫을 비롯한 태국의 로컬 버스로, 푸껫에서는 빠통-푸껫 타운, 까따-푸껫 타운, 남부 일부 지역만 운행

한다. 오전 7시~오후 6시에 20~30분 간격으로 운행한다. 관광객이 많이 왕래하는 빠통-까따 비치, 빠통-방따오 구간은 운행하지 않아 단기간 여행자가 이용할 일은 적은 편이다. 손을 들어서 세우고 내리기 전에 벨을 누르거나 창문을 두드려 내린다. 요금은 1인당 30~40바트 정도이다.

오토바이 택시 납짱

오렌지, 노랑, 빨강 색색의 조끼를 입고 길가에 서 있는 오토바이가 오토바이 택시 납짱이다. 현지인들이 대부분 이용하며 오토바이에 익숙하지 않은 사람이면 뒷자리에 앉는 것이 불편하고 위험할 수 있다. 푸껫 타운이나 현지인이 주로 거주하는 곳에서 많이 볼 수 있다.

여행사 차량

다른 지역에 비해 푸껫은 여행사 픽업 서비스가 잘 발달해 있다. 공항-호텔 간 픽업 서비스뿐만 아니라 기사를 포함한 하루나 반나절 렌탈도 할 수 있다. 여행사에서 운영하는 만큼 안전하고, 3인 이상인 경우 툭툭보다 저렴하다. 미리 예약해야 한다는 단점이 있지만, 일주일 이내의 단기 여행자에게는 푸껫에서 가장 편리하고 안전한 교통수단이다.

몽키트래블 thai.monkeytravel.com / 070) 7010 8266, 02) 730 5690(태국)

미터 택시(Meter Taxi)

푸껫에서 미터 택시를 보는 것은 하늘의 별 따기이다. 운 좋게 미터 택시를 탔다고 하더라도 미터로 가는 경우는 드물다. 툭툭처럼 요금 흥정을 요구하는 경우가 많기 때문이다. 시내보다 주로 공항에서 이용하는데 공항 건물 오른쪽 끝에 있는 미터 택시 카운터로 가면 된다. 처음 2km까지는 기본요금 50바트에 1km마다 미터당 7바트가 추가된다. 공항에서 출발할 경우 100바트가 추가된다. 공식적으로는 미터 택시이나 빠통, 까론, 까따 등 주요 지역은 정해진 요금으로 운행한다.

공항 - 빠통 약 800B
공항 - 까따, 까론 약 1,000B
공항 - 푸껫 타운 약 650B
푸껫 택시 미터 서비스(Phuket Taxi Meter Service) 076) 232 157, 158

로컬 택시(Local Taxi)

개인 소유의 차량을 택시처럼 이용하는 것으로 보통 '로컬 택시'라고 부른다. 툭툭 다음으로 흔하게 볼 수 있고 대부분 앞 유리창에 'TAXI'라고 걸어 놓았다. 지역별로 가격을 흥정해서 이용하며, 툭툭과 요금이 비슷한 수준이다. 밤늦은 시간이나 외진 곳에서 탑승하는 것은 피하는 것이 좋다.

호텔 택시(Hotel Taxi)

호텔이나 개인이 운영하는 것으로 요금이 오픈되어 있고 호텔과 연계되어 있어 안전한 편이다. 요금은 로컬 택시에 비해 조금 비싸거나 비슷한 수준이다. 시내나 거리에서 택시를 탈 경우 가까운 호텔 로비로 가서 택시를 요청하는 것도 하나의 방법이다.

그랩(Grab) 택시 & 볼트(Bolt) 택시

그랩(Grab)은 태국, 말레이시아, 베트남 등 동남아시아에서 가장 많이 사용되는 대표적인 콜택시 서비스 앱이다. 사용 방법은 한국의 카카오 택시와 동일한데, 앱에 목적지를 입력하고 차종을 선택하면 기사가 배정된다. 거리와 소요 시간, 요금을 미리 알 수 있어 합리적이다. 신용 카드를 연결해 놓으면 카드 결제도 가능하다. 단, 푸껫에서 요금이 아주 저렴하지는 않다.

볼트(Bolt)는 그랩보다 요금이 더 저렴하여 최근에 이용자가 많아졌다. 사용 시 출발 위치는 자동으로 세팅되고 목적지만 정확히 입력하면 된다. 목적지는 영문으로 입력해도 자동으로 주소를 불러온다. 옵션으로는 일반 택시, 오토바이, 이코노미, 볼트, 레이디스, 컴포트, XL이 있고 요금도 표기되니 원하는 옵션으로 선택하면 되는데 저렴한 요금인 이코노미의 경우 잘 안잡히기도 한다. 볼트는 현금 결제만 가능하다.

그랩과 볼트 모두 한국에서 앱을 미리 깔아 두면 편리하다(전화번호 인증 시스템).

렌터카(Rental Car)

교통수단이 취약한 푸껫에서 이동이 자유로운 렌터카는 매력적이다. 그러나 한국과 운전석이 반대이고 태국어 표지판과 언덕이 많은 지형은 운전하는 데 걸림돌이다. 갑자기 나타나는 오토바이와 질주하는 툭툭 또한 렌터카 이용을 망설이게 하는 이유이기도 하다. 미리 지도를 보고 호텔과 주요 도로를 파악해 두거나 어느 정도 지리에 익숙해진 다음 이용하는 것이 좋다. 주로 마지막 날 하루를 빌려 푸껫을 일주하고 공항에서 반납하면 일정과 비용 두 가지 면에서 효율

적이다. 국제면허증과 여권이 있어야 하며, 차를 빌리기 전에 보험 가입 여부와 차 상태를 미리 체크해야 한다. 버젯, 어비스, 타이 렌터카 등 정식 업체를 이용하는 것이 안전하다. 한국과 마찬가지로 음주 운전은 강력하게 처벌 받으며, 전 좌석 안전벨트 착용이 의무로 미착용 등의 위반 시 5,000바트 이상의 벌금이 부과된다.

비용은 니싼 알메라(Nissan Almera) 기준 1일 900~1,500바트 정도로, 빌리는 장소나 기간에 따라 달라진다.

타이 렌트 어 카 www.thairentacar.com 076) 351 718 (푸껫공항점) 어비스 AVIS 089) 969 8674 (푸껫공항점)

오토바이 렌트(Motor Bike Rent)

안전이 우선인 여행에서는 추천할 만한 교통수단은 아니다. 특히 언덕이 많고 우기에 스콜이 많이 내리는 푸껫에서는 평소 한국에서 오토바이 운전에 숙련된 사람이 아니면 고생하기 쉽다. 대부분 현지인들과 유럽 장기 여행자들이 경비를 절감하기 위해 이용한다. 헬멧은 반드시 착용해야 하며 항시 단속한다. 1일 렌트 비용은 300~400바트 정도이다. 오토바이를 렌탈할 때에 여권이 필요하다.

푸껫에서 뭘 타고 다닐까?

푸껫에서의 교통수단을 정하기에 앞서 숙소와 이동 거리 동선을 생각해 두는 것이 더 중요하다. 이동 거리나 동선을 무시하고 일정을 정할 경우, 교통비가 숙박비나 식사비보다 더 많이 나올 수 있기 때문이다. 실제로 호텔을 마이까오 비치에 잡아 두고 저녁 식사를 하기 위해 빠통 비치로 나온다면, 왕복 약 1,400~1,500바트(한화 약 5~6만 원)에 달하는 교통비가 든다.
숙소에서 가까운 거리는 걸어서 다니거나 먼 거리를 이동할 경우 차량의 이용 횟수를 최소한으로 하는 것이 교통비를 줄이는 방법이다.
만약 하루 동안 여러 곳을 이동해야 한다면, 차라리 하루 동안 차량을 렌탈하거나 여행사 차량을 시간제로 이용하는 것이 좋다. 또한 호텔 자체 셔틀버스나 무료 픽업 서비스나 쇼핑센터 셔틀버스 등이 있는지 미리 확인하고 이용하는 것도 좋은 방법이다.

공항에서 시내까지 이동하기

푸껫 공항에서 시내로 이동하는 방법에는 크게 미니 버스, 미터 택시, 여행사 차량 등이 있다.
2~3인 기준으로 했을 때, 소요 시간 대비 비용의 효율 순서로 추천한다.

여행사 차량

공항에 도착하면 친절하게 이름을 쓴 피켓을 든 기사를 만나서 바로 호텔이나 시내로 이동하는 편리한 시스템이다.
2~4인이 이용할 수 있는 승용차와 8인승 밴 두 종류의 차량으로 픽업한다. 편리하고 빠르고 안전하다는 것이 장점이다. 특히 푸껫에 밤 도착인 한국발 항공 스케줄을 감안하면 시간과 비용 대비 가장 효율적인 이동 방법이다.

미터 택시

공항 건물 오른쪽 끝에 있는 미터 택시 카운터로 가면 된다. 처음 2km까지는 기본요금 50바트에 1km마다 미터당 7바트가 추가된다. 공항에서 출발할 경우 100바트가 추가된다. 공식적으로는 미터 택시이나 빠통, 까론, 까따 등 주요 지역은 정해진 요금으로 운행한다.

공항-빠통 800B
공항-까론, 까따 1,000B
공항-푸껫 타운 650B

미니 버스

미니 버스로 같은 방향의 사람들을 모아 이동하는 형태이다. 공항에서 푸껫 타운, 빠통, 까론, 까따 등 주요 지역으로 운행하며, 1인당 요금을 부과한다. 빠통 내에서도 호텔별로 내려 주는 시간이 소요되어 다소 오래 걸리는 단점이 있다.

공항-빠통 180B
공항-까론, 까따 200B
공항-푸껫 타운 150B

Patong
빠통

푸껫 최고의 비치

빠통은 푸껫에서 가장 번화한 시내이자 푸껫의 이름을 알린 대표 해변이다. 길이 4km의 만에 고운 모래와 에메랄드 빛 바다로 푸껫 최고의 비치로 꼽힌다.

앞으로는 해변이 펼쳐져 있고 바로 뒤로는 레스토랑, 마사지 숍, 상가 등이 밀집된 시내가 형성되어 있다. 대부분의 마사지 숍, 레스토랑, 쇼핑몰이 빠통에 몰려 있기 때문에 푸껫을 방문하는 여행객이라면 한 번 이상은 반드시 들르는 곳이다. 마사지를 받거나 식사를 하려면 싫든 좋든 이 빠통으로 와야 하기 때문이다.

빠통을 알면 푸껫의 반을 안다고 할 정도이다. 빠통 비치는 휴양과 관광을 한 번에 해결할 수 있는 명실상부한 푸껫의 대표 지역이다.

빠통에서 꼭 해 봐야 할 일!

ENJOY PHUKET!

❶ 빠통 비치에서 하루 종일 물놀이와 일광욕 반복하기
❷ 시간 나는 대로 타이 마사지 무제한 받기
❸ 정실론에서 수영복과 여름옷 쇼핑하기
❹ 화려한 빠통의 나이트라이프 즐기기
❺ 야시장의 노천 식당에서 태국 로컬 음식 경험하기

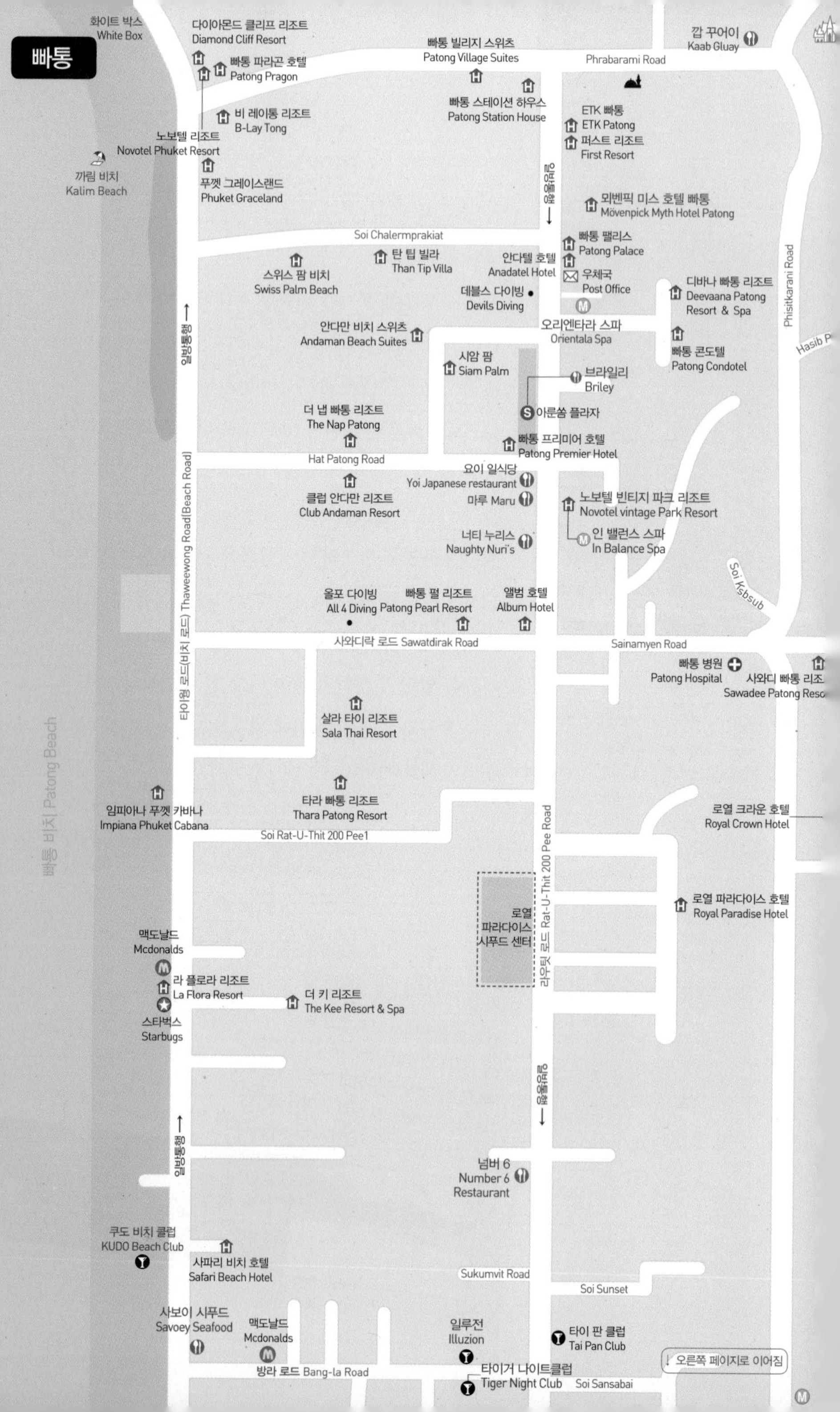

빠통
화이트 박스
White Box
다이아몬드 클리프 리조트
Diamond Cliff Resort
빠통 파라곤 호텔
Patong Pragon
빠통 빌리지 스위츠
Patong Village Suites
Phrabarami Road
갑 꾸어이
Kaab Gluay
비 레이통 리조트
B-Lay Tong
빠통 스테이션 하우스
Patong Station House
ETK 빠통
ETK Patong
퍼스트 리조트
First Resort
노보텔 리조트
Novotel Phuket Resort
까림 비치
Kalim Beach
푸껫 그레이스랜드
Phuket Graceland
일방통행
뫼벤픽 미스 호텔 빠통
Mövenpick Myth Hotel Patong
Soi Chalermprakiat
빠통 팰리스
Patong Palace
탄 팁 빌라
Than Tip Villa
안다텔 호텔
Anadatel Hotel
스위스 팜 비치
Swiss Palm Beach
우체국
Post Office
데블스 다이빙
Devils Diving
디바나 빠통 리조트
Deevaana Patong Resort & Spa
Phisitkarani Road
안다만 비치 스위츠
Andaman Beach Suites
오리엔타라 스파
Orientala Spa
Hasib P
빠통 콘도텔
Patong Condotel
시암 팜
Siam Palm
브라일리
Briley
더 냅 빠통 리조트
The Nap Patong
아룬쏨 플라자
빠통 프리미어 호텔
Patong Premier Hotel
Hat Patong Road
요이 일식당
Yoi Japanese restaurant
마루 Maru
클럽 안다만 리조트
Club Andaman Resort
노보텔 빈티지 파크 리조트
Novotel vintage Park Resort
너티 누리스
Naughty Nuri's
인 밸런스 스파
In Balance Spa
Soi Ksbsub
타위웡 로드(비치 로드) Thaweewong Road(Beach Road)
올포 다이빙
All 4 Diving
빠통 펄 리조트
Patong Pearl Resort
앨범 호텔
Album Hotel
사와디락 로드 Sawatdirak Road
Sainamyen Road
빠통 병원
Patong Hospital
사와디 빠통 리조
Sawadee Patong Reso
살라 타이 리조트
Sala Thai Resort
빠통 비치 Patong Beach
임피아나 푸껫 카바나
Impiana Phuket Cabana
타라 빠통 리조트
Thara Patong Resort
Soi Rat-U-Thit 200 Pee1
라우팃 로드 Rat-U-Thit 200 Pee Road
로열 크라운 호텔
Royal Crown Hotel
로열 파라다이스 시푸드 센터
로열 파라다이스 호텔
Royal Paradise Hotel
맥도날드
Mcdonalds
라 플로라 리조트
La Flora Resort
더 키 리조트
The Kee Resort & Spa
스타벅스
Starbugs
넘버 6
Number 6 Restaurant
쿠도 비치 클럽
KUDO Beach Club
사파리 비치 호텔
Safari Beach Hotel
Sukumvit Road
Soi Sunset
사보이 시푸드
Savoey Seafood
맥도날드
Mcdonalds
일루전
Illuzion
타이 판 클럽
Tai Pan Club
방라 로드 Bang-la Road
타이거 나이트클럽
Tiger Night Club
Soi Sansabai

↓ 오른쪽 페이지로 이어짐

↓ 왼쪽 페이지에서 이어짐

사보이 시푸드
Savoey Seafood

맥도날드
Mcdonalds

방라 로드 Bang-la Road

일루전
Illuzion

타이거 나이트클럽
Tiger Night Club

타이 판 클럽
Tai Pan Club

커피 클럽 The Coffee Club

MK 수끼 골드
MK Suki Gold Restaurant

스웬슨 Swensen's

정실론
Jungcevlon

Nanai Road

렛츠 릴랙스
Let's Relax

센트럴 빠통
Central Patong

실랑 블리바드
Silang Blvd

푸드 파빌리온
Food Pavilion

시노 푸껫
Sino Phuket

더 포트
The Port

센스 오브 웰니스(3층)

몬트라 마사지
Montra Massage

퍼스트 스파
First Spa

푸껫 스퀘어
Phuket Square

빅 C
Big C

반잔 마켓
Bannzan Fresh Market

일방통행 ↑

트로피카 방갈로
Tropica Bungalow

빠통 시푸드
Patong Seafood

빠통 비치 호텔
Patong Beach Hotel

바나나워크
Banana Walk

밀레니엄 리조트
Millenium Resort

리모네 마사지
Limone Massage & Spa

디와 마사지
Diwa Massage

오리지널 원
Original One

빠통 타워 콤플렉스

쏘이 빠통 타워 마사지 골목
Soi Patong Tower

서브웨이
Subway

댓츠 시암 That's Siam

워터 월드 아시아
Water World Asia

룩사나 마사지
Lucksana Massage

몬트라 마사지
Montra Massage

푸드 바자르
Food Bazaar

팜뷰 랏지
Palm View Lodge

몰리 판타지
Molly Fantasy

빠통 타워
Patong Tower

리비에라 리조트 2
Riviera Resort 2

빠통 비치 Patong Beach

타이웡 로드(비치 로드) Thaweewong Road(Beach Road)

안다만 메디컬 센터
Andaman Medical Center

빠통 리조트 파빌리온
Patong Resort Pavillion

몬타나 그랜드 푸껫 호텔
Montana Grand Phuket Hotel

우체국
Postoffice

맥도날드
Mcdonalds

씨 썬 샌드 리조트
Sea Sun Sand Resort

팔마 리조트
Palma Resort

몰리스 타번
Molly's Tavern

스타벅스
Starbugs

반타이 호텔
Banthai Hotel

크리스틴 마사지

코요테
Coyote

리우팃 로드 Rat-U-Thit 200 Pee Road

라마이 인
Ramai Inn

더 포트
The Port

토니 리조트
Tony Resort

렛츠 릴랙스
Let's Relax

와타나 클리닉
Wattana Clinic

골든 비치
Golden Beach

투 쉐프
Two Chefs

일방통행 ↓

파이브 스타 스파
5 Stars Spa

그랜드 머큐어 리조트
Grand Mercure Resort

헤른 커피 앤 비스트로
Hern Coffee and Bistro

드 플로라 스파
De Flora Spa

페어린 힐 호텔
Pairin Hill Hotel

반 라이마이 비치 리조트
Ban Laimai Beach Resort

넘버원 마사지
Number One Massage

로열 팜 리조텔
Royal Palm Resortel

썽피농
Song Pee Nong

오톱 마켓
Otop Market

닥터 아린 클리닉
Dr. Arrin Clinic

홀리데이 인 리조트
Holiday-Inn

시 브리즈
Sea Breeze

참 타이
Charm Thai

일방통행 ↑

Ruamchai Road

부라사리 호텔
Burasari Hotel

스위소텔 리조트
Swissotel Resort

하드록 카페

오션 쇼핑몰
Ocean Shopping Mall

바우만부리 리조트
Baumanburi Resort

빠통 머린 호텔
Patong Merlin Hotel

머큐어 리조트
Mercure Resort

빠통 머린
Patong Merlin

라마부린 리조트
Ramaburin Resort

Nanai Road

Prachanukhro Road

앱솔루트 시 펄 비치 리조트
Absolute Sea Pearl Beach Resort

두앙 짓 리조트
Duang Jit Resort

코코넛 빌리지
Coconut Village

클럽 밤부 방갈로 & 리조트
Club Bamboo Bungalows & Resort

에메랄드 베이
Emerald Bay

푸껫 팰리스
Phuket Palace

Sirirat Road

아마리 코럴 비치 리조트
Amari Coral Beach Resort

시뷰 빠통
Seaview Patong

사이먼 카바레
Simon Cabaret

라 그리따
La Gritta

빠통 팰리스
Patong Palace Hotel

머린 비치 리조트
Merlin Beach Resort

↓ 까론 & 까따 방면

Sightseeing
빠통의 볼거리

24시간 활기차고 흥겨운 곳

비치로 나가면 제트스키, 패러세일링 등 다양한 해양 스포츠를 즐길 수 있고, 태국 복싱 무에타이 경기도 볼 수 있다. 트랜스젠더들이 펼치는 화려한 사이먼 쇼를 봐도 좋고 거리 전체가 무대가 되는 방라 로드에서 흥겹게 여행객들과 어울려도 좋다. 이른 아침부터 새벽까지 24시간이 모자랄 정도로 활기차고 재미있는 곳이 바로 빠통이다.

빠통 비치 Patong Beach

다이내믹한 모습의 해변

푸껫에서 빠통 비치만큼 사람들로 북적이는 해변은 드물다. 4km에 달하는 해변에는 빠통 비치를 다양하게 즐기는 여행객들로 항상 붐빈다. 즐비한 선베드 위에서 여유롭게 일광욕을 즐기는 사람, 해안선을 따라 조깅을 즐기는 사람, 제트스키로 파도를 가르는 사람 등 저마다 다른 모습으로 빠통 비치를 즐기고 있다. 건기의 빠통 비치가 차분한 본연의 에메랄드 빛을 보여 준다면 우기의 빠통 비치는 높은 파도로 성난 모습으로 다가온다. 우기에 빨간 깃발이 꽂히면 수영을 할 수 없다.

방라 로드 Bangla Road

나이트라이프의 메카

비치 로드와 라우팃 로드를 가로지르는 약 500m 길이의 도로를 말한다. 한낮의 방라 로드는 그저 한적한 도로일 뿐이다. 하지만 빠통에 어둠이 내리면 가장 먼저 네온사인이 켜지고 분주해지는 거리이다. 오후 6시부터 새벽 4시까지 차량 통행을 제한하고 거리는 화려한 네온사인과 거리 전체를 울리는 음악 소리, 그리고 화려한 옷차림의 여성들로 붐빈다. 빠통의 생명력은 방라 로드에 있다고 해도 과언이 아니다.

어둠이 내릴 즘이면 방라 로드로 가자. 노천 바에 앉아 각양각색의 여행객들을 구경해도 좋고, 타이거 등 클럽에서 열정적으로 밤을 불태워도 좋다.

비치 로드 Beach Road

저녁 시간 로맨틱해지는 곳

빠통 비치를 따라 남북으로 길게 이어진 도로를 말한다. 남쪽의 홀리데이 인 리조트에서부터 북쪽 끝의 파라곤 리조트까지는 걸어서 30분 정도 소요된다.

해변에서 이 도로를 건너면 본격적인 시내가 시작된다. 시내 쪽 비치 로드를 따라 노점상과 라이브 카페 등이 줄지어 있어, 저녁 시간이면 더 활기찬 분위기가 된다. 자칫 복잡해질 수 있는 빠통 비치를 시내의 복잡함으로부터 차단하는 역할을 하기도 한다. 비치 로드의 진가는 노을 지는 저녁 시간부터이다. 길을 따라 늘어선 시푸드 식당, 바, 레스토랑 등에서 잔잔히 흘러나오는 음악과 파도 소리가 어우러져 빠통에서 가장 로맨틱한 장소가 된다.

라우팃 로드 Rat-U-Thit Road

맛집과 마사지 숍으로 가득한 곳

비치 로드와 평행한 도로로, 빠통 시내를 관통한다. 빠통 북단에서 까론 비치와 연결되는 빠통 남단 방향으로 일방통행로이며, 빠통 남단은 아래쪽으로는 까론, 까따 비치로 이어진다.

방라 로드와 만나는 곳에 정실론 쇼핑몰이 있고 대부분의 로컬 식당과 마사지 숍, 호텔 등이 라우팃 로드에 밀집해 있어 사람들의 왕래가 많은 도로이다. 라우팃 로드에서 파생된 작은 골목마다 맛집과 마사지 숍, 상점 등이 들어서 있다. 라우팃 도로 골목에 숨어 있는 맛집을 찾아가는 재미가 있다.

사이먼 카바레 Simon Cabaret

트랜스젠더들이 펼치는 화려한 공연

'게이 쇼'라고 알려진 사이먼 쇼는 실제로는 트랜스젠더가 펼치는 라스베이거스식의 유쾌한 공연이다. '사이먼'은 트랜스젠더를 부르는 은어이다. 출연진들이 티나 터너, 다이애나 로스, 그리고 우리에게 익숙한 K-POP 스타들로 분장해서 펼치는 립싱크 공연이다. 퇴폐적일 것이라는 선입견과 달리 공연 내용은 보기 불편한 부분은 제한되어 있어서 아동도 관람이 가능하다. 공연 중간에 중국, 일본, 한국 관광객을 위한 깜짝 전통 공연도 있다. 공연 후 쇼에 출연한 트랜스젠더와 함께 공연장 앞에서 사진을 찍는 시간도 있다. 하루 3회 공연이 있으며 빠통, 까론, 까따 지역은 무료로 픽업해 준다.

전화 087) 888 6888 시간 1부18:00, 2부19:30, 3부 21:00 홈페이지 www.simoncabaretphuket.com 예산 일반석 800B, VIP석 1000B 위치 빠통 남단, 까론 비치로 넘어가기 전

플라잉 하누만 Flying Hanuman

이색적인 정글 체험

세계적으로 인기 있는 집라인이 푸껫에도 상륙했다. 태국 전설에 나오는 원숭이 도깨비라는 뜻의 '하누만(Hanuman)'이라는 이름처럼 플라잉 하누만은 원숭이가 나무 위를 날아다니듯 열대 정글 위를 자유롭게 체험하는 투어이다. 약 24,000평의 열대 밀림 위에 집라인 케이블과 레일, 구름다리 등을 설치하여 정글을 체험할 수 있다.

임산부, 심장 질환 등의 신체에 이상이 있는 사람과 만 3세 이하, 몸무게가 120kg가 넘는 사람은 투어를 할 수 없다. 빠통, 까론, 까따 지역은 무료 픽업 서비스를 제공한다.

전화 081) 979 2332 시간 08:00~17:00 홈페이지 flyinghanuman.com 위치 빠통에서 까뚜 언덕 넘어 까뚜 지역, 빠통에서 자동차로 약 20분 소요

프로그램 및 요금

구분	투어 코스	시간	요금
FH1	42개의 플랫폼 체험 + 14개의 집라인 + 4개의 구름다리 + 2개의 하강 코스 + 5개의 나선 계단 + 1개의 스카이레일 + 1개의 듀얼집라인 + 20분간의 야생 도보 + 식사(과일 포함) + 왕복 픽업	08시, 10시, 13시, 15시	3,490B
FH2	28개의 플랫폼 체험 + 7개의 집라인 + 3개의 구름다리 + 1개의 하강 코스 + 2개의 나선 계단 + 1개의 듀얼집라인 + 20분간의 야생 도보	08시, 15시	2,650B

몰리 판타지 & 키주나 Molly Fantasy & Kidzooona

키즈 카페 & 실내 놀이터

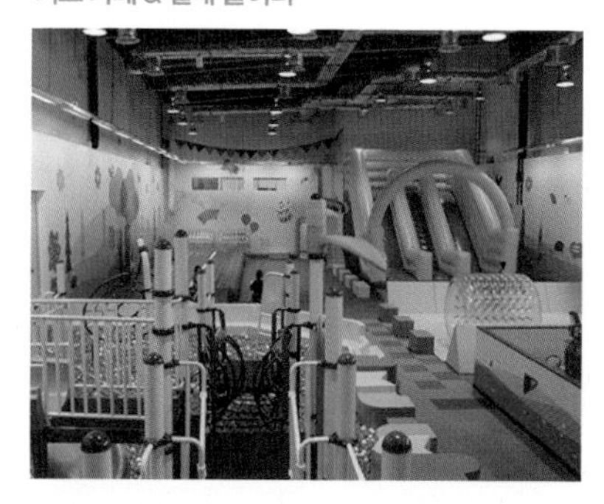

세계적으로 유행하고 있는 아이들의 실내 놀이터&체험 카페이다. 일본 브랜드로, 태국 내 약 20여 개의 지점이 있다. 더운 날씨에 외부 활동이 힘든 아이들을 위해 실내의 넓은 공간에 아이들이 좋아하는 아이템과 체험할 것들이 많다. 크게 몰리 판타지와 키주나로 나뉘어 있는데, 몰리 판타지에는 회전목마 등 탈 것과 다양한 게임기가 있고, 키주나에는 블록과 장난감과 에어 슬라이드 그리고 요리 체험을 할 수 있는 프로그램 등이 있다. 키주나 입장 시, 반드시 양말을 착용해야 하며 부모와 동반해야 한다. 오후 6시 이후에는 할인이 적용된다.

전화 076) 366 822(정실론), 065) 951 2330(센트럴 푸껫 페스티벌), 065) 524 1750(로터스 푸껫) 시간 11:00~21:00 홈페이지 www.aeonfantasy.co.th 예산 주중(105cm 미만/105cm 이상) 240B/360B, 주말&공휴일(105cm 미만/105cm 이상) 280B/420B, 성인 80B 위치 빠통 정실론 쇼핑몰 내, 센트럴 푸껫 페스티벌 4층, 로터스 푸껫 2층

Massage & Spa

빠통의 마사지 숍

1일 1마사지는 기본

빠통에서 골목마다 수많은 맛집 다음으로 많은 것이 바로 마사지 숍이다. 한 집 건너 한 집이 마사지 숍일 정도이다. 셀 수 없을 만큼 많은 데다 가격이 저렴한 것이 큰 매력이다. 만 원이 안 되는 돈으로 한 시간 동안 시원한 마사지를 받을 수 있다.

렛츠 릴랙스 Let's Relax

빠통의 대표 스파

방콕, 파타야, 치앙마이, 사무이, 푸껫 등 태국 전역에 지점을 가진 태국의 대표 스파 체인이다. 빠통에만 3개 지점이 있는데 홀리데이 인 리조트 근처와 반잔 마켓 근처, 밀레니엄 빠통 리조트 내에 있다. 체계적인 서비스와 고급스러운 분위기가 특징이다. 단품 마사지보다 패키지가 가격 대비 경쟁력이 있으며, 스파 제품도 판매한다. 홈페이지에서 예약하면 할인이 되고, 비정기적인 프로모션도 있으니 이용 전 체크는 필수이다. 가장 인기 있는 스파 패키지는 드림 패키지와 헤븐리 릴랙스이다. 정실론 뒷길 반잔 마켓 옆으로 3호점이 오픈했다.

전화 076) 346 080(라우팃 로드점), 076) 366 800(팡므앙 로드점, 반잔 마켓 옆), 076) 603 817(밀레니엄 빠통 리조트점) 시간 10:30~24:00 홈페이지 www.letsrelaxspa.com 예산 발 마사지 450B/45분, 타이 마사지 600B/1시간, 아로마 마사지 1,200B/1시간, 드림 패키지(발 마사지 45분+손 마사지 15분+등 & 어깨 마사지 30분) 850B/1시간 30분, 헤븐리 릴렉스 패키지(발 마사지 45분+타이 허브 마사지 2시간) 1,500B/2시간 45분 위치 라우팃 로드 중간(정실론에서 홀리데이 인 리조트 방향으로 300m), 정실론 뒤편 반잔 마켓 인근, 밀레니엄 리조트 레이크 사이드 4층

Notice 밀레니엄 빠통 리조트점은 2023년 2월 현재 임시 휴업 중이다. 사전에 운영 재개 여부를 확인하자.

넘버원 마사지 Number One Massage

서비스와 실력 모두 만족스러운 마사지 숍

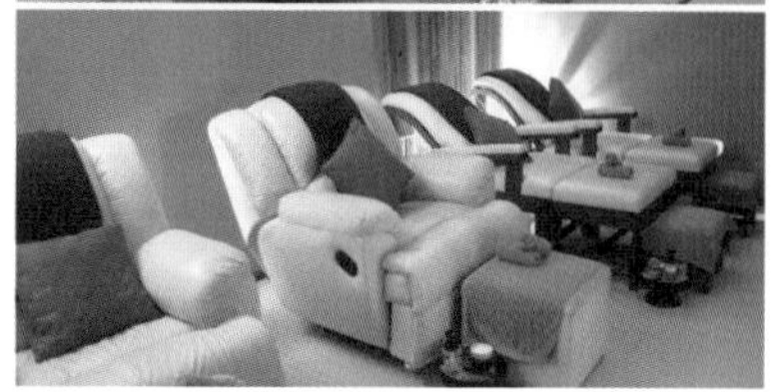

밖에서 보기에는 작은 마사지 숍 같지만 안으로 들어가면 시설이 꽤 괜찮다. 보통 마사지 숍보다 비용은 조금 비싸지만 시설 및 서비스를 생각한다면 기분 좋은 마사지를 받을 수 있을 것이다. 마사지 숍과 네일 숍을 같이 운영하고 있어서 원스탑 서비스를 받기에 좋다.

전화 076) 342 515 시간 10:00~23:00 예산 타이 마사지 400B/1시간, 750B/2시간, 오일 마사지500B/1시간, 950B/2시간, 아로마 오일 마사지 800B/1시간, 1500B/2시간 위치 홀리데이 인 리조트 건너편, 그랜드 머큐어 리조트 입구 근처

인 밸런스 스파 In Balance Spa

합리적 가격의 럭셔리 스파

노보텔 푸껫 빈티지 파크 리조트 부속 스파로 고급스러운 분위기에 친절한 직원과 수준급 마사지로 인해 만족도가 높은 곳이다. 실내에 들어서면 물 흐르는 소리와 잔잔한 음악이 흐르면서 마음이 평온해진다. 웰컴 티를 마시면서 마사지 강도, 몸 컨디션 등에 관한 설문지를 작성한 후 마사지실로 안내를 받아 마사지를 받으며, 마사지 후에는 차와 간식으로 마무리하게 된다. 타이 마사지 룸 3개, 스파 룸 9개(싱글 룸 4개, 커플 룸 5개)로 총 12개의 마사지 룸이 있으며 스파 프로그램은 발 마사지, 타이 마사지, 스파 패키지, 페이셜, 키즈 마사지 등 다양한 메뉴가 있다. 2014년, 2015년, 2018년에 타일랜드 스파 & 웰빙 수상 경력을 가지고 있을 만큼 전문성과 분위기를 갖춘 스파이다.

전화 076) 380 555 시간 09:00~21:00 예산 타이 허벌 페이셜 690B/30분, 1290B/60분, 발 마사지 690B/30분, 1190B/55분, 타이 마사지 1090B/55분, 1490B/80분, 보디 스크럽+보디 랩+보디 마사지 1990B/2시간 홈페이지 www.novotelphuketvintagepark.com/in-balance 위치 노보텔 푸껫 빈티지 파크 리조트 로비층

오리엔타라 스파 Orientala Spa

합리적인 가격의 마사지

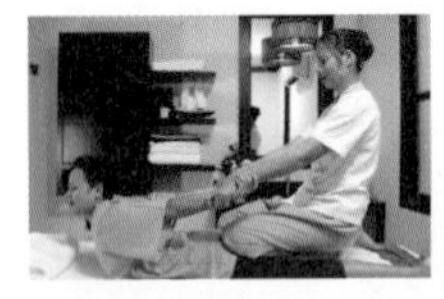

빠통 북쪽 디바나 호텔 입구에 위치한 마사지 숍으로 단독 2층 건물이다. 1층은 얼굴 전문 마사지 숍이고 2층이 오리엔타라 마사지 숍이다. 저렴한 가격과 실력 있는 마사지로 한국인 단골도 꽤 있다. 깔끔한 시설에서 로컬 마사지 숍과 비슷한 가격으로 마사지를 받을 수 있다. 만족도가 높은 마사지 숍으로 한 번 받으면 다시 오는 손님이 많은 편이다.
현지 여행사로 예약 시 할인받을 수 있고, 2인 이상 빠통 내 무료 픽업이 된다.

전화 076) 290 435-6 시간 10:00~23:00 홈페이지 www.orientalaspa.com 예산 타이 마사지/발 마사지 600B/1시간, 따뜻한 오일 마사지 1500B/1시간, 타이 & 발 마사지 1000B/2시간, 타이 마사지 & 아로마 오일 마사지 1500B/2시간 위치 빠통 북쪽 디바나 빠통 리조트 입구

파이브 스타 스파 5 Stars Spa

시설 좋은 로컬 마사지

로컬 마사지 숍 중에서는 보기 드물게 모던하고 고급스러운 시설을 갖추고 있다. 3층의 단독 건물은 오렌지색으로 안팎 모두 깔끔하고 밝은 분위기이다. 1층은 발 마사지, 2~3층은 미용실과 타이 마사지 및 스파 전용 룸이 있다. 직원들이 오렌지색 유니폼을 입고 있고, 커플을 위한 VIP룸도 갖추고 있다. 스파 제품도 판매한다.

전화 090) 486 2339 시간 10:00~23:00 홈페이지 www.5-star-massage.com 예산 타이 마사지/발 마사지 400B/1시간, 오일 마사지 500B/1시간 위치 라우팃 로드 남단, 홀리데이 인 리조트 부사콘 윙 로비 맞은편

드 플로라 스파 De Flora Spa

고급스러운 로컬 스파

빠통의 고급 스파 붐을 타고 새로 오픈한 고급 스파로, 3층 건물 전관 스파 시설을 갖춘 대형 스파이다. 기존에 호텔 부속으로 있던 스파가 빠통으로 이전해서 새로 오픈한 것이다.

가격은 로컬 마사지 숍과 호텔 스파의 중간 정도이고, 큰 규모의 네일 스튜디오와 2~3층의 전문 스파룸이 1인실, 2인 커플실, 발 마사지실 등 마사지 용도별로 시설이 잘 갖추어져 있다.

강한 마사지를 기대하는 사람에게는 다소 약하게 느껴질 수 있다. 일반 타이 마사지보다 오일 마사지나 스파 패키지가 만족도가 높다. 요청하면 빠통 지역에 한해 무료 픽업 서비스를 제공한다.

전화 076) 344 555 시간 10:00~24:00 홈페이지 defloraspa.com 예산 타이 마사지 500B/1시간, 핫 오일 마사지 1000B/1시간, 시그니처 트리트먼트(보디 스크럽+보디 랩+플로랄 배스+아로마 마사지+페이셜 트리트먼트) 4000B/3시간 위치 라우팃 로드 남단, 홀리데이 인 부사콘 윙 정문 옆

시원한 마사지를 받고 싶을 때 필요한 표현

마사지를 받을 때, 나에게 맞는 마사지 강도를 말하고 싶다면, 이렇게 말하면 된다.

- 살살 해 주세요. → 아오 바우바우 카/캅
- 강하게 해 주세요. → 아오 낙낙 카/캅

쏘이 빠통 타워 마사지 골목 Soi Patong Tower

빠통 타워 골목 안 로컬 숍

비치 로드 중간 빠통 타워로 들어가는 골목 안에 5~6개의 마사지 숍이 집중해 있는 곳이다.
빠통에서 오래 체류하는 여행객들과 푸껫을 자주 찾는 단골들 사이에서 입소문이 난 마사지 숍들이 모여 있는 곳으로 다른 로컬 숍들에 비해 저렴하고 만족스러운 마사지로 유명하다.

디와 마사지 Diwa Massage

실력 있는 로컬 마사지 숍

빠통의 로컬 마사지 숍으로 마사지 실력이 수준급이다. 시설도 깔끔한 편이며 마사지실에는 여러 개의 베드가 있고 커튼으로 가릴 수 있다. 1층은 발 마사지, 2~3층은 보디 마사지를 받는 곳이다. 무엇보다 가격이 저렴해서 가성비 마사지를 찾고자 한다면 방문할 가치가 충분하다.

전화 095) 914 2497 시간 10:00~22:00 예산 타이 마사지 300B/1시간, 발 마사지 250B/1시간, 머리 · 목 마사지 250B/1시간, 오일 마사지 350B/1시간, 아로마 테라피 400B/1시간 위치 빠통 타워 골목, 골목 입구에서 2번째 마사지 숍

리모네 마사지 Limone Massage & Spa

모던한 인테리어가 인상적

오리지널 원 마사지와 더불어 이 골목의 대표 마사지 숍이다. 다른 곳에 비해 모던한 인테리어를 경쟁력으로 한다. 실력과 가격은 비슷한 수준이다.

전화 064) 119 1946 시간 10:00~23:00 예산 타이 마사지 300B/1시간, 발 마사지 250B/1시간, 오일 마사지 350B/1시간 위치 비치 로드, 빠통 타워 콤플렉스 골목 안

오리지널 원 Original One

오리지널 마사지

자그마한 로컬 마사지 숍이다. 16년 동안 동일한 가격으로 한결같은 마사지를 제공한다. 한 번만 가도 단골처럼 대해 주는 친근함이 경쟁력이다. 오래되었지만 내부는 깔끔하고 잘 정돈되어 있다. 2층은 타이 & 오일 마사지 룸이 있다.

전화 076) 689 559 시간 09:30~23:00 페이스북 www.facebook.com/OriginalOneMassagePhuket 예산 타이 마사지/발 마사지/헤드앤숄더 마사지 300B/1시간, 오일 마사지 300B/1시간 위치 비치 로드, 빠통 타워 콤플렉스 골목 안

정실론 쇼핑몰 마사지

① 정실론 지하의 마사지 숍

빠통에서 가장 사람이 많은 정실론 지하 타이라피(THAIRAPY) 내에 마사지 숍들이 모여 있다. 항상 북적이는 정실론 위층과 달리 한적한 타이라피 안쪽으로 들어가면 깔끔한 분위기의 마사지 숍들이 있어 일부러 마사지 숍을 찾아다니지 않아도 가까운 곳에서 로컬 마사지를 받을 수 있다는 장점이 있다.

Notice 2023년 2월 현재 임시 휴업 중이다. 사전에 운영 재개 여부를 확인하자.

룩사나 마사지

룩사나 마사지 Lucksana Massage

댓츠 시암 내에만 2개의 지점

댓츠 시암 내에만 2개의 지점이 있는 마사지 숍이다. 한 번 방문한 사람은 또다시 찾게 만들 정도로 만족스러운 마사지를 제공한다.

시간 11:00~22:00 예산 타이 마사지/발 마사지 300B/1시간, 오일 마사지 350B/1시간 위치 정실론 지하, 댓츠 시암 내

몬트라 마사지 Montra Massage

고급스러운 인테리어의 마사지 숍

같은 댓츠 시암 내의 룩사나 마사지보다 규모가 크고 고급스러운 인테리어의 마사지 숍이다. 실력은 룩사나와 비슷한 수준이다. 정실론 쇼핑몰 내에 3개 지점이 있다.

시간 11:00~22:00 예산 타이 마사지 / 발 마사지 300B / 1시간, 핫오일 마사지 450B / 1시간, 발+헤드앤숄더 400B / 1시간 위치 정실론 지하, 댓츠 시암 내

② 센스 오브 웰니스

정실론의 실랑 블리바드 3층에 센스 오브 웰니스라는 이름으로 마사지 숍들이 모여 있다.
약 6~7개의 마사지 숍 및 클리닉들이 3층으로 모이면서 그룹을 형성했다. 한곳에 여러 샵들이 모여 있기 때문에 얼굴 마사지 전문 샵과 전신 마사지 등 원하는 프로그램을 골라서 받기에 좋다.

Notice 2023년 2월 현재 임시 휴업 중이다. 사전에 운영 재개 여부를 확인하자.

퍼스트 스파 First Spa

정실론을 대표하는 얼굴 마사지 숍

하나코, 타카시 등과 더불어 푸껫의 대표 페이셜 트리트먼트 전문 숍이다. 푸껫의 얼굴 마사지 숍 중에서는 후발 주자이나 프랑스 제품을 사용하고 지점을 늘리는 등 공격적인 마케팅을 하고 있다. 기본 마사지는 클린징-스크럽-마사지-팩 코스로 진행되며, 가벼운 어깨와 등 마사지도 서비스로 해준다.

전화 098) 059 1597 시간 10:00~22:00 예산 기본 케어 299B~, 여자 토탈 트리트먼트 899B, 남자 토탈 트리트먼트 899B 위치 정실론 내, 실랑 블리바드 3층

몬트라 마사지 Montra Massage

센스 오브 웰니스의 고급 마사지 숍

정실론 쇼핑몰에 있는 마사지 숍 중에서 시설과 서비스의 만족도가 높은 곳 중에 하나다. 로컬 마사지 숍보다 시설이나 서비스가 좋고 단품 마사지보다 2~3시간 프로그램이 가격 대비 저렴한 편이다. 시간이 된다면 2~3시간 프로그램을 받아 보는 것을 추천. 센스 오브 웰니스 층에서 가장 큰 규모이다. 정실론 지하의 댓츠 시암 내에도 지점이 더 있다.

시간 10:00~22:00 예산 타이 마사지/발 마사지 300B/1시간, 오일 마사지 450B/1시간, 아로마 테라피+헤드앤숄더+발 마사지 850B/2시간, 핫 스톤+헤드앤숄더+발 마사지 950B/2시간 위치 정실론 내, 실랑 블리바드 3층

Food & Restaurant

빠통의 먹을거리

골목마다 가득한 맛집들

길거리 수레에서 파는 볶음 쌀국수, 저렴하고 푸짐한 로컬 식당, 싱싱한 시푸드, 인도, 중국, 중동 음식까지 동서양을 아우르는 수백 개의 맛집이 골목마다 가득하다. 끼니마다 '무엇을 먹을까?'라는 걱정이 빠통에서는 오히려 행복한 고민이다. 점심은 태국 음식으로 가볍게 해결하고 저녁은 분위기 좋은 레스토랑에서 정찬을 즐기거나 싱싱한 해산물로 더위에 지친 입맛을 살리는 것은 어떨까?

MK 수끼 골드 MK Suki Gold Restaurant

태국의 대표적인 수끼 전문점

끓는 육수에 해산물, 육류, 채소, 어묵 등을 살짝 익혀 태국식 소스에 찍어 먹는 수끼는 샤브샤브와 비슷한 태국 요리이다. 'MK 수끼'는 태국 내 가장 많은 체인점을 가진 수끼 전문점으로, 'MK 수끼 골드'는 'MK 수끼'의 인테리어와 서비스를 고급화한 업그레이드 버전이다.

일단 자리에 앉으면 테이블 가운데 마련된 냄비에 육수를 끓여 주는데, 메뉴에서 본인이 좋아하는 것을 골라서 주문하면 된다. 무엇을 먹을지 모르겠다면 5~6가지를 한 번에 맛볼 수 있는 모듬 세트를 선택하면 된다. 육수와 소스는 요청하면 계속 채워 주고, 남은 육수는 밥이나 국수를 말아 먹으면 좋다.

특히 매콤하고 달콤한 태국식 소스와 시원한 육수는 한국 사람의 입맛에도 맞는 편이어서, 느끼한 속을 달래고 싶을 때 먹으면 좋다.

전화 076) 600 166 시간 11:00~21:30 홈페이지 www.mkrestaurant.com 예산 채소 20~50B, 육류 44~60B, MK 수끼 세트 445B(2~3명), 소프트드링크 40B Tax 10% 위치 정실론 쇼핑몰 내 1층

Notice 2023년 2월 현재 임시 휴업 중이다. 사전에 운영 재개 여부를 확인하자.

깝 꾸어이 Kaab Gluay

현지인들에게 유명한, 차분한 분위기의 맛집

푸껫 빠통에서 유명한 로컬 맛집으로, 차분한 분위기의 깔끔한 타이 레스토랑이다. 다양한 메뉴가 있으며 메뉴는 영어로도 적혀 있어 주문하기 어렵지 않다. 음식은 한국인의 입맛에 잘 맞고 가격 또한 무난한 편이다. 현지인들이 많이 찾는 곳으로 위치가 중심지에서 다소 벗어나 있기는 하지만 가격, 맛 모두 갖추어진 타이 레스토랑이니 푸껫 여행 시 한번 방문해 보자.

전화 076) 345 832 시간 10:00~23:00 예산 텃만꿍 170B, 쏨땀 85B, 캐슈넛 치킨볶음 150B, 마늘 & 후추 소고기볶음 220B, 타이 오믈렛 85B, 볶음밥 80B, 팟타이 80B, 땡모반(수박 셰이크) 75B 위치 빠통 북쪽 / 뫼벤픽 미스 리조트에서 도보 12분

썽피농 Song Pee Nong

맛도 가격도 좋은 정겨운 로컬 식당

푸껫에서만 20년 넘게 인기를 끌고 있는 로컬 맛집으로 빠통에서 저렴하게 태국 음식을 즐길 수 있다. '썽피농'은 '두 자매'라는 의미로 이 식당은 이름대로 두 자매가 운영하고 있다. 팟타이, 카오팟 등 태국의 인기 메뉴들은 향이 강하지 않고 무난한 편으로 한국인의 입맛에도 잘 맞는다.

전화 081) 968 0887(본점), 086) 742 5888(지점) 시간 10:00~23:00 예산 카오팟(S) 80B, 팟타이(S) 80B, 쏨땀 80B, 스프링롤 80B, 땡모반(수박 셰이크) 70B 위치 홀리데이인 리조트와 반 라이마이 리조트 사이 골목 안(비치 로드와 라우팃 로드 중간(본점), 아마타 빠통 호텔에서 정실론 가는 방향으로 도보 2분(지점)

Travel Tip

내 입맛에 맞게 태국 요리를 주문하는 태국어 한 마디!

태국 요리에서 빠지지 않고 들어가는 고수(팍치)가 싫다면, 주문할 때, '마이 싸이 팍치 카~'라고 외치자. 얌운센이나 똠얌꿍 등을 매콤하게 먹고 싶을 때는, '펫펫 카(맵게 해 주세요)' 또는 '펫 막막 카(많이 맵게 해 주세요)'라고 하면 된다.

넘버 6 Number 6 Restaurant

라우팃 로드 최고의 인기 음식점

빠통 시내의 중심인 라우팃 로드에서 줄을 길게 서 있는 레스토랑이 있다면, 그곳이 바로 넘버 6 레스토랑이다. 오랫동안 세계 각국의 많은 사람에게 사랑받고 있는 라우팃 로드의 터줏대감으로 좁은 식당은 항상 사람들로 북적거린다. 현지 로컬 식당 분위기를 경험하기 좋고, 빠통 중심에 있는 다른 레스토랑보다 가성비는 좋은 편이다. 식사 시간은 대기 시간이 길어질 수 있으니 피크 시간을 피해 가는 것도 방법이다. 빠통 북쪽 언덕에 2호점이 오픈해 1호점에 자리가 없으면 2호점으로 무료 픽업해 준다.

전화 081) 922 4084 시간 08:30~24:00 예산 팟타이/카오팟 80~100B, 쏨땀/치킨사떼 100B, 얌운센 80B~ 위치 라우팃 로드 중간, 방라 로드 진입 전

헤른 커피 앤 비스트로 Hern Coffee and Bistro

빠통 비치의 분위기 맛집

빠통 비치 해변에 인접한 모던한 분위기의 카페다. 인테리어가 잘 되어 있는 2층 구조로 야외석과 실내석이 있으며 실내석 중 1층 안쪽으로는 에어컨이 나오는 공간이 있다. 초록초록한 분위기가 물씬 나는 카페 실내는 우드 테이블과 의자 등이 놓여져 있어 꽤 신경을 쓴 듯한 느낌을 준다. 직원들은 영어를 잘하며 아주 친절하다. 샐러드, 계란 요리, 와플, 파스타, 스테이크 등 다양한 메뉴가 있으며 특히 브런치 맛집으로 유명하고 인기가 많아 사람들이 항상 붐빈다.

전화 076) 344 135 시간 09:00~22:00(라스트 오더 21:00) 예산 치킨 시저 샐러드 350B, 시그니처 헤른 수박 샐러드 280B, 계란 오믈렛 280B, 파스타 300B, 비프 스테이크 990B, 새우 팟타이 550B, 에스프레소 95B, 땡모반(수박 셰이크) 150B Tax 17% 위치 빠통 비치, 반 라마이 리조트 인근

브라일리 Briley

진한 육수가 일품인 치킨라이스

닭을 푹 끓여 만든 육수로 밥을 짓고, 그 위에 닭고기 살을 쭉쭉 찢어 올린 카오만까이는 태국인들이 별미로 치는 음식이다. 단, 제대로 된 카오만까이는 아무 곳에서나 먹기 힘들다. 브라일리는 카오만까이로 유명한 로컬 식당이다. 좁은 입구와 달리 안쪽에 넓은 공간이 있는데 식사 시간이 아니어도 항상 현지인들로 빈자리를 찾기가 힘들 정도이며, 포장해 가는 사람도 많다. 입구에서 주인아줌마가 능숙한 솜씨로 삶은 닭의 살만 발라 밥에 얹어 주는 것을 볼 수 있다. 2~3시가 넘으면 재료가 떨어져 문을 닫는 경우가 많으니 그 전에 가는 것이 좋다.

전화 081) 597 8380 시간 06:00~16:00 예산 카오만까이 60B(S), 70B(L) 위치 라우팃 로드 북쪽, 아룬쏨 플라자 1층에 위치

요이 일식당 Yoi Japanese restaurant

깔끔한 분위기의 일식당

식당 내부에 들어서면 벚꽃 장식, 일본 인형 등 일본 분위기가 물씬 풍기는 곳으로 2022년 7월에 오픈한 일식 레스토랑이다. 식당 내부는 상당히 깔끔한 편이며 우동, 초밥, 장어덮밥, 돈가스, 교자, 사시미, 소바, 새우튀김 등 메뉴가 다양하고 가격은 한국과 비슷한 수준이다. 메뉴판은 패드로 넘겨서 보는 형태이며 음식 사진과 영어로 되어 있어 주문하기에 전혀 어렵지 않다. 푸껫 여행 중 일식이 생각난다면 들러 보자.

전화 063) 023 8886 시간 12:00~22:00 예산 마끼 120B, 야끼소바 140B, 돈가스 도시락 250B, 새우가스 260B, 텐동 195B, 교자 120B, 공기밥 30B, 김치 90B Tax 17% 위치 노보텔 푸껫 빈티지 리조트 맞은편

시 브리즈 Sea Breeze

시푸드 뷔페로 유명한 곳

홀리데이 인 리조트의 부속 레스토랑으로, 매일 저녁 다양한 테마의 뷔페를 선보인다. 특히 매주 화요일과 토요일에는 시푸드 뷔페를 하는데, 성인 1인당 4만 원 정도로 시푸드를 맘껏 먹을 수 있어 인기이다. 시푸드뿐만 아니라 다양한 종류의 초밥, 샐러드, 디저트 등도 함께 준비된다. 깔끔한 분위기에서 시푸드를 즐기고 싶은 사람과 아이가 있는 가족 여행객들에게 좋다. 성인과 동반하는 12세 미만 아동은 2인까지 무료이다. 현지 여행사로 예약하면 할인된 금액으로 이용할 수 있다.

전화 076) 340 608 시간 조식 뷔페 06:30~11:00, 석식 뷔페 18:30~22:00 홈페이지 www.phuket.holiday-inn.com/korean_sea-breeze.htm 예산 화, 토요일 시푸드 뷔페: 성인 1인당 850B, 아동(12세 미만) 무료 Tax 17% 위치 홀리데이 인 리조트 내 메인 윙 1층

사보이 시푸드 Savoey Seafood

초대형 시푸드 레스토랑

빠통의 대표적인 시푸드 레스토랑으로 500여 석을 갖춘 초대형 규모이다. 길가에 대형 수족관과 해산물을 전시해 놓아 지나가는 사람들의 시선을 끈다. 먼저 수족관에서 해산물을 고른 후 원하는 조리법을 선택하면 바로 옆 주방에서 요리해 준다. 매일 들여오는 싱싱한 해산물을 직접 보고 골라 먹을 수 있다는 것이 장점이다. 해산물뿐만 아니라 대부분의 태국 요리가 있다. 에어컨이 나오는 실내 공간도 있다. 빠통 한가운데서 싱싱한 해산물을 먹을 수 있다는 장점으로 꾸준한 인기를 얻고 있다.

전화 076) 341 171 시간 11:00~24:00 홈페이지 www.savoeyseafood.com 예산 랍스터 220B(100g), 타이거 프론 200B(100g), 머드 크랩 120B(100g), 오징어 100B(100g), 새우볶음밥(S) 150B, 쏨땀 120B, 수박 셰이크 70B Tax 7% 위치 방라 로드와 비치 로드가 만나는 곳

빠통 시푸드 Patong Seafood

빠통의 대표 시푸드

1979년에 오픈한 빠통에서 가장 오래된 시푸드 레스토랑으로, 사보이 시푸드와 더불어 빠통의 대표적인 시푸드 레스토랑으로 유명하다. 레스토랑은 오픈된 공간으로 위치하고 있어 저녁 시간 빠통 비치의 파도 소리와 주변 라이브 카페에서 나오는 음악 소리로 로맨틱한 분위기가 난다. 가장 오래된 시푸드 레스토랑인 만큼 검증된 맛으로 꾸준히 손님이 많다. 가격은 사보이 시푸드보다 약간 저렴한 편이다.

전화 076) 341 244 시간 11:00~22:00 예산 킹프런 200B(100g), 바닷가재 280B(100g), 크랩 150B(100g), 팟타이/카오팟 180B, 소프트드링크 45B, 싱하 70B(S)/120B(L) Tax 7% 위치 비치 로드, 방라 로드 입구

로열 파라다이스 시푸드 센터

로컬 시푸드 밀집 지역

로열 파라다이스 호텔 건너편으로 라우팃 로드를 따라 8~10개의 시푸드 식당이 길게 늘어서 있는데, 로열 파라다이스 시푸드 센터라 부른다.
낮에는 공터였던 공간이 4~5시가 되면 테이블들이 들어서고 시푸드 레스토랑으로 변신한다. 오후 7~9시가 가장 붐비는 시간. 대형 시푸드 식당들에 비해 음식값이 비교적 저렴한 편이다. 한국어 메뉴판이 있을 정도로 한국 손님이 꽤 있다. 수족관이나 입구에 전시한 해산물을 100g 단위로 직접 골라서 원하는 조리 방법을 선택하면 된다. 오픈된 공간이라서 다소 더울 수 있다. 99시푸드, 레드보트, 요요 레스토랑 등이 대표 식당이다.

시간 16:00~24:00(식당마다 다름) 예산 타이거프런 150B(100g), 킹프런 180B(100g), 바닷가재 250B(100g), 카오팟/팟타이 80B, 팟팍루암 80B, 소프트드링크 45B, 싱하 80B 위치 로열 파라다이스 호텔 맞은편

시푸드 레스토랑에서 주문하는 법

❶ 수족관이나 해산물 전시대에서 직접 해산물을 고른다.
100g 또는 kg 단위로 판매하므로 처음부터 너무 많이 주문하지 말자. 2인 기준 500g 정도가 적당하다.
❷ 요리 방법을 선택한다.
통째로 숯불에 굽는 BBQ, 후추와 마늘을 뿌려서 튀기는 Fried with Pepper or Garlic, 버터를 발라 굽는 Baked with Butter, 찜통에 찌는 Steamed 등의 요리법이 있다.
❸ 샐러드, 볶음밥, 음료 등의 추가 메뉴는 테이블에서 주문한다.

푸드 파빌리온 Food Pavilion

센트럴 빠통 지하 푸드코트

센트럴 빠통 쇼핑몰 지하에 위치한 푸드코트로 쇼핑몰 정문을 바라보고 우측 에스컬레이트를 통해 지하로 내려가면 된다. 바비큐, 시푸드, 타이 푸드, 음료, 디저트, 제빵류 등 다양한 메뉴가 있으며 가격대도 합리적인 수준이다. 게다가 깔끔하고 에어컨이 나오는 실내이다 보니 시원하고 쾌적한 분위기에서 식사를 할 수 있다. 캐시카드 충전 후 원하는 매장에서 충전된 캐시를 사용하여 음식을 구입하면 되고 남은 캐시는 환불을 받으면 된다. 지하에는 푸드코트 외에 탑스 푸드홀, 기념품 숍이 있어 식음료나 기념품을 구입할 수도 있다. 한 건물에서 쇼핑과 식사를 모두 해결할 수 있어 편리하다.

전화 076) 600 499 시간 10:30~23:00 예산 과일 주스(S) 150B, 계란 로띠 80B, 바나나 사모사(튀김) 120B, 돼지고기 꼬치 20B/개당, 랍스터 1마리 2,190B, 새우 칠리 볶음밥 150B, 쏨땀 79B, 파인애플 볶음밥169B 위치 센트럴 빠통 쇼핑몰 지하

푸드 바자르 Food Bazaar

정실론의 푸드 코트

정실론의 더 정글(The Jungle) 구역 지하에 위치한 푸드 코트로, 새롭게 정비를 하여 최근에 다시 오픈하였다. 물가가 높은 빠통에서 저렴하게 로컬 음식을 다양하게 맛볼 수 있는 푸드 코트로, 관광객보다 현지인들의 비율이 높은 편이다.

내부는 푸껫 타운의 건축 양식인 치노 포르투기(Sino-Portuguese) 양식의 인테리어로, 푸껫 타운의 어느 로컬 식당에 와 있는 듯한 분위기다. 공간이 넓은 편은 아니나, 태국 음식, 중식, 한식까지 다양한 나라의 요리를 맛볼 수 있는 음식점이 모여 있다. 입구에서 일정 금액이 들어간 카드를 구입하고, 음식점에서 카드로 결제하고 남은 금액은 다시 입구 카운터에서 정산받는 시스템이다. 충전한 금액은 당일만 사용 가능하니 잔액은 반드시 당일 환불해야 한다.

전화 076) 600 111 시간 11:00~21:00 예산 팟타이 80~130B, 카오팟 70~150B, 얌운센 100B, 과일 주스 60B~ 위치 정실론 쇼핑몰 더 정글(The Jungle) 구역 지하

마루 Maru

소문난 한식 맛집

예전에는 정실론에서 운영을 하다가 현재는 인디고 빠통 호텔 인근으로 옮겨 운영 중인 한식당이다. 한국의 한식 못지않은 맛에 깔끔한 실내, 친절한 직원들로 인기가 아주 높다. 식당 입구에 메뉴판이 있어 식당 들어가기 전에 미리 어떤 메뉴를 선택할지 참고할 수 있으며 실내는 우드톤의 가구와 조명으로 편안한 분위기를 연출한다. 레스토랑 입구에 태극기가 걸려 있으며 실내는 한국 노래가 흘러나오고 곳곳에 한국어가 있어, 순간 이곳이 태국인지 한국인지 혼동이 오기도 한다. 제육볶음, 김치전, 부대찌개, 삼겹살, 육전이 인기 메뉴이며 그 외에도 불고기, 닭갈비, 전복죽 등 다양한 메뉴를 갖추고 있다. 푸껫 여행 중에 한국 음식이 그리워진다면 방문해 보자.

전화 076) 366 219 시간 11:00~22:00 예산 삼겹살 380B, 등심 590B, 김치볶음밥 280B, 된장찌개 280B, 떡볶이 280B, 해물파전 280B, 닭갈비 380B(치즈 추가 80B), 돌솥비빔밥 350B, 탄산음료 60B, 물30B, 맥주(S)80B 위치 인디고 푸껫 빠통 호텔 인근

너티 누리스 Naughty Nuri's In The Forest, Phuket

푸껫에서 맛보는 발리 BBQ

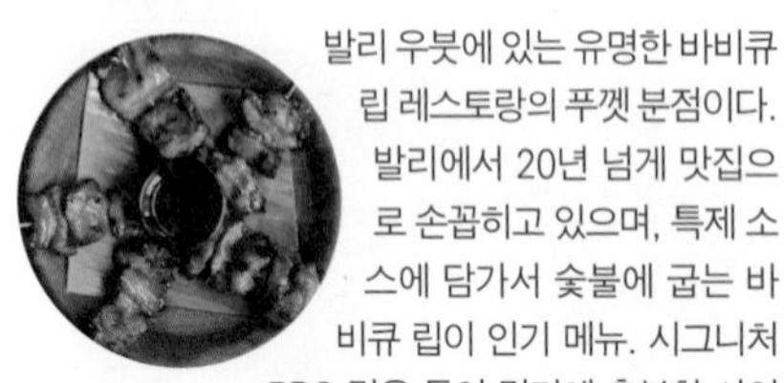

발리 우붓에 있는 유명한 바비큐 립 레스토랑의 푸껫 분점이다. 발리에서 20년 넘게 맛집으로 손꼽히고 있으며, 특제 소스에 담가서 숯불에 굽는 바비큐 립이 인기 메뉴. 시그니처 BBQ 립은 둘이 먹기에 충분한 사이즈로 인도네시아식 꼬치구이 사테와 볶음 국수 미고랭, 볶음밥 나시고랭 등의 메뉴와 함께 먹으면 좋다. 새끼 돼지 통구이인 바비굴링은 겉은 바삭하고 속은 촉촉한 발리식 구이 요리인데 매콤한 삼발 소스와 먹으면 우리 입맛에도 잘 맞는다.

전화 061) 173 0011 시간 11:00~23:00 예산 너티 누리스 시그니처 BBQ 450B, 바비굴링 1/2 1,600B, BBQ 사테 230B, 미고랭/나시고랭 230B 위치 빠통 라우팃 로드 북쪽 노보텔 빈티지 리조트 맞은편

커피 클럽 The Coffee Club

카페 & 바 & 레스토랑

커피에서부터 식사까지 한 번에 해결할 수 있는 공간이다. 낮 시간에는 간단한 식사를 즐기려는 사람들이, 저녁 시간에는 노천 바에서 맥주와 안주류를 즐기는 사람들이 많다. 다양한 종류의 커피 메뉴는 최상급 원두를 사용하여 향이 진하고 맛이 풍부하다. 두툼한 패티가 들어간 치즈 버거는 인기 메뉴. 정실론 쇼핑몰, 애슐리 허브 호텔, 임피아나 리조트 맞은편 등 여러 지점이 있다.

전화 076) 292 036 시간 08:00~24:00 예산 얼티밋 더블치즈버거 360B, 스파이시 베이컨 & 바질 파스타 270B, 마늘 베이컨 볶음밥 160B, 치즈볼 120B, 아이스 카푸치노 145B 위치 정실론, 애슐리 허브 호텔, 임피아나 리조트 맞은편, 럽디 호텔 인근

스웬슨 Swensen's

화려한 아이스크림의 향연

61년 전통의 미국 아이스크림 브랜드로 미국보다 태국에서 더 인기를 끌고 있다. 다른 아이스크림 전문점과 달리 레스토랑식으로 운영되는데 좌석에 앉으면 물과 메뉴판을 주는 시스템이다.

메뉴판의 아이스크림 종류는 가짓수만 수십 가지로 선택하기 어려운 정도. 진한 아이스크림과 풍부한 토핑의 선데가 베스트 메뉴로 한입 베어 물면 머리가 아플 정도의 시원하고 진한 맛을 느낄 수 있다. 메뉴판의 사진과 흡사한 아이스크림이 나오는 것도 특징이다. 더위를 식히거나 식사 후 디저트로 안성맞춤이다. 아이스크림 케이크도 있다.

전화 076) 602 124 시간 10:00~24:00 홈페이지 www.swensensicecream.com 예산 바나나 스플릿 260B, 스트로베리 선데 145B, 빅 락 초콜릿마운틴 220B 위치 정실론 라우팃 로드 방향 입구 1층, 빅C 입구

참 타이 Charm Thai

합리적인 가격의 태국 레스토랑

홀리데이 인 리조트 부사콘 윙 로비에 위치한 태국 레스토랑이다. 음식값이 로컬 식당보다 약간 높은 수준이어서, 호텔 레스토랑임을 감안하면 싸다고 느껴질 정도이다. 태국 요리가 200~300바트 내외, 2인 디너 세트 메뉴가 900바트 정도로, 바닷가재나 시푸드도 로컬 식당보다 약간 비싼 수준이다. 시푸드는 바비큐, 버터구이 등으로 조리 방법을 선택할 수 있으며 야채와 밥이 함께 나온다. 합리적인 금액으로 호텔식 서비스의 식사를 즐길 수 있다.

전화 076) 340 608 시간 06:30~23:00 홈페이지 www.phuket.holiday-inn.com/busakorn/korean_restaurants.htm 예산 카오팟 260B, 팟타이 280B, 쏨땀 220B, 똠얌꿍 280B, 모닝글로리 150B, 와규 스테이크 990B, 싱하(500ml) 190B, 과일 주스 120B, 콜라 70B Tax 17% 위치 홀리데이 인 리조트 내 부사콘 윙 1층

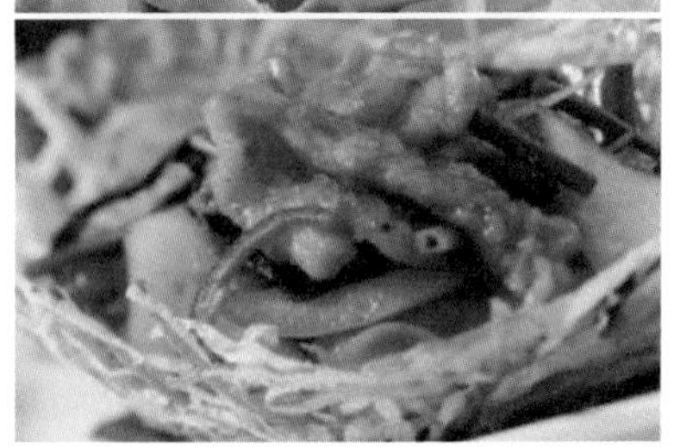

라 그리따 La Gritta

로맨틱한 이탈리안 레스토랑

빠통 남단 아마리 코럴 비치 리조트 내에 위치한 정통 이탈리안 레스토랑이다. 바다가 한눈에 내려다보이는 언덕에 있어 탁 트인 전망을 자랑한다. 바다와 가까운 1층은 오후 6시 이후에만 오픈하는데 2층보다 1층이 전망이나 분위기 면에서 더 낫다.
정통 이탈리안 레스토랑답게 홈메이드 피자, 파스타, 스테이크, 디저트 등 상당한 수의 메뉴가 있는데, 선택이 어렵다면 주방장 추천 메뉴를 시도해 보는 것도 좋다. 저녁 시간에 전망 좋은 자리를 선점하려면 예약이 필수이다.

전화 076) 340 112 시간 18:00~24:00 홈페이지 www.lagritta.com 예산 까르보나라 파스타 470B, 마르게리따 피자 380B, 비프 스테이크 1250B, 젤라또 120B, 레드 와인 320~360B/1잔 Tax 17% 위치 빠통 남단 아마리 코럴 비치 리조트 내

Nightlife
빠통의 나이트라이프

황혼에서 새벽까지

어둠이 내리는 저녁 시간부터 빠통의 분위기는 180도 바뀐다. 조용하던 거리는 색색의 네온사인과 쿵쿵거리는 음악 소리의 흥겨운 분위기로 탈바꿈한다. 비치 로드를 따라서 라이브 카페들이 하나둘씩 테이블을 내놓고, 방라 로드의 술집들은 본격적인 장사를 시작한다. 조용한 분위기를 즐기고 싶은 사람이라면 라이브 카페를, 보다 열정적인 나이트라이프를 기대하는 사람이라면 밤새 핫한 클럽 투어를 해도 좋다. 빠통의 밤은 동틀 때까지 계속된다.

일루전 Illuzion

푸껫 최고의 나이트클럽

푸껫에서 가장 핫한 나이트클럽으로 세계 각국의 사람들과 함께 최고의 DJ가 들려주는 화려한 음악을 즐길 수 있다. 매일 밤 다양한 주제로 초대되는 특별 게스트들 덕분에 같은 곳이지만 매일 다른 느낌을 준다. 세련된 인테리어로 약 300개의 VIP석과 200개의 VIP테이블 및 5,000명까지 수용 가능한 시설을 자랑한다. 1인당 800바트의 입장료가 있는데 입장료는 다소 비싸지만 클럽 내 정해져 있는 시간 내에 주류 및 음료가 무료로 제공된다.

전화 064) 454 4985 시간 21:00~02:00 예산 800B 홈페이지 www.illuzionphuket.com 위치 방라 로드 중심

Notice 2023년 2월 현재 한시적으로 무료 입장 가능하다.

타이거 나이트클럽 Tiger Night Club

방라 로드의 대표 나이트클럽

클럽 입구의 호랑이 모형이 시선을 끈다. 호랑이를 테마로 한 푸껫 방라 로드의 대표적인 나이트클럽으로 3층으로 되어 있다. 1층은 바 형식으로 술을 마시고 폴 댄스 등을 관람할 수 있으며, 2~3층은 디제이의 퍼포먼스와 디스코 음악으로 흥겨움을 더한다. 바 형태의 외부 홀에 앉으면 지나가는 사람들을 구경하는 재미가 있고, 내부로 들어가면 조명 가득한 어두운 분위기에서 여러 이벤트를 구경하는 재미도 있다. 화장실 이용 시 10B를 내야 한다.

시간 1층 야외바 15:00~04:00 / 실내바 18:00~04:00
예산 하이네켄 130B, 싱하 120B, 콜라 100B, 레드불 100B, 데낄라 150B, 보드카 200B, 쌤솜(70ml) 1600B
위치 방라 로드 입구에서 비치 쪽으로 도보 2분

Notice 2023년 2월 현재 1층만 운영 중이다.

쿠도 비치 클럽 KUDO Beach Club

빠통 해변가의 고급스러운 클럽

빠통 비치에 위치한 클럽으로 전 세계 휴양지에서 유행하고 있는 해변 클럽이다. 고급스러운 분위기의 좌석과 수영장, 그리고 레스토랑을 갖춘 올데이 클럽으로 낮 시간에는 한가하게 선탠을 하거나 물놀이를 즐기려는 사람들이 많고 저녁에는 조명과 음악이 화려한 비치 클럽으로 바뀐다. 매주 금요일 풀파티가 열리고 유명 DJ를 초청하기도 한다.

전화 064) 119 2526 시간 10:00~24:00 홈페이지 www.kudophuket.com 예산 맥주 120B~, 칵테일 240B~ 위치 비치로드 북쪽, 라 플로라 리조트 옆

Travel Tip

성공적인 나이트라이프를 위한 노하우

열정적인 나이트라이프를 즐기고 싶은 사람이라면 10시까지 기다리는 인내가 필요하다. 대부분의 클럽들은 10시 이전에는 한산한 분위기로 주변 바와 레스토랑에서 1차를 즐기고 클럽으로 사람들이 모이는 시간은 10시부터이고 12시가 피크 타임이다. 요일마다 폼 파티, DJ 초청, 레이디스 나이트 등 여러 테마가 있어 사전에 체크해서 방문하면 특별한 경험을 할 수 있다.

더 포트 The Port

비치 로드의 라이브 바

반타이 호텔 부속 바 겸 레스토랑으로 저녁 시간에 라이브 공연을 한다. 저녁 시간에 비치 로드에서 음악 소리를 따라가게 되는 곳인데, 비치 로드를 따라 상당히 넓은 공간에 라이브 무대와 오픈형 좌석이 설치되어 있다. 필리핀 밴드의 라이브 공연을 보면서 맥주나 칵테일을 즐기는 분위기이다. 우리에게 익숙한 올드 팝과 잔잔히 들려오는 파도 소리가 편안한 느낌을 준다. 간단한 저녁 식사와 함께 맥주 한 잔을 즐기기 좋은 곳이다.

전화 076) 340 850-4 시간 12:00~23:00 예산 칵테일 220~250B, 바비큐 치킨 피자 310B Tax 7% 위치 비치 로드, 반타이 호텔 입구

코요테 Coyote

활기찬 분위기의 멕시칸 펍

홍콩에서의 성공에 이어 12년 전 푸껫에 상륙한 멕시칸 펍이다. 빠통 비치가 한눈에 내려다보이는 2층 야외 데크 좌석이 인기이다. 직원들의 복장에서부터 인테리어까지 멕시칸 분위기가 물씬 난다. 퀘사딜라, 나초, 화지타 등 멕시칸 음식과 약 75여 종류의 마가리타와 데킬라가 인기 메뉴이다. 12:00~18:00, 22:00~01:00에 하루 두 차례 해피아워에는 마가리타, 모히토, 싱하를 할인가에 제공한다.

전화 063) 060 0788 시간 12:30~24:00 예산 치즈 버거 290B, 타코 290~395B, 화히타 395~595B, 소프트드링크 80B, 모히토 260B Tax 7% 위치 비치 로드, 더 포트 옆

몰리스 타번 Molly's Tavern

정통 아이리시 스포츠 바 & 펍

푸껫의 유럽인들은 이곳에 다 모인 듯 유럽인들의 인기 모임 장소로 유명하다. 안쪽으로 넓은 공간과 포켓볼 테이블도 여러 개 있고 벽면에 TV에서는 미식축구와 야구 등 스포츠 경기가 연중 방송된다. 문을 열고 들어가는 순간 영국의 어느 스포츠 바에 온 듯한 분위기를 느낄 수 있으며, 맥주와 어울리는 핑거 푸드, 햄버거, 바베큐 립 등이 인기 메뉴이다. 매일 10:00~18:00까지 해피 아워로, 로컬 병맥주와 다양한 칵테일을 할인한다. 미국과 영국의 국경일, 태국의 새해 및 명절에는 특별한 이벤트도 열린다.

전화 086) 911 6194 시간 12:00~02:00 홈페이지 mollysphuket.com 예산 바비큐 치킨윙 220B, 몰리스 버거 395B, 멕시칸 나초 295B, 싱하(병) 130B, 프로즌 칵테일 200B Tax 10% 위치 빠통 비치 로드 중간, 스타벅스 옆

하드록 카페 Hard Rock Cafe

로큰롤의 신나는 카페

방콕, 파타야에 이어 태국의 3번째 하드록 카페가 빠통에 문을 열었다. 라우팃 로드를 지나면 지면을 울리는 음악 소리로 한번쯤 눈길이 가는 곳이다.

외부와 내부에 마련된 무대에서 록 밴드의 공연이 열린다. 10시가 넘어가면 자리가 없을 정도로 사람이 많고 직원들도 테이블 위에 올라가서 춤을 추며 흥을 돋운다. 귀가 아플 정도로 로큰롤 라이브 공연을 즐기는 곳이지만 하드록의 대표 메뉴 Legendary 10 oz. Burger를 먹기 위해 오는 사람도 있다. 매장 안쪽에 하드록 로고가 새겨진 티셔츠나 모자 등을 판매하는 숍도 있다.

전화 096) 930 7494 시간 12:00~02:00 홈페이지 www.hardrock.com/cafes/phuket 예산 칵테일류 260B~ Tax 10% 위치 라우팃 로드 남단, 스위소텔 리조트 1층

Shopping
빠통의 쇼핑

야시장과 현대식 쇼핑몰이 한곳에

무에타이 선수들이 입는 핫팬츠, 태국의 전통 삼각 방석, 실크로 만든 코끼리 인형 등 오톱 마켓에 가면 만날 수 있는 것들이다. 지인들에게 선물할 아로마 보디용품이 필요하다면 빅C나 정실론 지하로 가면 된다. 반잔 마켓에서 부담 없는 가격으로 봉지 한가득 열대 과일을 살 수도 있다. 미처 수영복을 준비하지 못했다면 정실론에서 과감한 프린트로 하나 골라도 좋다.

정실론 Jungceylon Shopping Complex

빠통의 랜드마크 쇼핑몰

정실론은 쇼핑과 식사, 나이트라이프까지 원스톱으로 해결할 수 있는 대형 복합 쇼핑 공간이다. 라우팃 로드와 방라 로드가 만나는 위치에 있어서 빠통의 랜드마크 역할을 한다. 중앙 광장을 중심으로 실랑 블리바드(Silang Blvd), 시노 푸껫(Sino Phuket), 푸껫 스퀘어(Phuket Square), 더 포트(The Port)의 총 4개 구역으로 나뉘어 있으며 밀레니엄 호텔이 실랑 블리바드, 푸껫 스퀘어와 연결되어 있다. 로빈슨 백화점은 고객 센터에서 투어 프리빌리지 카드를 받아서 제시하면 매장에 따라 5~50%까지 할인을 받을 수 있다.

전화 076) 600 111 시간 정실론 11:00~22:00, 빅C 10:00~23:00 홈페이지 www.jungceylon.com 위치 라우팃 로드와 방라 로드가 만나는 삼거리

Notice 2023년 2월 현재, 리노베이션을 거쳐 부분적으로 오픈하였지만 아직도 곳곳에서 공사가 계속되고 있다. 리노베이션 후에는 정실론의 각 구역 명칭이 바뀐다. 실링 블리바드는 '더 정글(The Jungle)', 더 포트는 '더 베이(The Bay)', 시노 푸껫은 '더 가든(The Garden)', 푸껫 스퀘어는 '더 보타니카(The Botanica)', 댓츠 시암은 '타이라피(THAIRAPY)'로 변경될 예정이다. 입점된 매장 또한 변동 사항이 발생할 수 있다.

실랑 블리바드 Silang Blvd

패션 & 라이프 스타일

라우팃 로드와 접하고 있으며 입구에 커피 클럽, 스타벅스, 하겐다즈 등 익숙한 프랜차이즈 가게가 있고 지하에는 푸드 코트와 태국 전통 기념품과 인테리어용품을 판매하는 숍들이 있다.

층별 주요 매장

B1F: 은행(Siam Commercial Bank, Krung Thai Bank, The Bank of Ayudhya), 댓츠 시암-세븐일레븐, Food Bazaar(푸드 코트), 인테리어 및 기념품 숍, 마사지 숍(록사나, 몬트라 등)

1F: 커피 클럽, 스웬슨, 스타벅스, 하겐다즈, KFC, MK Gold(수끼), Bookzine(서점), Boots, 버거킹, GEOX, Super Sports(스포츠 브랜드 편집 숍), Levis, New Balance, Camel, Active, Sport World(스포츠 매장), RIP CURL, VNC(구두) 등

2F: Sport World(스포츠 매장), Super Sports(스포츠 브랜드 편집 숍), 퀵실버 & 록시, Top 안경점 등

3F: 센스 오브 웰니스(몬트라 마사지, Nium 마사지, 퍼스트 스파, 센스 오브 네일 스파, 덴탈 클리닉 등)

시노 푸껫 Sino Phuket

월드 클래스 레스토랑

푸껫의 로컬 건물 양식인 시노-포르투기 스타일로 지어진 건물로 월드 클래스 레스토랑을 경험할 수 있다.

층별 주요 매장

1F: 버거킹, 피자헛, 맥도날드, Spoon, Cafe 101, Irish Times Pub, Spice House, 마루 한식당, 아이스크림(Dairy Queen, Movenpick 등), 핌나라 부티크 호텔

2F: 핌나라 부티크 호텔

푸껫 스퀘어 Phuket Square

복합 엔터테인먼트

빅C 할인 마트, 로빈슨 등의 쇼핑몰과 마사지, 영화관을 갖춘 복합 엔터테인먼트 공간으로 정실론에서 가장 붐비는 곳이다.

층별 주요 매장

B1F: 주차장

1F: 로빈슨 백화점(Robinsons), Big C Extra(할인 마트), 던킨 도넛츠, 스타벅스, 스웬슨(아이스크림), 커피 클럽, Takashi Tokyo, Pimnara Spa, Watsons, Boots, Hair World Grandprix, Hair Decor, Samsonite, Bata 등

2~3F: 로빈슨 백화점(Robinsons), Big C Extra, Banana IT, SF Cinema City(영화관), 몰리 판타지 Molly Fantasy(실내 놀이터) 등

더 포트 The port

분수 쇼 & 광장

중앙 광장을 포함하여 20m 높이의 범선이 물 위에 떠 있는 공간으로 매일 저녁 7시, 9시에 레이저 쇼와 분수 쇼가 열린다.

층별 주요 매장

1F: 베스킨라빈스, Dairy Queen(아이스크림), 맥도날드, 서브웨이(샌드위치), 트루커피, 스시박스 등
2F: Pimnara Spa
3F: Love Night Club, Rooftop Pool & Sky Bar

빅 C Big C Extra

빠통의 할인 마트

태국의 대표 할인 마트로, 빠통에 있는 유일한 할인 마트이다. 과일, 식재료, 기념품, 가전제품까지 다양한 제품을 구경하는 재미도 쏠쏠하다. 과일이나 맥주, 음료 등 간식거리를 저렴하게 구입할 수 있고 다양한 기념품도 싸게 쇼핑할 수 있어서 항상 여행객들로 붐빈다.

댓츠 시암 That's Siam

아로마 전문 숍

라우팃 로드 쪽 정실론 정문 아래로 내려가면 나오는 지하 공간으로, 마사지 숍들과 스파 제품을 파는 전문 상점들이 모여 있다. 기념품과 선물용 스파 제품을 구입하기 좋다.

층별 주요 매장

B1F: 세븐일레븐, Food Bazaar(푸드 코트), 인테리어 및 기념품 숍, 마사지 숍(록사나, 몬트라 등)

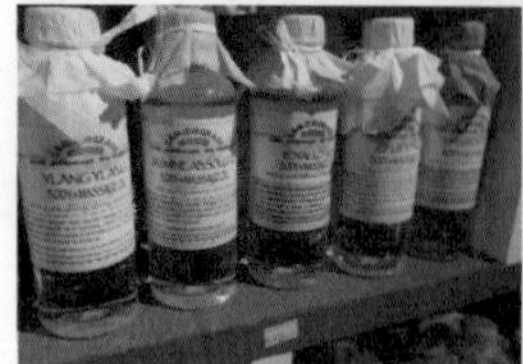

센트럴 빠통 Central Patong

빠통 중심에 위치한 대형 쇼핑몰

푸껫에서 센트럴 페스티벌에 이어 2번째로 오픈한 센트럴 쇼핑몰이며 오픈시기는 2019년 2월이다. 현대적 디자인의 건물로, 건물 외부에 LED전광판이 설치되어 있어 쉽게 눈에 띈다. 화장품, 향수, 의류,가방류, 쥬얼리,아동완구류,스포츠용품, 명품브랜드등 층별로 다양한 매장이 위치하고 있어 구경하는 재미가 쏠쏠하며 지하에는 푸드코트 및 식료품점도 있어 함께 즐기기에 좋다.택스리펀도 가능한데 VAT REFUND라고 적혀있는 매장에서 구입을 해야 하며 같은 날 같은 매장에서 1인당 2000B이상 구매해야 한다. 택스리펀 신청은 3층의 CUSTOEMR SERVICE&VAT REFUND로 가서 신청하면 된다.

전화 076) 600 499 시간 10:30~23:00 홈페이지 www.central.co.th/en 위치 정실론 맞은편, 방라 로드 인근

층별 주요 매장

지하 1층: 푸드코트, 탑스 푸드홀, 기념품 숍, 부츠
1층: 화장품, 향수, 의류, 시계, 핸드백, ATM(샤넬, 설화수, SK2, MAC, 몽블랑, 버버리, 시티즌 등)
2층: 키즈 의류, 레고, 여성용 의류, 신발, 핸드백, 수영복 등(미니 모노, 게스 키즈, LOLITA, RELLECIGA 등)
3층: 남성 의류, 지갑, 벨트, 가방, 슬리퍼, 캐리어, CUSTOMER SERVICE & VAT REFUND 센터(샘소나이트, 켈빈클라인, Lee, 지오다노, 라코스테 등)

바나나워크 Banana Walk

빠통 비치 신규 쇼핑몰

빠통 비치 쪽 비치 로드 한가운데에 오픈한 쇼핑몰이다. 바로 옆 바나나 클럽에서 운영하는 쇼핑몰로, 쇼핑 목적의 쇼핑몰이라기보다는 커피 클럽 등 식당들이 많아 식당가를 이용하는 사람들이 많다. 저녁 시간 빠통 비치 전망의 커피 클럽 등의 레스토랑은 인기 스폿이다.

층별 주요 매장
GF: 스타벅스, 커피 클럽, 레드 찹스틱, 립컬 등
1F: 소렌토 카페
2F: 팜나라 스파 등

시간 09:00~24:00 홈페이지 www.bananawalkpatong.com 위치 비치 로드 중간

오톱 마켓 Otop Market

빠통의 대표적인 야시장

의류, 액세서리, 기념품 등을 판매하는 노천 상점들이 모여 있는 로컬 시장이다. 가짜 명품 가방, 시계 또는 수영복이나 기념품 등을 판매한다. 재미있는 기념품이나 태국 복싱 옷 등 재미있는 쇼핑 아이템이 많다.

라우팃 로드 쪽 입구는 작아 보이나 들어가면 생각보다 넓어 방향 감각을 잃을 수 있다. 낮 시간에는 문을 닫는 곳이 많으며 대부분의 가게가 저녁 시간에 연다.

시간 11:00~23:00 위치 라우팃 로드 남단, 홀리데이 인 리조트 부사콘 윙 건물 맞은편

반잔 마켓 Banzaan Fresh Market

빠통에서 꼭 방문해야 하는 야시장

저녁시간 먹거리, 볼거리를 기대하는 사람들로 빠통에서 가장 붐비는 곳이다. 50B짜리 팟타이부터 싱싱한 시푸드까지, 태국의 모든 먹거리가 한 곳에 모여 있다고 해도 과언이 아니다. 반잔 마켓을 충분히 보고 즐기려면 2~3시간은 잡아야 한다. 빠통에서 하루 저녁 시간은 충분히 투자할 만한 먹고 즐기고 노는 야시장이다.

시간 17:00~23:00, 07:00~17:00(반잔 마켓 농수산물 센터) 위치 정실론 뒤편

Hotel & Resort
빠통의 호텔과 리조트

푸껫의 리조트 백화점, 빠통

푸껫에 오는 여행객이라면 최소 1~2박 정도는 머물고 가는 만큼 빠통 시내에만 수십 개의 리조트가 빼곡히 들어서 있다. 빠통은 푸껫에서 매년 새로운 리조트들이 가장 먼저 들어서는 곳이기도 하다. 하룻밤에 3만 원부터 80만 원까지 다양한 가격대의 호텔과 리조트들이 있어 여행 유형별, 예산별 다양한 숙소 선택이 가능하다.

풀빌라 VS 리조트 입맛대로 고른다.

풀빌라 하면 허니문을 떠올리기 마련이지만 휴양에도 풀빌라만 한 것도 없다. 원 베드룸부터 쓰리 베드룸까지 규모가 다양하여 커플 여행뿐만 아니라 가족 여행으로도 그만이다. 커플은 빌라에 딸린 개인 풀에서 로맨틱한 시간을 보내고, 가족은 바비큐 파티로 가족만의 오붓한 시간을 가질 수 있다. 대부분의 풀빌라는 24시간 버틀러 서비스가 있어 세심한 서비스를 받을 수 있다.

보다 활동적인 사람이라면 리조트를 선택한다. 하루 24시간이 부족할 정도로 즐길 거리가 많다. 공용 수영장, 레스토랑, 스파, 피트니스 센터, 도서관뿐만 아니라 골프 연습장, 테니스 코트, 양궁장까지 갖춘 곳도 있다. 액티비티 센터에서는 매일 투숙객들을 위한 쿠킹 클래스, 요가, 다이빙 교습 등의 프로그램을 진행하고 있어 잘만 이용하면 숙박료 그 이상을 건질 수 있다. 리조트 앞 해변에서는 카누, 스노클링 등도 무료로 즐길 수 있다.

홀리데이 인 Holiday-inn Resort

아동 투숙객을 위한 다양한 혜택

푸껫의 리조트 중 몇 년째 선호도에서 부동의 1위를 차지하고 있는 리조트이다. 푸껫의 중심 빠통 비치에 위치하여 시내와의 접근성이 좋고 여유 있는 부지와 아동 투숙객을 위한 혜택이 많아 가족 여행객들의 사랑을 받는 곳이다. 12세 미만 어린이 2인까지 별도의 추가 비용 없이 무료 투숙이 가능하고 어린이 전용 키즈 클럽과 키즈 풀이 잘 마련되어 있다.

전화 076) 370 200 홈페이지 www.phuket.holiday-inn.com 가격 US$120~ 위치 빠통 비치

밀레니엄 리조트 Millennium Resort, Patong

정실론 쇼핑몰과 연결된 편리한 위치

빠통의 랜드마크인 정실론 쇼핑몰과 연결되어 있어 편리한 위치이다. 활동적인 여행객에게 알맞은 숙소로 해마다 새로운 프로모션으로 자유 여행객들의 선호도 1위를 차지하는 리조트이다. 수영장, 레스토랑, 스파 등의 부대시설을 갖추고 있으며 빠통 비치에서 많은 시간을 보낼 여행객에게 적합하다.

전화 076) 601 999 홈페이지 www.millenniumhotels.com/millenniumpatongphuket 가격 US$100~ 위치 빠통 비치

Notice 2023년 2월 현재 임시 휴업 중이다. 사전에 운영 재개 여부를 확인하자.

노보텔 빈티지 파크 리조트 Novotel Phuket Vintage Park Resort

전 객실이 탁 트인 수영장 전망

2012년 빠통 비치에 새롭게 오픈한 노보텔 빈티지 파크 리조트는 홀리데이 인과 더불어 가족 여행객들에게 인기 있는 리조트로 부상했다.
리조트를 둘러싼 웅장한 규모의 수영장에서는 물놀이를 즐기기에 적합하고 전 객실이 수영장 전망으로 답답하지 않다. 만 16세 미만 아동 2인까지 무료 숙박이 가능하며 정실론 쇼핑몰까지 도보로 약 10분 정도의 거리에 위치한다.

전화 076) 380 555 홈페이지 www.novotel.com 가격 US$85~ 위치 빠통 비치

뫼벤픽 미스 호텔 빠통 Mövenpick Myth Hotel Patong

예쁜 수영장을 갖춘 5성급 부티크 호텔

2019년에 오픈한 5성급 호텔로 인터내셔널 호텔 체인인 아코르에서 관리하는 호텔이다. 총 235개의 객실, 수영장, 키즈 클럽, 피트니스 등을 보유하고 있다. 푸껫 올드 타운에서 자주 볼 수 있는 시노 포르투갈풍의 건축 양식으로 지어졌으며 내부는 블링블링한 인테리어로 화사하고 부티크한 느낌을 준다. 호텔 이름의 미스(Myth)는 신화를 의미한다. 호텔 오너는 빠통의 유명한 리조트인 노보텔 푸껫 빈티지 파크의 오너이기도 하다.
오후 2시~3시 사이에는 로비 바인 바로코에서 초콜릿을 무료로 즐길 수 있다.(시간은 변동될 수 있으니 체크인 시 확인하자.) 객실 공간은 여유로운 편이며 화사하고 깔끔한 분위기를 느끼게 한다. 딜럭스 풀 액세스 룸은 발코니를 통해 수영장과 연결된 구조로, 더욱 편리하게 수영장을 이용할 수 있다. 수영장은 호텔 건물들 사이에 예쁘게 꾸며져 있고 수영장 중간에는 풀 바가 있다.
호텔에서 빠통 비치 및 정실론으로 무료 셔틀도 운행 중이다.

전화 076) 372 899 홈페이지 www.movenpick.com/en 가격 US$120~ 위치 정실론에서 북쪽으로 도보 15분

Karon · Kata
까론 · 까따

푸껫의 대표 비치

푸껫을 대표하는 3대 비치로 빠통과 더불어 까론, 까따 비치를 꼽는다. 까론, 까따는 빠통의 복잡함에서 살짝 벗어난 위치에 있어 한적함과 빠통과의 접근성 둘 다 갖추었다는 장점이 있다. 최근 다양한 부대시설과 웅장한 규모를 내세우는 초대형 리조트들이 속속 들어서면서 제2의 전성기라고 할 정도로 인기가 높다. 또한 대부분의 리조트들이 까론, 까따 비치 해안선을 따라서 위치하고 있기 때문에 바다 전망이 가능한 리조트가 많은 것도 특징이다. 아름다운 해변과 그 해변을 마주하는 잘 갖춰진 시설의 리조트, 그리고 시내와의 적당한 접근성 3박자가 고루 갖춰진 곳이 바로 까론, 까따 비치이다.

ENJOY PHUKET!

까론, 까따에서 꼭 해봐야 할 일!

❶ 까론 비치, 까따 비치에서 파도타기와 온몸으로 바다 즐기기
❷ 까론 비치 야시장 구경하기
❸ 바다 전망의 레스토랑에서 로맨틱한 식사 즐기기

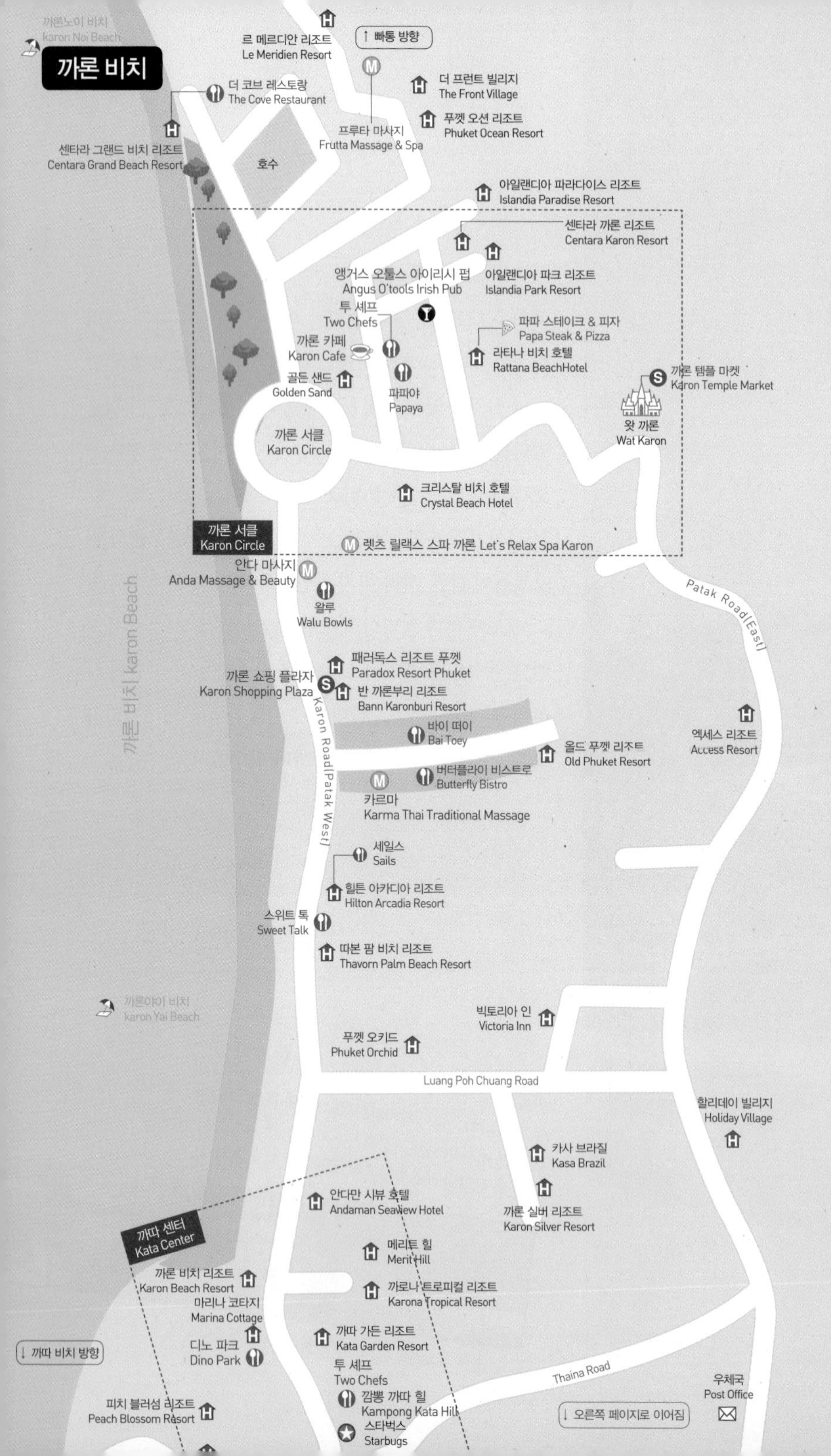

까론노이 비치
karon Noi Beach
까론 비치
르 메르디안 리조트
Le Meridien Resort
↑ 빠통 방향
더 프런트 빌리지
The Front Village
더 코브 레스토랑
The Cove Restaurant
푸껫 오션 리조트
Phuket Ocean Resort
프루타 마사지
Frutta Massage & Spa
센타라 그랜드 비치 리조트
Centara Grand Beach Resort
호수
아일랜디아 파라다이스 리조트
Islandia Paradise Resort
센타라 까론 리조트
Centara Karon Resort
앵거스 오툴스 아이리시 펍
Angus O'tools Irish Pub
아일랜디아 파크 리조트
Islandia Park Resort
투 셰프
Two Chefs
파파 스테이크 & 피자
Papa Steak & Pizza
까론 카페
Karon Cafe
라타나 비치 호텔
Rattana BeachHotel
골든 샌드
Golden Sand
까론 템플 마켓
Karon Temple Market
파파야
Papaya
왓 까론
Wat Karon
까론 서클
Karon Circle
크리스탈 비치 호텔
Crystal Beach Hotel
까론 서클
Karon Circle
렛츠 릴랙스 스파 까론 Let's Relax Spa Karon
안다 마사지
Anda Massage & Beauty
왈루
Walu Bowls
Patak Road(East)
까론 비치 Karon Beach
패러독스 리조트 푸껫
Paradox Resort Phuket
까론 쇼핑 플라자
Karon Shopping Plaza
반 까론부리 리조트
Bann Karonburi Resort
Karon Road(Patak West)
바이 떠이
Bai Toey
엑세스 리조트
Access Resort
올드 푸껫 리조트
Old Phuket Resort
버터플라이 비스트로
Butterfly Bistro
카르마
Karma Thai Traditional Massage
세일스
Sails
힐튼 아카디아 리조트
Hilton Arcadia Resort
스위트 톡
Sweet Talk
따본 팜 비치 리조트
Thavorn Palm Beach Resort
까론야이 비치
karon Yai Beach
빅토리아 인
Victoria Inn
푸껫 오키드
Phuket Orchid
Luang Poh Chuang Road
할리데이 빌리지
Holiday Village
카사 브라질
Kasa Brazil
안다만 시뷰 호텔
Andaman Seaview Hotel
까론 실버 리조트
Karon Silver Resort
까따 센터
Kata Center
메리트 힐
Merit Hill
까론 비치 리조트
Karon Beach Resort
까로나 트로피컬 리조트
Karona Tropical Resort
마리나 코타지
Marina Cottage
까따 가든 리조트
Kata Garden Resort
↓ 까따 비치 방향
디노 파크
Dino Park
투 셰프
Two Chefs
Thaina Road
우체국
Post Office
깜뽕 까따 힐
Kampong Kata Hill
피치 블러섬 리조트
Peach Blossom Resort
↓ 오른쪽 페이지로 이어짐
스타벅스
Starbugs

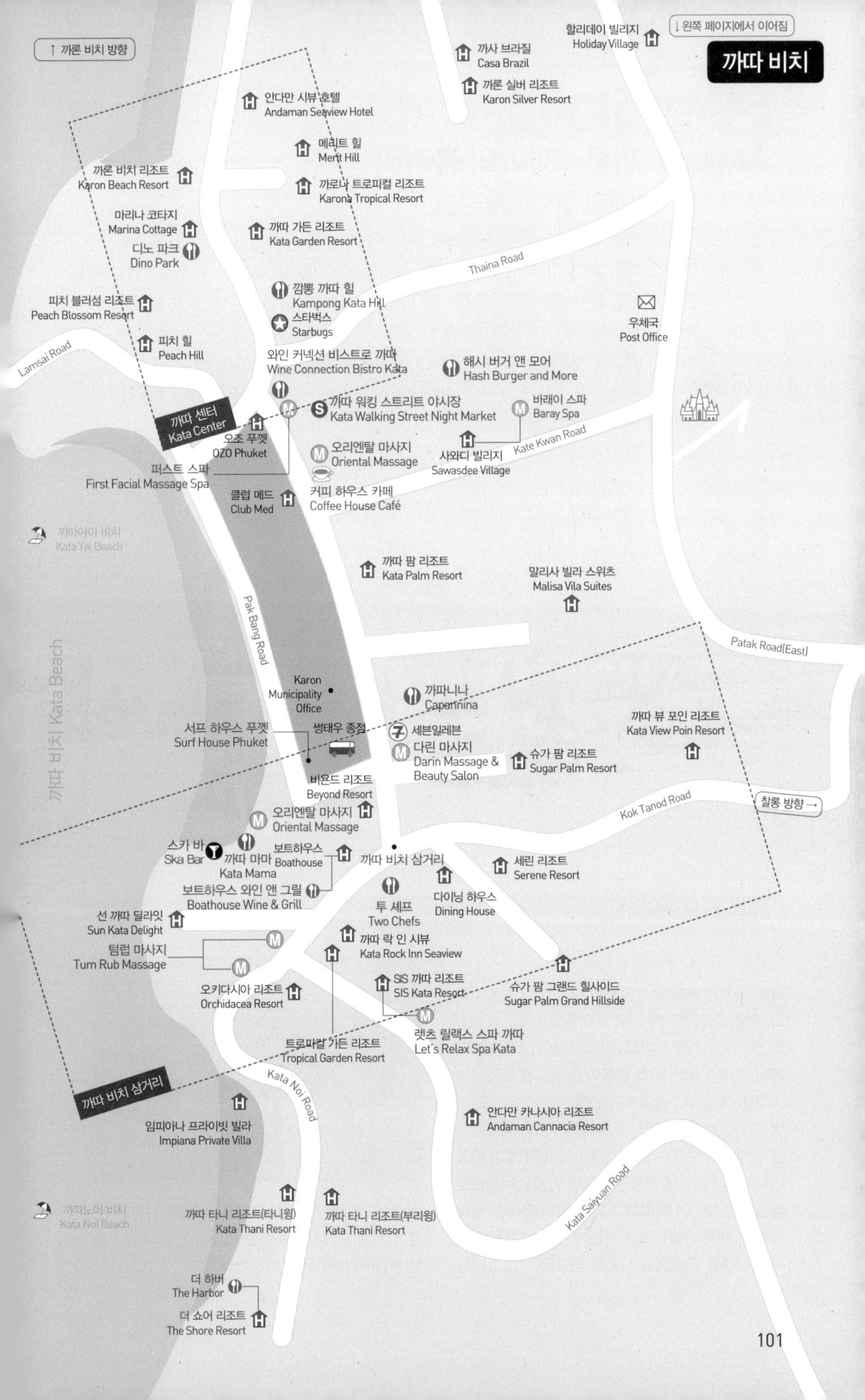
↓ 왼쪽 페이지에서 이어짐
까따 비치
↑ 까론 비치 방향
할리데이 빌리지
Holiday Village
까사 브라질
Casa Brazil
까론 실버 리조트
Karon Silver Resort
안다만 시뷰 호텔
Andaman Seaview Hotel
메리트 힐
Merit Hill
까론 비치 리조트
Karon Beach Resort
까로나 트로피컬 리조트
Karona Tropical Resort
마리나 코타지
Marina Cottage
까따 가든 리조트
Kata Garden Resort
디노 파크
Dino Park
Thaina Road
깜뽕 까따 힐
Kampong Kata Hill
피치 블러섬 리조트
Peach Blossom Resort
스타벅스
Starbugs
우체국
Post Office
피치 힐
Peach Hill
Lamsai Road
와인 커넥션 비스트로 까따
Wine Connection Bistro Kata
해시 버거 앤 모어
Hash Burger and More
까따 워킹 스트리트 야시장
Kata Walking Street Night Market
바래이 스파
Baray Spa
까따 센터
Kata Center
오조 푸껫
OZO Phuket
오리엔탈 마사지
Oriental Massage
사와디 빌리지
Sawasdee Village
Kate Kwan Road
퍼스트 스파
First Facial Massage Spa
클럽 메드
Club Med
커피 하우스 카페
Coffee House Café
까따야이 비치
Kata Yai Beach
까따 팜 리조트
Kata Palm Resort
말리사 빌라 스위츠
Malisa Vila Suites
Pak Bang Road
Patak Road(East)
까따 비치 Kata Beach
Karon Municipality Office
까파니나
Capannina
까따 뷰 포인 리조트
Kata View Poin Resort
서프 하우스 푸껫
Surf House Phuket
썽태우 종점
세븐일레븐
다린 마사지
Darin Massage & Beauty Salon
슈가 팜 리조트
Sugar Palm Resort
비욘드 리조트
Beyond Resort
Kok Tanod Road
찰롱 방향 →
오리엔탈 마사지
Oriental Massage
스카 바
Ska Bar
까따 마마
Kata Mama
보트하우스
Boathouse
까따 비치 삼거리
세린 리조트
Serene Resort
보트하우스 와인 앤 그릴
Boathouse Wine & Grill
투 셰프
Two Chefs
다이닝 하우스
Dining House
선 까따 딜라잇
Sun Kata Delight
까따 락 인 시뷰
Kata Rock Inn Seaview
텀럽 마사지
Tum Rub Massage
SIS 까따 리조트
SIS Kata Resort
슈가 팜 그랜드 힐사이드
Sugar Palm Grand Hillside
오키다시아 리조트
Orchidacea Resort
렛츠 릴랙스 스파 까따
Let's Relax Spa Kata
트로피칼 가든 리조트
Tropical Garden Resort
Kata Noi Road
까따 비치 삼거리
임피아나 프라이빗 빌라
Impiana Private Villa
안다만 카나시아 리조트
Andaman Cannacia Resort
Kata Saiyuan Road
까따노이 비치
Kata Noi Beach
까따 타니 리조트(타니윙)
Kata Thani Resort
까따 타니 리조트(부리윙)
Kata Thani Resort
더 하버
The Harbor
더 쇼어 리조트
The Shore Resort

Sightseeing

까론 · 까따의 볼거리

해변에서 즐기는 해양 스포츠

까론, 까따 비치는 당장이라도 뛰어들고 싶은 푸른 바다와 고운 모래로 빠통에 이어 푸껫 3대 비치로 손꼽힌다. 바라만 봐도 가슴이 탁 트이는 바다 전망도 좋지만 제트 스키, 패러세일링 등 다양한 액티비티를 즐기는 것도 까론, 까따 비치를 즐기는 또 다른 방법 중 하나이다. 건기에는 완만한 수심을 이용해 스노클링이나 해수욕을 즐기기에 좋고, 우기에는 높은 파도를 이용해 파도타기를 시도해 보는 것도 좋다. 단, 해변에 빨간 깃발이 꽂히는 날은 위험하니 피하자.

까론 비치 Karon Beach

대형 리조트들이 위치한 한적한 해변

까론 비치는 빠통에서 언덕을 넘으면 나오는 비치로, 작은 까론이라는 의미의 까론노이(Karon Noi)와 큰 까론이라는 의미의 까론야이(Karon Yai)로 나뉜다. 까론노이는 비치 양쪽이 언덕으로 둘러싸여 있고 르메르디안 리조트가 단독으로 점유하고 있어 투숙객 이외에는 접근이 어렵다. 일반적으로 까론 비치라고 부르는 것은 까론야이 비치이다. 빠통 비치와 길이는 비슷하지만 비치와 비치 건너편으로 대형 리조트들이 위치하고 있어 훨씬 한적한 분위기이다. 빠통 방향으로는 까론의 시내 역할을 하는 까론 서클을 중심으로 시내가 형성되어 있고 반대편 끝은 언덕을 사이에 두고 까따 비치로 나뉜다. 까론 비치는 모래사장이 넓고 바닷물이 맑아 건기에는 환상적인 바다색을 자랑한다.

까론 서클 Karon Circle

까론 비치의 작은 시내

빠통만큼 번화하지는 않지만 까론 비치에 위치해 호텔 투숙객들에게는 빠통까지 가는 수고를 덜어 주는 작은 시내 기능을 하는 곳이다. 빠통으로 넘어가는 언덕 아래 로터리 주변으로 식당, 마사지, 상점 등이 모여 있다. 낮 시간에는 한가한 편이고 어둑어둑해지는 저녁 시간에는 주변 호텔 투숙객들로 붐빈다.

까따 비치 Kata Beach

물놀이를 즐기는 사람이 많은 활기찬 비치

까따 비치 역시 큰 까따라는 의미의 까따야이와 작은 까따라는 의미의 까따노이로 나뉘며, 일반적으로 까따 비치라고 부르는 것은 까따야이 비치이다. 까따노이 비치는 까따 타니 리조트와 접하고 있으나 일반인들의 접근도 가능하다. 까따 비치는 주변에 중소 리조트들이 집중되어 있어 까론 비치보다 활기를 띤다. 수심이 완만하고 파도가 높지 않아 물놀이를 즐기는 사람이 많다. 시즌을 막론하고 항상 비치에 즐비한 선베드가 이를 말해 준다.

까따 센터 Kata Center

까론 비치와 까따 비치의 경계

까론 비치 남부에서 까따 비치로 넘어가는 언덕 주변 지역이다. 까론 비치와 까따 비치의 경계이기도 하면서, 두 지역에서 도보로 접근이 가능한 위치라서 까따 센터라는 지명이 모호하게 느껴지기도 한다. 까론 서클보다 번화하고 까따 비치 삼거리보다는 한적한 편이다.

까따 비치 삼거리

까따 비치의 중심지

비욘드 리조트 앞 삼거리를 중심으로 편의점, 야시장, 레스토랑 등이 하나둘씩 생겨나면서 까따 비치의 중심지가 되었다. 빠통 다음으로 번화한 지역으로 최근 까론에서 까따를 넘는 언덕까지 그 규모가 확장되고 있는 추세이다. 빠통만큼 복잡하지 않으면서도 레스토랑, 마사지 숍, 상점 등이 필요한 만큼 있어 편리하다.

서프 하우스 푸껫 Surf House Phuket

1년 365일 즐기는 서핑

인공 파도 풀장에서 즐기는 서핑이다. 초보자들은 간단한 강습을 받은 후 바로 서핑에 도전할 수 있다. 파도 풀에서 서핑하는 사람들의 모습을 보려고 주변엔 늘 사람들이 많아 활기찬 분위기이다. 파도 풀장 이외에도 간단한 점심을 위한 레스토랑과 바가 있는데, 매일 저녁 DJ의 디제잉이 이어지고 파티도 열린다. 빠통 비치 로드에 2호점을 오픈했다.

전화 081) 979 7737(까따 지점), 082) 416 6554(빠통 지점) 시간 10:00~22:00 홈페이지 www.surfhousephuket.com 예산 1시간 800B, 2시간 1,500B, 3시간 2,200B 위치 비욘드 리조트 옆, 더 블록 호텔 옆

Notice 까따 지점은 2023년 2월 현재 임시 휴업 중이다. 사전에 운영 재개 여부를 확인하자.

Massage & Spa

까론 · 까따의 마사지 숍

오랜 전통의 마사지 숍

마사지 숍의 수적인 면에서는 빠통을 따라갈 수 없지만, 오랫동안 실력으로 입소문 난 알짜 마사지 숍이 빠통보다 많은 편이다. 카르마, 텀럽, 바레이 스파 등은 다른 지역 여행객들이 지나가다가 일부러 들를 정도로 실력 있는 곳이다. 주변에 숙소를 잡는다면 꼭 한번 가 볼 만한 곳이다.

카르마 Karma Thai Traditional Massage

작지만 강한 마사지

작은 규모에 비해 내부는 상당히 깔끔하고 모던하다. 마사지사의 연령은 다소 높은 편이며 마사지는 시원하다. 패러독스, 올드 푸껫, 힐튼 리조트에서 찾아오기 편한 위치에 있어 오후 시간은 많이 붐비는 편이다. 아루나 까론 플라자에서 가장 오래된 마사지 숍으로 주변 장기 투숙객 단골이 많다.

전화 085) 796 5849 시간 09:00~23:00 예산 타이 마사지/발 마사지 300B, 오일 마사지 400B 위치 아루나 까론 플라자 내

프루타 마사지 Frutta Massage & Spa

만족도 높은 인기 마사지

2014년에 까론에 오픈한 로컬 마사지 숍으로, 넓은 공간에 실내가 쾌적하며 로컬 숍 중에서도 규모가 있는 편이다. 실력 있는 마사지사들과 만족도 높은 서비스로 꾸준한 인기에 힘입어 2017년 11월, 까론 비치 로드에 2호점을 오픈하였다. 유기농 스파 제품도 판매한다.

전화 094) 580 2207 시간 09:00~23:00 예산 타이 마사지 400B/1시간, 발 마사지 300B/1시간, 오일 마사지 600B/1시간, 타이 허벌 핫 콤프레스 800B/1시간 위치 까론 비치 라군 옆 파탁쏘이24(1호점), 까론 비치 로드 남단 푸껫 아일랜드 뷰 호텔 옆

안다 마사지 Anda Massage & Beauty

깔끔한 시설의 인기 마사지

화이트톤의 화사한 시설에 친절한 직원, 수준급 마사지 실력으로 인기가 많은 곳이다. 내부는 넓은 편으로 발 마사지는 의자에서 받고 보디 마사지는 마사지실에서 받게 된다. 네일 및 얼굴 케어도 함께 하는 곳으로, 만족도가 상당히 높은 마사지 숍이니 까론에 머문다면 한번 방문해 보자.

전화 096) 342 8291 시간 10:00~24:00 예산 타이 마사지 350B/1시간, 오일 마사지 400B/1시간, 매니큐어 300B, 페디큐어 350B 위치 까론 비치 해변 앞, 라마다 바이 윈덤 푸껫 사우스시에서 도보 2분

렛츠 릴랙스 스파 까론 & 까따 Let's Relax Spa Karon & Kata

태국의 대표 스파 체인

방콕, 파타야, 치앙마이, 사무이, 푸껫 등 태국 전역에 지점을 가진 태국의 대표 스파 체인으로 까론, 까따에도 지점이 있다.
까론, 까따 지역에서도 빠통까지 가지 않고서 렛츠 릴랙스의 수준 높은 마사지를 경험할 수 있는 것이 장점이다. 예약이 필수이고, 홈페이지로 3일 전에 예약하면 할인이 적용된다. 가장 인기 있는 스파 패키지는 드림 패키지와 헤븐리 릴랙스이다.

전화 076) 396 158(까론), 064) 302 1753(까따) 시간 10:00~23:00 홈페이지 www.letsrelaxspa.com 위치 까론 서클, 빠딱로드 더 워터프런트 스윗 호텔 입구(까론 지점) / 까따 비치 삼거리에서 몸트리스 키친 넘어가는 언덕 삼거리, SIS 까따 리조트 내(까따 지점)

텀럽 마사지 Tum Rub Massage

까따의 인기 마사지 숍

이미 한국인 여행객들 사이에서 입소문이 난 곳이다. 까따노이에서 까따 삼거리로 내려오는 언덕과 까따 마마 건너편 두 곳에 있으며 같은 주인이 운영한다. 빠통에 비해 저렴한 가격과 실력 있는 마사지, 깔끔한 실내로 여러 해 동안 인기를 끌고 있다.

전화 080) 524 2879 시간 10:00~23:00 예산 타이 마사지/발 마사지 300B, 오일 마사지 400B 위치 까따 비치

오리엔탈 마사지 Oriental Massage & Spa

섬세한 마사지로 인기 있는 마사지 숍

깔끔한 인테리어로 편안한 마사지를 받기 좋은 곳이다. 까따 비치에만 4개의 지점을 운영하고 있는 대형 체인 마사지 숍으로 시설과 실력을 겸비하여 까따 비치에서 많은 인기를 얻고 있다. 지점에 따라 시설은 차이가 나지만 친절한 서비스로 편안한 마사지를 받을 수 있다.

전화 081) 536 3981, 076) 330 918 시간 10:00~23:00 예산 타이 마사지/발 마사지 300B/1시간, 오일 마사지 400B/1시간 위치 클럽 메드 리조트 정문 앞 / 이비스 까따 호텔 입구 / 까따 마마 레스토랑 옆

퍼스트 스파 First Facial Massage Spa

푸껫의 대표 얼굴 마사지 숍

하나코, 타카시 등과 더불어 푸껫의 대표 페이셜 트리트먼트 전문 숍이다. 빠통까지 가지 않아도 까론, 까따 지역에서 얼굴 마사지를 받을 수 있는 장점이 있다. 기본 마사지는 클렌징-스크럽-마사지-팩 코스로 진행되며, 가벼운 어깨와 등 마사지도 서비스로 해준다. 빠통 정실론 쇼핑몰 내에 있는 지점과 달리 타이 마사지, 발 마사지 등 보디 마사지도 받을 수 있다.

시간 10:00~23:00 예산 기본 케어 399B~, 타이 마사지/발 마사지 300B/1시간, 오일 마사지 400B/1시간 위치 오조 푸껫(OZO Phuket) 앞

다린 마사지 Darin Massage & Beauty Salon

까따 비치 삼거리의 마사지 숍

까따 비치 센터에 있다가 2014년에 까따 비치 삼거리로 확장하여 이전한 대형 로컬 마사지 숍이다. 오랜 역사만큼 경력 있는 마사지사들로 마사지의 만족도가 높은 편이다. 까따 비치 삼거리의 3층 건물이며 찾기 쉬운 위치에 있다. 실내가 넓어서 쾌적하고 1층은 살롱과 발 마사지, 2층에서 타이 마사지, 발 마사지를 받는다. 밤 12시까지 영업하는 것도 장점이다.

전화 076) 333 341 시간 09:30~23:00 예산 타이 마사지/발 마사지/헤드&넥 300B/1시간, 오일 마사지 400B/1시간 위치 까따 비치 삼거리, 비욘드 리조트 맞은편

바레이 스파 Baray Spa

스토리가 있는 스파

고대 태국 왕실 인테리어의 스파룸은 천장이 높고 금으로 장식되어 웅장하고 화려하다. 다양한 스파 패키지와 임산부를 위한 프로그램이 있다. 호텔 스파인데 호텔보다 더 유명하다. 3시간 프로그램이 10만 원 안쪽의 가격으로 가격 대비 프로그램의 만족도가 높다. 까론, 까따 지역에 한해 무료 픽업 서비스가 제공된다. 여행사로 예약 시 할인 폭이 크다.

전화 076) 330 979, 870-1 시간 10:00~22:00 홈페이지 www.phuketsawasdee.com/baray-spa.html 예산 스파 패키지 3600~4200B/160분, 아로마 테라피 2600B/90분 위치 사와디 빌리지 리조트 내, 까따 비치

Food & Restaurant
까론 · 까따의 먹을거리

호텔 레스토랑 이용하기

대형 리조트의 집결지인 까론, 까따 비치는 다양한 호텔의 레스토랑을 탐방하기에 최적의 장소라고 할 수 있다. 자신이 투숙하는 리조트가 아닌 다른 호텔의 레스토랑을 이용해도 좋다. 리조트 내 레스토랑은 검증된 요리사들이 내놓는 메뉴로 일반 고급 레스토랑보다 수준이 높기 때문에 메뉴 선택에서 실패할 확률이 적다. 가격적으로 부담스럽다면 점심이나 간식 정도도 좋다. 자신이 투숙하고 있는 리조트라면 매일의 테마 뷔페를 잘 체크해 보자. 투숙객을 위한 할인이나 행사가 있어 예상외로 저렴한 가격에 호텔 뷔페를 이용할 수 있는 방법 중 하나이다.

더 코브 레스토랑 The Cove Restaurant

매일 다른 테마의 뷔페 디너

센터라 그랜드 비치 리조트의 부속 레스토랑으로 매일 테마 뷔페 디너가 열린다. 가족 단위의 여행객이 많은 리조트답게 아이들을 위한 먹거리와 다양한 메뉴의 뷔페 디너가 특징이다. 매일 다른 테마이나 월/금요일은 시푸드 뷔페, 토요일은 스테이크 하우스로 열린다. 요금이 같아서 가능하면 시푸드 뷔페가 있는 날이 좋다. 주변에 가까운 리조트에 머물고 쾌적한 곳에서 시푸드를 먹고 싶다면 가 볼 만하다.

전화 076) 201 234 시간 06:00~22:30 홈페이지 www.centarahotelsresorts.com/centaragrand/cpbr/restaurant/the-cove-restaurant 예산 성인 900B, 아동 450B(6세 미만 무료) 위치 까론 비치, 센타라 그랜드 비치 리조트 내

까론 카페 Karon Cafe

맥주와 잘 어울리는 푸짐한 어니언링

20년 전통의 스테이크 하우스로 주변의 새로운 스테이크 하우스에 밀려 인기는 줄었지만 어니언링만큼은 최고를 자랑한다. 붉은색 어니언링은 고소하면서 풍부한 맛을 낸다. 대부분의 손님이 주로 이 어니언링을 먹으러 오는데, 특히 맥주와 잘 어울린다.

전화 076) 398 350 시간 06:30~23:30 홈페이지 steak-ribs-phuket-restaurant.com 예산 어니언링 95B, BBQ립 395B, 연어 스테이크 395B, 소프트드링크 30B 위치 까론 서클 내

파파야 Papaya

제대로 된 태국 요리를 먹을 수 있는 곳

까론 서클에서 13년의 전통을 자랑하는 로컬 레스토랑이다. 까론에서 제대로 된 태국 요리를 먹고 싶다면 파파야가 제격이다. 지중해풍의 인테리어가 편안한 분위기를 만든다. 실내 좌석도 있지만 저녁 시간에는 작은 분수가 있는 정원 좌석의 분위기가 좋다. 가격 대비 음식의 양도 많고 맛도 좋다.

전화 076) 398 030 시간 11:00~23:00 예산 꿍사롱 120B, 스프링롤 90B, 치킨사떼 100B(4개), 똠얌꿍 180B, 얌운센 150B, 카오팟꿍 140B, 팟타이 120B, 파인애플 볶음밥 220B, 싱하 65B(S)/120B(L) 위치 까론 서클 내

Notice 2023년 2월 현재 임시 휴업 중이다. 사전에 운영 재개 여부를 확인하자.

스위트 톡 Sweet Talk

친절하고 예쁜 디저트 카페

카페 입구의 아이스크림 모형들을 보면 시원함과 달콤함이 느껴진다. 벽 하나를 사이에 두고 한쪽은 커피 톡, 다른 한쪽은 스위트 톡으로 해변 전망이 가능한 카페이다. 스위트 톡에서는 빙수, 토스트, 아이스크림, 브라우니 등의 디저트 메뉴를 팔고, 카페 톡에서는 에스프레소, 아메리카노 등의 커피 메뉴 및 음식을 판다. 특히 피노키오 아이스크림 등 아이들이 좋아할 만한 요소가 많다.

전화 063) 062 6811 시간 10:00~21:00 예산 일반 콘 50B, 스페셜 콘 75B, 아이스크림 선데이(SUNDAE) 180~250B, 바나나 버터 토스트 250B 위치 힐튼 푸껫 아카디아 옆

버터플라이 비스트로 Butterfly Bistro

까론 식당가의 타이 음식 맛집

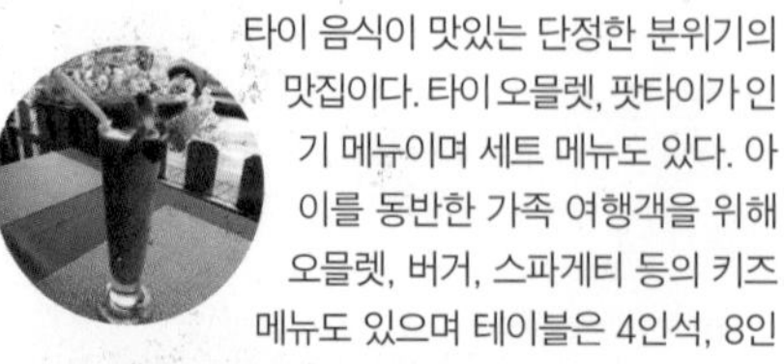

타이 음식이 맛있는 단정한 분위기의 맛집이다. 타이 오믈렛, 팟타이가 인기 메뉴이며 세트 메뉴도 있다. 아이를 동반한 가족 여행객을 위해 오믈렛, 버거, 스파게티 등의 키즈 메뉴도 있으며 테이블은 4인석, 8인석, 10인석 등 다양하게 갖추어져 있다. 합리적인 가격으로 부담 없이 식사를 즐길 수 있는 장소이다.

전화 090) 0353 137 시간 10:30~22:30 예산 텃만꿍(새우 케이크) 195B, 스프링롤 95B, 새우튀김 255B, 모닝 글로리 195B, 해산물 볶음밥 200B 위치 패러독스 리조트 인근

세일스 Sails

많은 종류의 시푸드 뷔페로 유명한 레스토랑

힐튼 아카디아 리조트 부속 레스토랑으로, 매일 다른 테마의 뷔페를 진행한다. 애피타이저에서부터 메인, 디저트까지 20가지가 족히 넘는 음식들은 하나하나 셰프의 정성이 느껴진다. 특히 매주 토요일에 있는 시푸드 뷔페는 바닷가재, 새우, 생선, 조개 등 다양한 해산물을 푸짐하게 즐길 수 있어서 인기이다. 시푸드 외에도 메인 요리, 디저트의 가짓수도 많고 맛도 좋다.

전화 076) 396 433 시간 06:00~23:00 예산 성인 1,090B~, 아동(12세 미만) 545B~ Tax 17% 위치 까론 비치, 힐튼 아카디아 리조트 내

디노 파크 Dino Park

공룡 테마 레스토랑

미국 만화 영화 〈고인돌 가족 프린스톤〉을 연상케 하는, 공룡을 테마로 한 레스토랑이다. 정글 같은 정원에 공룡 조형물과 돌로 만든 테이블을 두어 아이들이 놀면서 식사할 수 있도록 만들어 놓았다. 직원들 복장도 고인돌 가족 복장과 비슷하다. 조명으로 한층 더 분위기가 나는 저녁 시간에 찾는 것도 좋다. 내부에 미니 골프장과 입구 쪽에 바도 있다. 외부 좌석이니 모기약을 챙겨 가는 것이 좋다.

전화 061) 176 4226 시간 12:00~23:00 홈페이지 www.dinopark.com 예산 치킨 바스켓 280B, 태국 요리 160B~, 파스타 280B~, 피자 280B~, 소프트드링크 80B 위치 까따 센터

커피 하우스 카페 Coffee House Café

서비스가 훌륭한 카페 맛집

튀르키예인 오너가 2022년 7월 인수하여 운영하는 카페 겸 레스토랑으로 아기자기하고 모던한 분위기에 직원 서비스 또한 훌륭하다. 2층 구조로 되어 있고 1층보다는 2층이 좀 더 넓은 편으로 실내는 에어컨이 상당히 시원하게 나온다. 커피, 프라페, 주스, 맥주 등의 드링크류부터 조식 메뉴, 오믈렛, 샌드위치, 파스타, 샐러드, 스테이크까지 메뉴 가짓수가 많은 편이고 음식 맛도 좋다.

전화 091) 760 2623 시간 08:00~21:00 홈페이지 coffee-house-phuket.tilda.ws 예산 아이스 아메리카노 90B, 모카 프라페 130B, 수박 스무디 90B, 프렌치 토스트 80B, 오믈렛 150~250B, 햄 & 치즈 샌드위치 180B, 시저 샐러드 180B, 까르보나라 220B 위치 이비스 푸껫 까따에서 도보 2분

투 셰프 Two Chefs

2명의 셰프가 시작한 레스토랑

2명의 셰프에서 시작하여 현재는 3명의 셰프가 각 지점을 맡아서 운영한다. 까론과 까따에 지점이 있다. 주인이 셰프인 만큼 재료에 대한 자부심이 대단하다. 가족이 운영하는 연어 공장에서 매일 직송하는 싱싱한 연어를 사용한 연어 요리가 대표 메뉴이다. 스테이크는 호주산 쇠고기를 사용하는데 연어와 더불어 인기 메뉴이다.

전화 083) 786 4156(까론점), 065) 886 9578(까따점)

시간 09:00~23:00 홈페이지 www.twochefs.com 예산 감바스 295B, 시저 샐러드 295B, 까르보나라 245B, 투셰프 바비큐 립 395B(half), 595B(full), 페퍼 스테이크 795B, 모히토195B, 과일 셰이크 150B 위치 센타라 리조트 인근(까론), 보트하우스 인근(까따)

바이 떠이 Bai Toey

친절함과 부담 없는 가격, 뛰어난 맛

까론 비치에서 까론 로드를 따라 안쪽으로 조금 들어가면 나오는 타이 레스토랑이다. 레스토랑 외관은 초록초록한 나무들과 예쁜 꽃들로 장식이 되어 있고 입구에 들어서는 순간부터 직원의 친절한 환대를 경험할 수 있다. 레스토랑 입구에 메뉴판이 있으며 음료, 맥주, 애피타이저, 팟타이, 닭 요리, 돼지고기 요리, 소고기 요리, 새우 요리, 채식 요리, 피자, 스파게티 등 다양한 메뉴가 있다. 항상 손님들에게 관심을 가지고 필요한 건 없는지 챙겨 주는 서비스가 일품이다. 추천 메뉴는 '세트 메뉴1'로 스프링롤 + 굴 소스를 이용한 소고기(또는 돼지고기)볶음 + 공기밥이며 맛도 훌륭하고 가격도 저렴하다.

전화 081) 691 6202 시간 14:00~23:00 예산 세트 메뉴 1 (스프링롤 + 굴 소스를 이용한 소고기 또는 돼지고기볶음 + 공기밥) 199B, 피시 앤 칩 180B, 새우 완탄 170B, 스프링롤 150B, 사테 170B, 새우 팟타이 200B, 해산물 볶음밥 220B, 피자 220~280B, 콜라 40B, 과일 셰이크 80B, 싱하 70B(S), 130B(L) 위치 워라부리 리조트에서 도보 3분

왈루 Walu Bowls

화사한 분위기의 까론 비치 카페

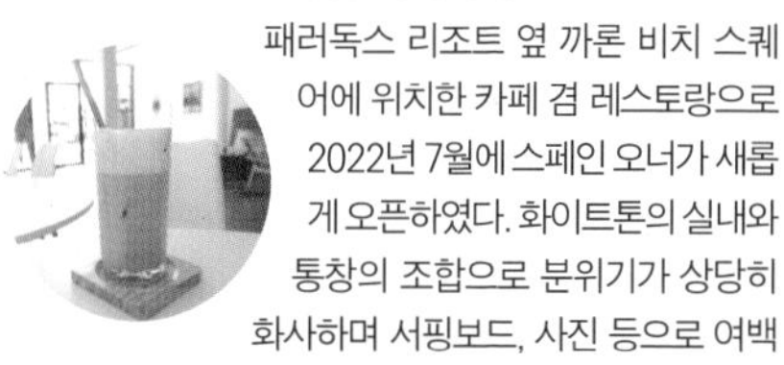

패러독스 리조트 옆 까론 비치 스퀘어에 위치한 카페 겸 레스토랑으로 2022년 7월에 스페인 오너가 새롭게 오픈하였다. 화이트톤의 실내와 통창의 조합으로 분위기가 상당히 화사하며 서핑보드, 사진 등으로 여백의 미를 살린 인테리어가 눈길을 끈다. 커피류, 주스류, 소다, 샐러드, 타코, 샌드위치 등의 메뉴가 있으며 메뉴는 테이블 위의 QR코드를 통해서도 확인이 가능하다. 까론 비치에서 분위기 좋고 시원한 카페를 찾는다면 한번 들러 보자.

시간 09:00~18:00 예산 초코 바나나 랩 190B, 참치 타코 220B, 샌드위치 220B, 아이스 아메리카노100B, 아이스 핑크 라떼130B, 핫 에스프레소 80B, 레몬 소다 60B 위치 패러독스 리조트 옆 까론 비치 스퀘어

와인 커넥션 비스트로 까따 Wine Connection Bistro Kata

와인과 스테이크의 조화

와인 전문 판매점인 와인 커넥션에서 운영하는 레스토랑으로 태국에 31개, 푸껫에 5개의 레스토랑을 운영 중이며 푸껫에는 푸껫 타운, 센트럴 페스티벌,라와이, 방따오, 까따에 위치해 있다.

합리적인 가격으로 와인 및 음식을 즐길 수 있는 곳으로 음식은 피자, 파스타, 스테이크가 주를 이루며 특히 양질의 스테이크가 저렴한 편이다. 레스토랑 한편에는 다양한 종류의 와인을 판매하고 있다. 까따의 중심 번화가에 위치하고 있기에 와인과 음식을 즐기며 레스토랑 밖의 모습을 구경하는 재미도 쏠쏠하다.

전화 076) 390 318 시간 11:00~23:00 홈페이지 wineconnection.co.th 예산 토마토 모차렐라 260B, 호주산 소고기 치즈 버거 290B, 바비큐 폭립 490B, 호주산 립아이(300g) 820B, 아메리카노 90B, 레드 와인 · 화이트 와인 · 로즈 와인 130B/1잔, 550B/1병 위치 오조 푸껫 리조트 맞은편

깜뽕 까따 힐 Kampong Kata Hill

고풍스러운 차분함 속에 분위기 있는 식사

고급스러운 분위기의 웅장한 건물이 인상적인 레스토랑으로 까따 센터를 대표하는 맛집이다. 무엇보다 깜뽕 까따 힐의 특징은 어느 박물관에 들어온 듯한 타이 스타일의 인테리어이다. 외관과 내부가 고급스러워 보여서 가격이 비쌀 것 같지만 분위기에 비해 생각보다 비싸지 않다. 까따 언덕 위에 위치해 있어서 까따 시내가 내려다보이고 저녁 시간에 차분한 식사를 즐기기에 좋다.

전화 085) 478 4299 시간 15:00~23:00 예산 팟타이꿍 200B, 양꿍 170B~, 쏨땀 170B, 소프트드링크 60B 위치 까따 센터 스타벅스 근처

까파니나 Capannina

담요 피자로 유명한 곳

까따 비치에서 10년이 넘도록 피자로 유명한 맛집이다. 지름이 60cm에 달하는 큰 사이즈의 피자로 오랫동안 인기를 끌고 있다. 이탈리아인 사장이자 셰프가 직접 만들어 내는 정통 이탈리안 피자와 파스타가 인기 메뉴이다. 피자 종류만 30가지가 넘는다. 오픈된 주방 안쪽 화덕에서 바로 구워낸 피자의 도우가 쫄깃하면서 부드러운 것이 특징이다. 이탈리아 스타일의 까르보나라 스파게티도 추천 메뉴이다.

전화 081) 367 4994, 076) 284 550 시간 11:00~23:00

홈페이지 www.capannina.co.th 예산 음료 80B~, 파스타 220B, 피자 200B~/(R), 라지 400B~/(L), 맥주 100B~ Tax 17% 위치 까따 비치, 클럽 메드 리조트 맞은편

Notice 2023년 2월 현재 임시 휴업 중이다. 사전에 운영 재개 여부를 확인하자.

까따 마마 Kata Mama

까따 비치가 한눈에 들어오는 곳

까따 비치 끝에 위치하고 있어 까따 비치가 한눈에 들어온다. 태국 식사류가 100바트 내외로 음식값도 부담 없는 편이다. 까따노이 비치에서 까따 비치로 내려오는 언덕을 통해서 접근할 수 있다. 음식의 양이 적은 편이어서 2인 기준 3개 정도는 시켜야 적당하다. 음식 맛보다도 바다 바로 앞이라는 장점이 더 크다.

전화 081) 894 7632 시간 07:00~22:30 예산 모닝글로리 80B, 돼지고기볶음밥 80B, 팟타이70B, 똠얌꿍 150B, 창맥주 120B 위치 까따 비치 끝쪽

보트하우스 와인 앤 그릴 Boathouse Wine & Grill

정통 파인 다이닝의 진수

12년째 푸껫 최고의 파인 다이닝으로 손꼽히는 정통 레스토랑이다. 까따 비치와 접하고 있어 시원한 전망을 갖고 있다. 멀리서 일부러 찾아올 만큼 일반 레스토랑보다 한 차원 높은 맛과 서비스를 제공한다. 상당한 규모의 와인 저장고와 치즈 보관실을 갖추고 있으며 주방장은 여러 요리 대회에서 상을 받은 경력이 있다. 바닷가 쪽 좌석은 예약이 필수이다. 다소 높은 음식값이 부담스러울 수도 있으나 정통 파인 다이닝을 경험하고 싶은 사람은 한 번쯤 들를 만한 곳이다. 토, 일요일에는 쿠킹 클래스를 진행하고 38개룸 규모의 빌라도 함께 운영한다.

전화 076) 330 015 시간 07:00~24:00 홈페이지 www.boathousephuket.com 예산 런치 세트 850B(샐러드+수프+메인+디저트+커피), 애피타이저 200~250B, 샌드위치 220B~, 호주산 앵거스 립아이(200g) 800B, 쿠킹 클래스 1일 코스 2,200B, 2일 코스 3,200B Tax 17% 위치 까따 비치

해시 버거 앤 모어 Hash Burger and More

버거 맛집

까따 야시장 인근의 버거 맛집이다. 버거, 샌드위치, 파스타, 스테이크, 타이 푸드 등의 메뉴가 있으며 인기 메뉴로는 클래식 바비큐 해시 버거가 있다. 오픈된 공간이라 에어컨 시설은 갖추어져 있지 않지만 직원이 친절하고, 무엇보다도 버거의 맛이 좋으며 가격 또한 합리적인 수준이다.

전화 062) 097 8624 시간 08:00~22:00 예산 클래식 바비큐 해시 버거(소고기) 싱글 280B, 더블 390B, 치즈 해시 버거(소고기) 싱글 320B, 더블 470B, 참치 샐러드 150B, 까르보나라 169B, 콜라 30B 위치 더 비치 하이츠 리조트(The Beach Heights Resort) 옆

더 하버 The Harbor

환상적인 바다 전망의 레스토랑

더 쇼어 풀빌라의 부속 레스토랑으로 까따노이 비치 끝에 위치하고 있으나 탁 트인 전망으로 빠르게 소문이 나고 있는 곳이다. 낮 시간은 뜨거운 햇볕을 피할 곳이 없어 덥다. 하지만 오후 6~7시에는 환상적인 선셋을 배경으로 로맨틱한 시간을 보내기 좋은 장소이다.

전화 076) 330 124 시간 아침 06:00~11:00, 점심 11:00~18:00, 저녁 18:00~24:00(라스트오더 22:30) 홈페이지 www.theshore.katathani.com 예산 와규 비프 립아이 2,550B, 연어구이 950B, 랍스터 2,300B, 계절 과일 220B 위치 까따노이 비치, 더 쇼어 내

Nightlife

까론 · 까따의 나이트라이프

조용한 나이트라이프

까론, 까따 비치는 가족 단위 여행객이 많은 곳이기 때문에 바나 클럽이 많지 않다. 대부분 저녁 시간에 노천카페나 레스토랑에서 저녁 식사와 함께 간단하게 분위기를 즐기는 정도이다. 전망 좋은 레스토랑에서 칵테일로, 객실에서 바다가 보이는 곳이라면 테라스에서 오붓한 시간을 보내는 것도 좋다.

앵거스 오툴스 아이리시 펍 Angus O'tools Irish Pub

활기찬 분위기의 아이리시 펍

센타라 까론 리조트 앞에 위치한 아이리시 펍으로 저녁 시간에는 자리가 없을 정도로 붐빈다. 기네스, 하이네켄, 존 스미스 등 다양한 종류의 수입 맥주와 생맥주가 대표 메뉴이다. 맥주와 간단하게 즐길 수 있는 안주류도 괜찮은 편이다. 저녁 시간에 노천 바 분위기를 내면서 간단하게 한잔하기 좋다. 가게 앞의 넓은 공간에 야외 테이블을 놓고 늦은 시간까지 영업한다. 매일 저녁 9시부터 라이브 공연이 열린다.

전화 076) 398 262 시간 10:00~01:00 홈페이지 www.otools-phuket.com 예산 시저 샐러드 130B, 피시 앤 칩스 320B, 하와이안 피자 280B, 새우 스프링롤 100B, 하이네켄(330ml) 100B 위치 까론 서클, 센타라 리조트 입구

스카 바 Ska Bar

레게 음악 비치 바

까따 비치 해변을 따라서 걸어가다 보면 해변이 끝나는 곳에 자리잡은 스카 바를 만날 수 있다. 스카 바는 레이지한 음악이 흘러나오는 레게 바이다. 바로 옆의 잘 만들어진 몸트리스 레스토랑과 달리 치장하지 않은 자연스러운 인테리어가 편안한 분위기를 낸다. 피피섬에서나 만날 듯한 자유로운 분위기와 해변의 여유로움이 레게 음악을 듣기에 최적의 공간이다. 일정이 끝난 저녁 시간, 칵테일을 한잔하면서 시간을 보내기 좋은 곳이다. 매주 화, 금요일 저녁 10시에는 해변에서 불 쇼도 공연한다.

전화 088) 753 5823 시간 14:00~24:00 예산 싱하 90B, 칵테일 200B~ 위치 까따 야이 비치 남쪽 끝, 까따 마마 옆

Shopping
까론 · 까따의 쇼핑

하는 쇼핑보다 보는 쇼핑

별다른 대형 쇼핑몰은 없지만 까론 서클, 까따 센터의 도로를 따라서 의류, 가방, 액세서리를 판매하는 소규모 상점들이 있다. 음료나 간식거리 등을 살 수 있는 편의점과 슈퍼마켓이 곳곳에 있어서 필요한 물품을 구입하기에 불편함이 없다. 저녁 시간에 반짝 오픈하는 까론 서클의 야시장이나 까론 비치에 있는 까론 쇼핑 플라자는 지루한 시간에 잠깐씩 구경하기 좋다.

까론 쇼핑 플라자 Karon Shopping Plaza

까론의 재래시장

패러독스 리조트 옆에 위치한 로컬 시장으로 입구는 작지만 내부는 상당한 규모이다. 넓은 공터에 천막으로 되어 있어 내부는 좀 덥지만 비가 와도 비를 맞지 않아서 좋다. 옷, 기념품, 잡화 등을 판매하며 현지인들이 많이 이용한다. 천막 안으로 빼곡히 들어서 있는 상점들을 구경하는 재미가 쏠쏠하다.

시간 09:00~21:00 위치 까론 비치

까론 템플 마켓 Karon Temple Market

사원에서 열리는 시장

까론에 위치한 야시장으로 특이하게 사원에서 열리는 시장이다. 그리 큰 규모는 아니며 주로 의류, 기념품, 음식 등을 판매하고 있다. 단, 매일 열리는 상설시장이 아니라 매주 화요일과 금요일만 열리니 여행 일정이 맞다면 가볍게 구경 삼아 들러 보자.

시간 화·금 16:00~ 위치 패러독스 리조트에서 도보 5분

까따 워킹 스트리트 야시장 Kata Walking Street Night Market

까따의 음식 및 의류 야시장

까따에 위치한 야시장으로 주간에도 열린다. 규모가 큰 편은 아니지만 과일, 음식, 의류, 잡화를 판매하는 가게들이 몰려 있어 시장 구경하는 재미가 쏠쏠하다. 망고, 망고스틴 등 다양한 과일을 구입할 수 있는데, 과일은 가급적 껍질이 붙어 있는 것으로 구입해서 숙소로 와서 껍질을 벗겨 먹는 게 더 신선하다. 대부분의 음식과 과일은 가격이 함께 표기되어 있다.

시간 11:00~23:00 위치 오조 푸껫 리조트에서 도보 3분

Hotel & Resort
까론 · 까따의 호텔과 리조트

이국적인 리조트들의 집합소

빠통과 달리 해변을 끼고 있는 웅장한 규모의 리조트들이 많이 모여 있다.

센타라 그랜드 비치 리조트

센타라 그랜드 비치 리조트 Centara Grand Beach Resort Phuket

전용 해변과 전 객실 바다 전망

2010년 오픈 이후 푸껫 리조트 시장에 지각 변동을 일으키고 있는 새로운 리조트이다. 빠통 비치와 가까운 까론 비치에 위치해 시내와의 접근성도 좋고 작은 워터 파크를 연상케 하는 거대한 수영장과 전용 해변까지 갖추었다. 또한 전 객실에서 바다 전망이 가능한 것도 인기의 비결이다.

전화 076) 201 234 홈페이지 www.centarahotelsresorts.com/centaragrand/cpbr 가격 US$200~ 위치 까론 비치

힐튼 아카디아 Hilton Phuket Arcadia Resort & Spa

넓은 부지에서 방해 받지 않는 시간

상당한 넓이의 부지 위에 자리 잡은 리조트로 힐튼 계열 중에서 동남아 최대 규모이다. 리조트 내에서 셔틀을 타고 다닐 만큼 넓은 규모이며, 거대한 3개의 수영장과 바로 인접한 해변에서 방해 받지 않고 가족끼리 오붓한 시간을 보낼 수 있다. 아침 식사가 잘 나오기로 유명하며 조식 식당 살리스(Salis)는 매일 저녁 테마 뷔페를 진행한다.

전화 076) 396 433 홈페이지 www3.hilton.com 가격 US$200~ 위치 까론 비치

패러독스 리조트 푸켓 Paradox Resort Phuket

까론 비치의 멋진 수영장을 보유한 대형 리조트

크라운 플라자에서 뫼벤픽 브랜드를 거쳐 현재 패러독스 브랜드로 운영 중이다.

아름다운 자연환경과 멋진 수영장이 매력적인 5성급 리조트로 2020년부터 대대적인 리노베이션을 진행하고 2022년 10월 다시 오픈하였다.

리노베이션을 거치면서 객실은 모던하면서 상당히 깔끔한 분위기로 재단장하였다. 부대시설로는 수영장과 피트니스 센터, 키즈 클럽, 레스토랑, 풀 바 등이 있으며 상당히 큰 규모에 조경이 잘 가꾸어져 있다.

리조트 입구는 양쪽으로 두 개가 있으며 특히 까론 해변으로부터 출입하는 입구가 있어 해변 및 상가로의 접근성이 좋으며 식당, 카페, 마사지 숍 등이 리조트 주변에 다양하게 있다. 리조트 인근의 까론 비치에서 아름다운 일몰을 보는 건 보너스이다.

전화 076) 683 350 홈페이지 www.paradoxhotels.com/phuket 예산 US$120~ 위치 까론 비치 인근

까따 타니 리조트 Kata Thani Resort

해양 스포츠와 물놀이를 즐기기에 최적

푸껫에서 아름답기로 손꼽히는 까따노이 비치가 바로 앞이라서 해양 스포츠와 물놀이를 즐기기에 최적이다. 한적한 까따노이 비치를 전용 비치처럼 사용해 복잡하지 않아서 좋다. 최근 새로 단장한 객실과 5개의 레스토랑, 그리고 어디서나 바다를 바라볼 수 있는 넓은 수영장도 인기에 한몫을 한다.

전화 076) 330 124 홈페이지 www.katathani.com 가격 US$170~ 위치 까따노이 비치

더 쇼어 The Shore

허니문 여행자들에게 최고의 인기 숙소

푸껫 3대 비치인 까따노이 비치가 한눈에 내려다보이는 언덕에 위치한 풀빌라이다. 일찍이 까따노이 비치에 자리 잡은 까따 타니 리조트에서 오픈한 풀빌라로, 시뷰 풀빌라에서는 환상적인 바다 전망이 가능하다. 트리사라와 더불어 바다 전망의 풀빌라를 선호하는 허니문 여행자들에게 최고의 인기 숙소이다.

전화 076) 330 124 홈페이지 www.theshore.katathani.com 가격 US$550~ 위치 까따노이 비치

North of Phuket
푸껫 북부

관광과 휴양을 한 번에

푸껫 북부는 빠통 위쪽부터 북단 사라신 다리 전까지를 말한다. 안다만 해를 바라보는 서쪽은 해변이 발달되어 비치를 따라 리조트가 늘어서 있는 반면 동쪽은 갯벌이나 자갈이 많아 해수욕하기 적합하지 않다. 팡아와 끄라비 지역으로 가는 배가 출발하는 선착장이 있으며, 내륙에는 유명 골프장과 푸껫의 관문인 푸껫 국제공항이 있다. 서쪽 해안선을 따라 해변 주위로 리조트가 들어서 있는데, 가족 단위의 고급 리조트가 모여 있는 방따오 비치의 라구나 지역, 최근 고급 풀빌라들의 격전지가 되고 있는 마이까오 비치가 주요 지역이다. 리조트가 군집을 이루는 방따오 비치, 마이까오 비치, 까말라 비치 주변에는 상가와 식당들이 모여 있으나 그 밖의 지역은 리조트 주변으로 별다른 시설이 없다.

빠통만큼의 활기찬 분위기를 기대하는 사람에게는 맞지 않다. 넓은 부지와 다양한 부대시설을 갖춘 리조트에서 여유 있는 휴양을 즐기려는 사람에게 적합하다.

ENJOY PHUKET!

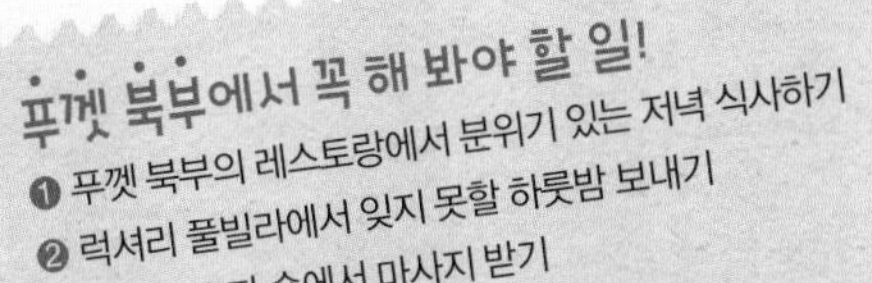

푸껫 북부에서 꼭 해 봐야 할 일!

❶ 푸껫 북부의 레스토랑에서 분위기 있는 저녁 식사하기
❷ 럭셔리 풀빌라에서 잊지 못할 하룻밤 보내기
❸ 호숫가 스파 숍에서 마사지 받기
❹ 레몬그라스에서 보디용품 쇼핑하기

푸껫 북부

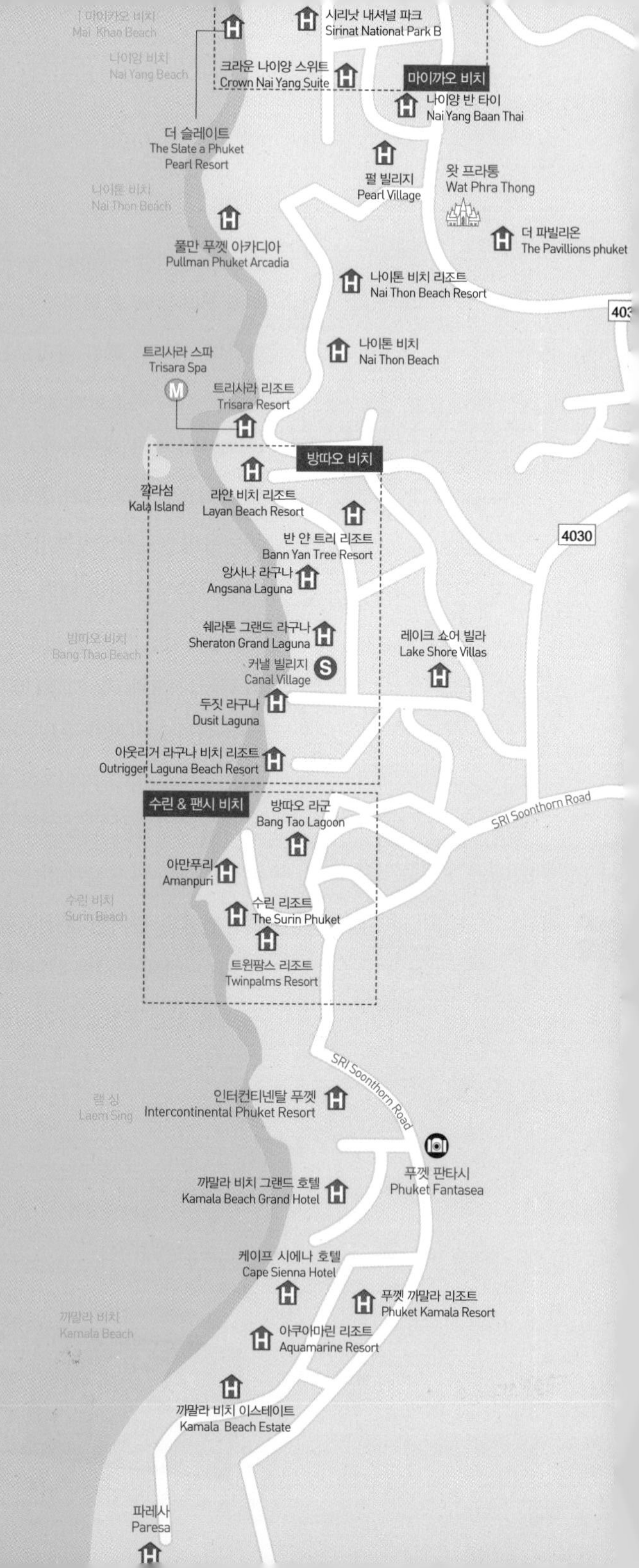

마이카오 비치
Mai Khao Beach
시리낫 내셔널 파크
Sirinat National Park B
나이양 비치
Nai Yang Beach
크라운 나이양 스위트
Crown Nai Yang Suite
마이까오 비치
나이양 반 타이
Nai Yang Baan Thai
더 슬레이트
The Slate a Phuket
Pearl Resort
펄 빌리지
Pearl Village
왓 프라통
Wat Phra Thong
나이톤 비치
Nai Thon Beach
풀만 푸껫 아카디아
Pullman Phuket Arcadia
더 파빌리온
The Pavillions phuket
나이톤 비치 리조트
Nai Thon Beach Resort
403
나이톤 비치
Nai Thon Beach
트리사라 스파
Trisara Spa
트리사라 리조트
Trisara Resort
방따오 비치
깔라섬
Kala Island
라얀 비치 리조트
Layan Beach Resort
반 얀 트리 리조트
Bann Yan Tree Resort
4030
앙사나 라구나
Angsana Laguna
쉐라톤 그랜드 라구나
Sheraton Grand Laguna
방따오 비치
Bang Thao Beach
레이크 쇼어 빌라
Lake Shore Villas
커낼 빌리지
Canal Village
두짓 라구나
Dusit Laguna
아웃리거 라구나 비치 리조트
Outrigger Laguna Beach Resort
수린 & 팬시 비치
방따오 라군
Bang Tao Lagoon
SRI Soonthorn Road
아만푸리
Amanpuri
수린 비치
Surin Beach
수린 리조트
The Surin Phuket
트윈팜스 리조트
Twinpalms Resort
SRI Soonthorn Road
램 싱
Laem Sing
인터컨티넨탈 푸껫
Intercontinental Phuket Resort
푸껫 판타시
Phuket Fantasea
까말라 비치 그랜드 호텔
Kamala Beach Grand Hotel
케이프 시에나 호텔
Cape Sienna Hotel
푸껫 까말라 리조트
Phuket Kamala Resort
까말라 비치
Kamala Beach
아쿠아마린 리조트
Aquamarine Resort
까말라 비치 이스테이트
Kamala Beach Estate
파레사
Paresa

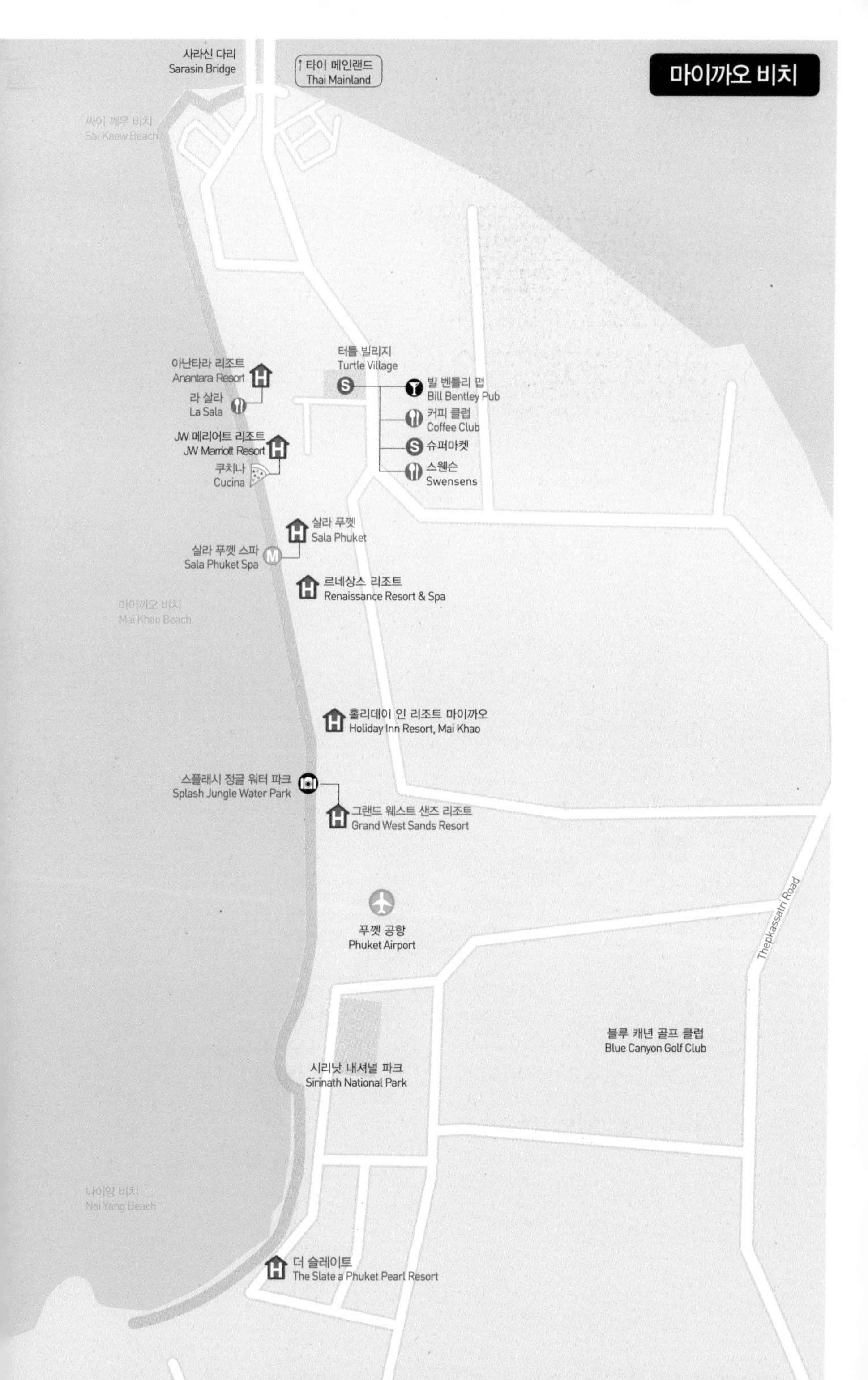
마이까오 비치
사라신 다리
Sarasin Bridge
↑타이 메인랜드
Thai Mainland
싸이 깨우 비치
Sai Kaew Beach
터틀 빌리지
Turtle Village
아난타라 리조트
Anantara Resort
라 살라
La Sala
빌 벤틀리 펍
Bill Bentley Pub
커피 클럽
Coffee Club
슈퍼마켓
스웬슨
Swensens
JW 메리어트 리조트
JW Marriott Resort
쿠치나
Cucina
살라 푸껫
Sala Phuket
살라 푸껫 스파
Sala Phuket Spa
르네상스 리조트
Renaissance Resort & Spa
마이까오 비치
Mai Khao Beach
홀리데이 인 리조트 마이까오
Holiday Inn Resort, Mai Khao
스플래시 정글 워터 파크
Splash Jungle Water Park
그랜드 웨스트 샌즈 리조트
Grand West Sands Resort
푸껫 공항
Phuket Airport
Thepkassatri Road
블루 캐년 골프 클럽
Blue Canyon Golf Club
시리낫 내셔널 파크
Sirinath National Park
나이양 비치
Nai Yang Beach
더 슬레이트
The Slate a Phuket Pearl Resort

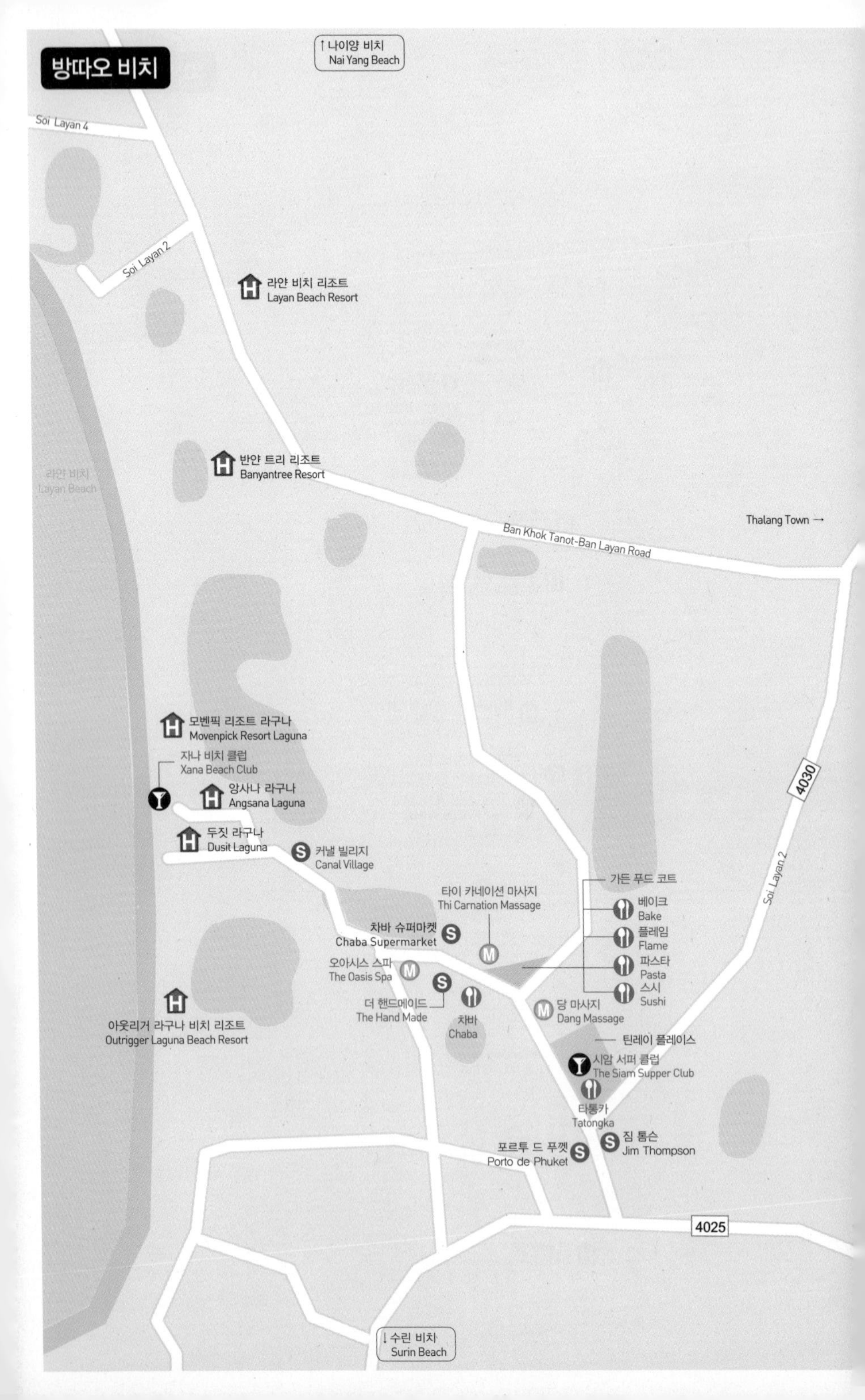

방따오 비치
↑나이양 비치
Nai Yang Beach
Soi Layan 4
Soi Layan 2
라얀 비치 리조트
Layan Beach Resort
반얀 트리 리조트
Banyantree Resort
라얀 비치
Layan Beach
Ban Khok Tanot-Ban Layan Road
Thalang Town →
모벤픽 리조트 라구나
Movenpick Resort Laguna
자나 비치 클럽
Xana Beach Club
앙사나 라구나
Angsana Laguna
두짓 라구나
Dusit Laguna
커낼 빌리지
Canal Village
4030
Soi Layan 2
가든 푸드 코트
타이 카네이션 마사지
Thi Carnation Massage
베이크
Bake
플레임
Flame
파스타
Pasta
스시
Sushi
차바 슈퍼마켓
Chaba Supermarket
오아시스 스파
The Oasis Spa
더 핸드메이드
The Hand Made
차바
Chaba
당 마사지
Dang Massage
틴레이 플레이스
시암 서퍼 클럽
The Siam Supper Club
타통카
Tatongka
아웃리거 라구나 비치 리조트
Outrigger Laguna Beach Resort
짐 톰슨
Jim Thompson
포르투 드 푸껫
Porto de Phuket
4025
↓수린 비치
Surin Beach

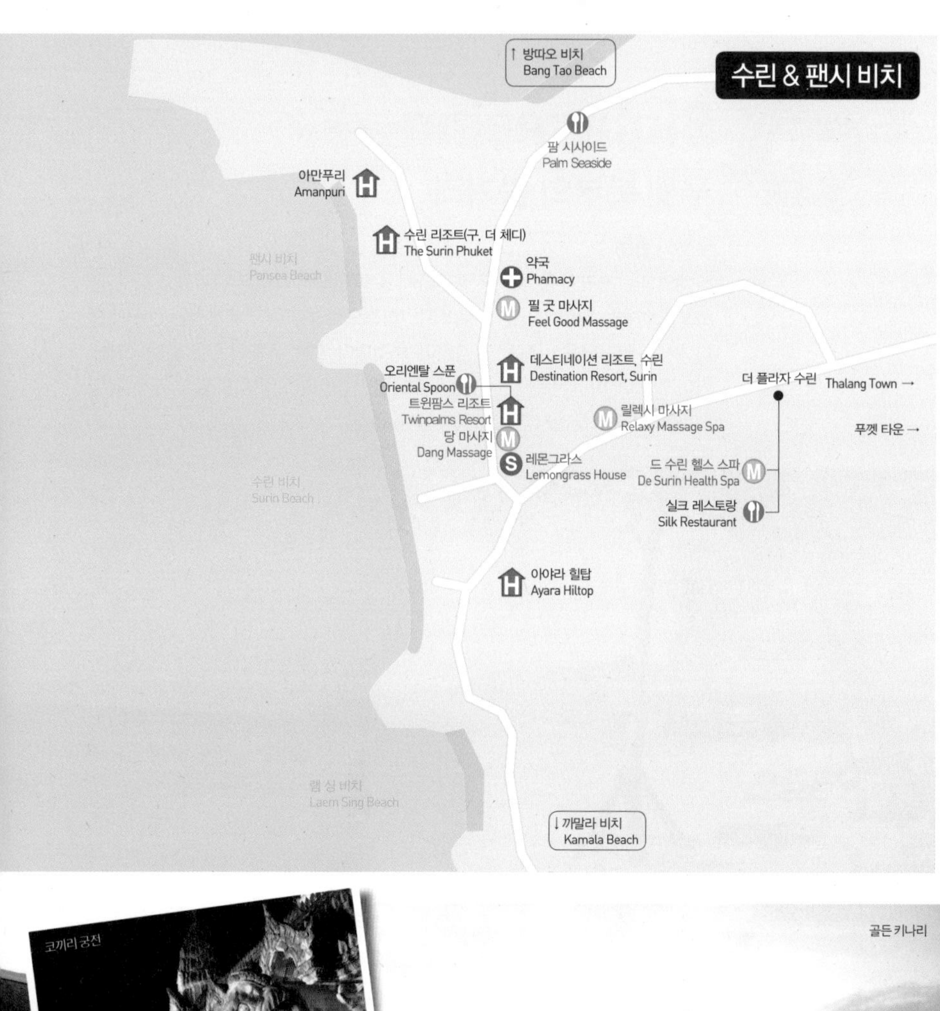
수린 & 팬시 비치
↑ 방따오 비치
Bang Tao Beach
팜 시사이드
Palm Seaside
아만푸리
Amanpuri
수린 리조트(구. 더 체디)
The Surin Phuket
팬시 비치
Pansea Beach
약국
Phamacy
필 굿 마사지
Feel Good Massage
데스티네이션 리조트, 수린
Destination Resort, Surin
오리엔탈 스푼
Oriental Spoon
트윈팜스 리조트
Twinpalms Resort
당 마사지
Dang Massage
레몬그라스
Lemongrass House
릴렉시 마사지
Relaxy Massage Spa
더 플라자 수린
Thalang Town →
푸껫 타운 →
드 수린 헬스 스파
De Surin Health Spa
실크 레스토랑
Silk Restaurant
수린 비치
Surin Beach
아야라 힐탑
Ayara Hiltop
램 싱 비치
Laem Sing Beach
↓ 까말라 비치
Kamala Beach

코끼리 궁전

골든 키나리

Sightseeing

푸껫 북부의 볼거리

푸껫의 관문

푸껫의 자랑거리인 웅장한 푸껫 판타시 쇼 공연장이 북부에 위치하고 있다. 골프를 좋아하는 사람이라면 천혜의 자연환경으로 둘러싸인 세계적인 컨트리 클럽에서의 라운딩은 잊지 못할 경험이 될 것이다. 또한 푸껫의 관문 푸껫 국제공항이 있으며, 바다거북의 산란 장소로 유명한 마이까오 비치도 있다. 푸껫 유일의 워터 파크 스플래시 정글도 빼놓을 수 없다.

수린 & 팬시 비치 Surin–Pansea Beach

아름다운 선셋을 바라보기에 좋은 해변

다른 해변에 비해 해변의 길이가 짧은 편이나 모래가 곱고 바다색이 예쁘다. 수린, 팬시 비치 주변으로 고급 리조트가 모여 있다. 수린, 팬시 비치로 이어지는 해변에는 인근 리조트의 투숙객과 물놀이 나온 현지인들이 시간을 보내는 한가한 분위기가 있다. 수린 비치는 해변을 따라 공원이 조성되어 있어 현지인들이 소풍 온 모습을 종종 볼 수 있다. 특히 저녁 시간은 선선해서 산책하기에 좋다. 수린 비치에서 바라보는 선셋은 푸껫에서 손꼽힐 정도로 아름답다.

방따오 비치 & 라구나 지역 Bangtao Beach & Laguna Area

호수 주변으로 고급 리조트가 들어서 있는 곳

넓은 해안선을 자랑하는 방따오 비치는 해변에서 몇 걸음 멀지 않은 내륙 쪽에 큰 호수(라구나, Laguna)가 있는 독특한 지형을 하고 있다. 이 호수 주변으로 고급 리조트들이 하나의 단지를 이루고 있으며, 이 지역 리조트들의 이름 끝에는 라구나(Laguna)가 붙는다.

이전에는 빠통 다음으로 여행객들이 많던 지역이었으나 빠통과 보다 접근성이 좋은 까론, 까따 비치의 부상으로 최근에는 이 지역 리조트들의 투숙객들이 줄어드는 양상이다. 호수 주변의 커낼 빌리지에는 리조트 투숙객들을 대상으로 하는 레스토랑, 바 등이 모여 있다.

푸껫 판타시 Phuket Fantasea

한 편의 웅장한 태국 서사시

Fantasea(판타시)는 'Fantasy + Sea'의 합성어로, 'A Sea of Fantasy', 즉 '판타시로 풀어내는 푸껫(태국)' 정도로 보면 된다. 공연의 제목은 '판타시 오브 킹덤(Fantasy of a Kingdom)'이다.

공연은 천상의 '키나리(반은 인간 반은 새)'가 내려와 인간과 결혼해서 낳은 아이가 추후 태국의 시조인 씨암(Siam) 민족이 되었다는 태국의 기원 신화 '키나리 신화'와 푸껫의 독특한 문화의 기원, 쏭끄란 및 러이끄라통 등 태국의 전통에 대한 내용을 담고 있다. 150여 명의 인원과 30마리의 코끼리 외에도 물소, 비둘기, 닭 등 다양한 동물이 함께 등장하는 웅장하고 스펙터클한 공연이다.

푸껫 판타시는 볼거리 외에도 쇼핑, 코끼리 트래킹 등 놀거리가 있는 초대형 복합 테마 파크이기도 하다. 설립 비용으로 천 억이 들어갔을 정도로 그 규모는 어마어마한 수준이다.

전화 076) 385 111 시간 17:30~23:30(매주 목요일 휴무, 단 목요일이 공휴일인 경우 정상 운영) 공연 시간 21:00~22:15(쇼 시작 30분 전 입장, 75분 공연) 뷔페 시간 18:00~21:00 홈페이지 www.phuket-fantasea.com 요금 쇼 성인1,800B, 아동1,800B / 쇼+뷔페 성인 2,200B, 아동 2000B / 골드석 업그레이드 성인·아동 모두 350B 추가(아동 기준: 키 101~140cm) 위치 까말라 비치

Notice 2023년 2월 현재 화·금·일요일만 공연 중이다. 나머지 요일은 사전에 공연 재개 여부를 확인하자.

푸껫 판타시 세부 안내
Phuket Fantasea

판타시 쇼는 관광객을 대상으로 하는 상업적인 공연이지만 태국의 문화와 전통을 보여 주려는 노력이 엿보인다. 등장 인물과 소품, 의상 하나에도 의미와 상징을 부여했기 때문이다. 또한 뷔페식 디너를 선택할 수 있는데, 뷔페는 만족도가 높은 편이 아니라서 쇼만 보거나, 부대시설로 있는 레스토랑을 이용하는 것이 좋다.
공연장에 들어가기 전에 카메라, 휴대폰 등을 로커에 맡기고 들어가야 한다. 푸껫 전 지역에서 무료 픽업이 가능하고, 직접 예약하는 것보다 여행사로 예약하면 할인 가격에 이용할 수 있다.

카니발 빌리지 Carnival Village
공예품 및 기념품 등의 쇼핑, 퍼레이드 공연

타이거 정글 어드벤처 Tiger Jungle Adventure
신화 속에 등장하는 동물들의 동물원

골든 키나리 뷔페 레스토랑
Golden Kinnaree
3천 석 규모의 초대형 뷔페식 레스토랑

시밀란 엔터테인먼트 센터
Similan Entertainment Center
바다 테마의 게임 공간

코끼리 궁전 Place of the Elephants Theater
수코타이 시대의 궁전을 실제 사이즈로 재현한 공연장

나이양 & 마이까오 비치 Naiyang & Mai khao Beach

바다거북을 볼 수 있는 푸껫의 떠오르는 지역

푸껫에서 가장 늦게 개발된 지역으로 현재도 끊임없이 새로운 리조트들이 속속 들어서고 있다. 빠통까지 차로 1시간이 넘는 위치임에도 불구하고 최고급 리조트와 풀빌라가 모여 있어 푸껫의 떠오르는 지역으로 각광을 받고 있다. 마이까오 비치는 해마다 바다거북이 알을 낳으러 올라오는 해변이기도 하며, 매년 거북의 산란기에 맞춰 행사가 열린다.

북부 여행 팁

관광 라구나 주변으로 골프 클럽이 있고, 라구나 단지 전에 판타시 쇼 공연장이 있다.
식사 라구나 단지 내 커낼 빌리지, 틴레이 플레이스, 마이까오 비치 터틀 빌리지에 레스토랑이 모여 있다.
쇼핑 라구나 단지에 있다면 커낼 빌리지, 마이까오 비치 초입의 터틀 빌리지로 향하자.
나이트라이프 화려한 나이트라이프를 즐기려면 빠통으로!

스플래시 정글 워터 파크 Splash Jungle Water Park

스릴 만점의 워터 파크

2010년에 오픈한 푸껫 최초의 워터 파크로, 웨스트 샌즈 리조트에서 운영한다. 한국의 대형 워터 파크에 비하면 작은 규모이지만 슬라이드에 줄을 설 필요가 없고 한가하다는 점이 가장 큰 매력이다.

스플래시 정글의 인기 아이템은 부메랑고(Boomerango)와 슈퍼 보울(The Super Bowl)이다. 부메랑고는 수직으로 떨어지는 슬라이드 끝에서 다시 15m를 거슬러 오르는 스릴 만점의 슬라이드이다. 슈퍼 보울은 커다란 그릇(Bowl) 모양의 슬라이드 안에서 미끄러지듯이 내려가는 재미가 있다. 그 외에도 335m의 유수풀 레이지 리버(Lazy River), 파도 풀장인 웨이브 풀(The Wave Pool) 그리고 북극의 빙하 한가운데에 있는 듯한 분위기의 35도 노천 온천 핫스프링(Hot Spring) 등이 있다. 간식과 식사를 해결할 수 있는 코코넛 카페(Coconut Café), 정글 델리(Jungle Deli) 등의 부대시설도 갖추고 있다.

입장권을 구입하면 시계 모양의 로커 키를 주는데, 이 로커 키로 워터 파크 안에서 사용하는 비용을 나갈 때 한꺼번에 계산할 수 있다. 키를 잃어버리면 벌금을 물게 되므로 주의하자. 그랜드 웨스트샌드 리조트 투숙객에게는 할인이 되고, 홈페이지에서 사전에 예약하면 할인을 받을 수 있다.

전화 076) 372 111 시간 10:00~17:45(화 · 수 휴무) 홈페이지 www.splashjungle.com 요금 성인 1,450B, 아동 700B(12세 미만), 5세 미만 무료 위치 마이까오 비치, 스플래시 비치 리조트 맞은편

왓 프라통 Wat Phra Thong

금으로 된 거대한 불상

땅속에 반쯤 묻혀 있는 거대한 불상으로 전체가 금으로 되어 있어 루앙 포 프라통(Luang Poh Phra Thong, 골든 붓다)이라고 불리기도 한다. 1909년 태국의 국왕 라마 6세가 방문해서 유명해졌으며, 왓찰롱과 더불어 푸껫을 대표하는 사원이다. 전설에 따르면, 한 아이가 물소를 이끌고 들판에 나갔다가 뿔처럼 생긴 기둥에 물소를 묶어 놨는데 오래 지나지 않아 병으로 죽었다. 그런데 아이의 아버지가 꿈에서 이 사건을 보고 이 불상을 발견했으나 다 파낼 수 없었다고 한다. 이후에 태국에 침략한 미얀마군이 불상을 묻으려고 했으나 벌떼에 의해 쫓겨나기도 했다. 왓찰롱 사원에 비하면 규모가 큰 편은 아니나, 관광객이 많지 않고 수행하는 스님들이 많아 조용한 분위기의 태국 불교 사원이다.

시간 08:00~17:00 위치 푸껫 북부 딸랑 지역, 딸랑 사거리에서 공항 방향

Massage & Spa

푸껫 북부의 마사지 숍

호수 전망의 스파

바다 가까운 곳에 만들어진 자연 호수 주변에 모여 있는 스파는 숲과 호수가 어우러진 자연적인 분위기가 특징이다. 친환경적인 공간에서 받는 스파는 북부 라구나 지역에서만 할 수 있는 독특한 경험이다.

오아시스 스파 The Oasis Spa

호수 전경을 한눈에 볼 수 있는 스파

방콕, 치앙마이, 파타야에 이어 푸껫에 상륙한 스파 전문점이다. 방갈로 형태의 개별 스파룸은 호수 쪽으로 트여 있어 멋진 전경을 갖고 있다. 호수에서 불어오는 바람과 탁 트인 시야가 스파를 받기에 좋은 분위기를 만든다. 방갈로 수가 적고 주변 리조트 투숙객의 이용률이 높아 예약은 필수이다. 스파 제품도 판매한다. 라구나와 방따오 지역은 픽업이 무료이다.

전화 076) 337 777 시간 10:00~22:00 홈페이지 www.oasisspa.net 예산 타이 마사지 1,700B/2시간, 아유르베딕 마사지 2,300B/1시간 Tax 17% 위치 라구나 입구

타이 카네이션 마사지 Thai Carnation Massage

라구나 단지의 인기 마사지

라구나 삼거리에 있는 몇 안 되는 로컬 마사지 숍 중 규모가 큰 편이다. 로컬 마사지 숍임에도 개별 룸이 잘 갖춰져 있고 내부도 깔끔하게 정돈되어 있다. 마사지사의 연령대가 높아서 마사지 실력도 좋은 편이다. 라구나 주변에서 이만한 가격으로 이 정도의 깔끔한 시설에서 마사지를 받을 만한 곳이 적기 때문에 주변 리조트 투숙객들이 전화로 예약하고 이용하는 사람이 많다. 낮 시간은 조금 한가한 편이나 저녁 시간에는 주변 라구나 단지에서 저녁 식사를 하러 나오는 사람들로 기다려야 할 때도 있다. 라구나 지역에 한해 무료 픽업 서비스를 제공한다.

전화 076) 325 565 시간 11:00~22:00 예산 타이 마사지/발 마사지 500B/1시간, 오일 마사지 500B/1시간 위치 차바 레스토랑 맞은편, 라구나 삼거리 입구

살라 푸껫 스파 Sala Phuket Spa

스파의 로맨티시즘

입구에서 스파룸까지 미로로 이루어져 있어 독특한 느낌을 준다. 미색의 케노피로 장식한 단독 스파룸은 로맨틱한 분위기이다. 호텔 스파로 가격은 다소 높은 편이나 분위기 있는 곳에서 스파를 받기에 좋다. 유기농 성분으로 유명한 독일의 줄리크 제품을 사용한다. 살라 푸껫 리조트 투숙객에게는 할인 또는 오늘의 특가 프로그램이 있다.

전화 076) 338 888 시간 10:00~20:30 홈페이지 www.salaphuket.com 예산 아시안 컴비네이션 마사지 2,700B/90분, 트래디셔널 타이 마사지 2,400B/90분, The Choice is yours 4,300B/2시간(보디 스크럽 30분+보디 마사지 90분) Tax 17% 위치 마이까오 비치, 살라 푸껫 리조트 내

릴렉시 마사지 Relaxy Massage Spa

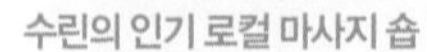
수린의 인기 로컬 마사지 숍

고급 리조트들이 모여 있는 수린 비치에서 당 마사지와 더불어 인기 있는 로컬 마사지 숍이다. 골목 안쪽에 있어 찾기 힘든 위치지만 유럽 여행객들 사이에서는 소문난 마사지 숍이다.
가게 안으로 들어가면 넓은 공간에 개별 마사지 공간도 많다. 로컬 마사지 숍을 찾기 힘든 수린 비치에서 실력과 저렴한 가격으로 선택할 만한 마사지 숍이다. 전화로 예약하고 가면 기다리지 않고 마사지를 받을 수 있다.

전화 089) 469 3671 시간 10:00~22:00 예산 타이 마사지/발 마사지 400B/1시간, 아로마 오일 마사지 550B/1시간, 핫 스톤 마사지 999B/1시간 30분, 알로에 베라 마사지 750B/1시간 위치 수린 비치 삼거리에서 도보 2분

드 수린 헬스 스파 De Surin Health Spa

수린의 고급 스파

타이 마사지 일색인 다른 스파 숍과 차별되는 대나무를 사용한 '뱀부 마사지(Bamboo Massage)'를 하는 스파 숍이다. 호텔 스파 숍 정도의 고급스러운 인테리어와 오랜 경력의 테라피스트들로 이루어져 있어서, 고급 스파 프로그램을 받고자 하는 사람에게 적당하다. 단품 마사지보다는 2~3시간 패키지가 가격 대비 좋은 편. 철저히 예약제로 운영하므로 예약은 필수다.

전화 095) 093 2288 시간 10:00~20:00(마지막 타임 19:30) 홈페이지 www.desurin.com 예산 뱀부 마사지 2,200B/90분, 타이 마사지 600B/1시간, 오일 마사지 800B/1시간, 아로마 핫 오일 마사지 800B/1시간, 드 수린 시암 세레니티 패키지(아로마 핫 오일 마사지 + 타이 허브 페이셜 + 풋 트리트먼트) 2,300B/3시간, 드 수린 블리스 패키지(핫 허브 볼 컴프레스 + 타이 핫 오일 마사지 + 허브 페이셜 트리트먼트) 2,600B/3시간 Tax 17% 위치 수린 비치 삼거리에서 방따오 방향으로 도보 약 5분 거리, 더 플라자 수린 2층

Notice 2023년 2월 현재 임시 휴업 중이다. 사전에 운영 재개 여부를 확인하자.

당 마사지 Dang Massage

저렴한 로컬 마사지 숍

규모는 작으나 마사지를 받고 싶을 때 빠통까지 나가지 않아도 되어 좋다. 작지만 깔끔하고 마사지사의 실력도 좋은 편이다. 라구나 삼거리와 수린 비치 입구에 있다. 라구나 지점이 수린 지점보다 규모가 약간 큰 편이다. 라구나 지점은 라구나 지역에 한해 무료 픽업 서비스를 제공한다.

전화 076) 270 190(라구나 지점), 076) 386 533(수린 지점) 시간 10:00~20:30 홈페이지 phuketdir.com/dangmassage 예산 타이 로열 마사지 600B/1시간, 발 마사지 350B/1시간, 오일 마사지 400B/1시간 위치 라구나 삼거리 또는 수린 비치 입구

Notice 수린 지점은 2023년 2월 현재 임시 휴업 중이다. 사전에 운영 재개 여부를 확인하자.

트리사라 스파 Trisara Spa

최고의 스파를 경험하고 싶다면

'천국의 세 번째 정원'이라는 의미인 트리사라 리조트의 부속 스파이다. 스파 로비에서 프로그램과 제품을 선택하고 나면 개별 스파 빌라로 이동하는데, 스파 빌라는 리조트에서 가장 높은 곳에 위치하고 있어 환상적인 바다 전망이 가능하다. 총 4개의 스파 빌라는 야외 테라스, 사우나, 자쿠지, 샤워실 등의 시설이 잘 갖춰져 있다.

오랜 경력과 교육을 받은 전문 테라피스트가 고객의 상태에 맞는 수준 높은 스파 서비스를 제공한다. 시설, 서비스, 프로그램 3박자 모두 최고 수준을 지향하는 스파로 가격은 높은 편이나 최고급 스파를 받고 싶다면 가 볼 만하다.

투숙객에게는 오전 10시~오후 2시까지 별도 할인 프로그램이 있다.

전화 076) 310 100 시간 10:00~19:00 홈페이지 www.trisara.com 예산 포커스 마사지(맞춤식 머리, 목, 어깨, 등, 다리, 발 마사지) 4,500B/1시간, 텐션 릴리스(목 & 어깨 마사지 + 발 마사지 + 포인트 마사지) 6,500B/90분 Tax 17.7% 위치 나이톤 비치, 트리사라 리조트 내

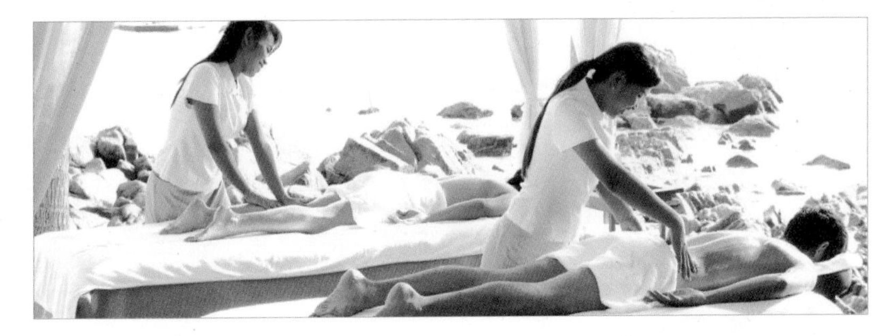

Food & Restaurant

푸껫 북부의 먹을거리

분위기 좋은 해변 레스토랑

해안선을 따라서 리조트들이 개발된 푸껫의 북부 지역은 유독 해변에 레스토랑이 많은 것이 특징이다. 해변 바로 옆에 위치한 곳들은 파도 소리와 은은한 음악 소리가 어울려 열대의 이국적인 분위기를 낸다. 저녁 시간 주변 리조트에서 나온 투숙객들로 항상 붐비며 밤 늦게까지 식사와 간단한 술자리가 이어진다. 언덕이나 절벽 위에 위치한 전망 좋은 레스토랑은 예약이 필요할 정도로 인기 있다.

타통가 Tatongka

독특한 셰프, 독특한 퓨전 요리

타통카란 인디언이 버팔로를 부르는 말이다. 타통카에서는 남미에서 유럽 그리고 아시아 요리까지 섭렵한 독일인 셰프가 만들어 내는 독특한 퓨전 요리를 만날 수 있다. 재료와 레시피에 경계를 두지 않는 그만의 독특한 요리가 인기이며 여러 가지 재료가 한곳에 나오는 타파스가 대표 메뉴이다. 비수기인 5~10월 한 달씩 문을 닫고 고향인 독일로 돌아가니 비수기에는 방문 전에 미리 체크해야 한다. 라구나 지역에서는 무료 픽업을 해 준다.

전화 076) 324 349 시간 18:00~24:00(일 · 월 휴무) 홈페이지 tatonkaphuket.com 예산 애피타이저 220~350B, 필레 스테이크 790B, 디저트 200~300B 위치 틴레이 플레이스 내, 라구나 삼거리 입구

팜 시사이드 Palm Seaside

로맨틱한 파인 다이닝을 즐겨 보자!

수린 비치의 트윈팜스 리조트의 부속 레스토랑으로 로맨틱한 분위기에서 파인 다이닝을 즐기기에 좋다. 신선한 시푸드 및 초밥, 타이식 메뉴, 이탈리안 메뉴가 있다. 리조트 부속 레스토랑답게 가격은 비싸지만 바닷가 바로 옆에 아늑한 인테리어 덕분에 편안한 식사를 즐길 수 있게 해준다. 트윈팜스 리조트 투숙객은 언제든지 원하는 시간에 리조트에서 제공하는 셔틀을 타고 이동할 수 있다.

전화 094) 480 0883 시간 17:00~22:00 홈페이지 www.palmseaside.com 예산 텃만꿍 290B, 스프링롤 250B, 사테 310B, 똠얌꿍 450B, 해산물 볶음밥 360B Tax 17% 위치 수린 비치, 트윈팜스 리조트에서 차량으로 약 5분 거리

차바 Chaba

호숫가 전망의 시푸드 레스토랑

라구나 지역에서 소문난 레스토랑 중 한 곳이다. 태국 요리, 인터내셔널 등 다양한 메뉴가 있지만, 특히 시푸드가 유명하다. 대형 수족관에 싱싱한 해산물을 전시하고 있어 시푸드가 대표 메뉴임을 알 수 있다. 시푸드가 부담스럽다면 해산물이 들어간 태국 요리도 괜찮다. 호숫가에 위치하고 있어서 탁 트인 전망과 함께 식사를 할 수 있다. 오픈 후 라구나 지역에서 인기를 끌어 건너편에 태국 요리를 전문으로 하는 차바 2호점을 오픈했다. 매일 저녁 7시~11시에는 라이브 공연도 있다. 라구나 지역에서는 무료 픽업이 가능하다.

전화 076) 304 544-5 시간 12:00~22:00 홈페이지 www.chabathaifood.com 예산 카오팟 240B, 바비큐 치킨 윙 270B, 팟타이꿍 290B, 까르보나라 260B, 페퍼로니 피자 350B, 똠얌꿍 290B Tax 17% 위치 라구나 삼거리 입구

가든 푸드 코트 Garden Food Court

라구나 단지 입구에 위치한 푸드 코트다. 일반적인 푸드 코트와 달리 잘 정돈된 정원에 4가지 테마의 전문 레스토랑(플레임, 베이크, 파스타, 스시)으로 이루어진 고급 푸드 코트이다. 라구나 단지 입구에 있어 찾아가기 쉽고, 포장해서 해변이나 호텔에서 먹기 편리하다.

시간 11:30~22:00(레스토랑마다 상이, 마지막 주문 21:30) 위치 라구나 단지 입구

플레임 Flame

불맛 가득한 직화구이 치킨 & 케밥

플레임은 이름처럼 직화구이 전문점이다. 신선한 로컬 치킨을 프렌치 스타일(화이트 와인, 로즈메리 허브), 타이 스타일(레몬그라스, 마늘, 라임), 포르투갈 스타일(고춧가루, 칠리소스), 인도 스타일(요거트, 커리, 마늘, 생강 소스)의 총 4가지 소스로 양념하여 직화로 구워내는데, 특제 소스와 어우러진 불맛이 우리 입맛에도 잘 맞는다. 메뉴판에서 로띠세리(Rotisserie)는 직화구이를 뜻하고, 샤와르마(Shawarma)는 스페인식 케밥을 의미한다. 화덕에서 갓 구운 얇고 바삭한 씬 피자와 육즙이 풍부한 주시 루시(Juicy Lucy) 버거도 인기 메뉴이다.

전화 091) 532 0015 시간 18:00~23:00 홈페이지 www.flamerestaurantphuket.com 예산 치즈 버거 390B, 프렌치프라이 130B, 치킨 케밥 330B, 마르게리타 피자 290B, 아이스크림(컵) 140B, 맥주 140B, 콜라 70B

베이크 Bake

빵을 사랑한다면 꼭 가 봐야 할 곳

빵을 사랑하는 사람이라면 이름만 들어도 바로 들어가고 싶은 곳이다. 빵 굽는 고소한 향에 이끌려 안으로 들어가면 바게트부터 통밀빵, 호밀빵 등 건강한 재료로 만든 빵과 정통 프렌치 스타일의 마카롱, 겹겹이 바삭한 크루아상류와 수제 초콜릿 그리고 쿠키까지 베이커리류의 모든 것이 한곳에 있다. 파티시에 과정을 이수한 유럽 파티시에가 직접 만드는 마카롱, 수제 초콜릿 등은 인기 디저트이다. 빵과 잘 어울리는 커피는 태국 북부 지방에서 수확한 신선한 커피를 사용하는데, 풍부한 향으로 빵과 잘 어울린다.

전화 091) 532 0015 시간 07:00~21:00 홈페이지 www.bakephuket.com 예산 컨티넨탈 조식 410B, 클래식 시저 샐러드 290B, 스모크 연어 샌드위치 320B, 타이 스파이시 치킨(1마리) 600B, 마르게리타 피자 290B, 볼로그니즈 스파게티 350B, 아이스 아메리카노 115B

파스타 Pasta

All about Pasta!

12가지가 넘는 파스타 면 종류와 약 20여 가지의 파스타 소스를 직접 골라서 먹을 수 있는 파스타 전문점이다. 최소 12개월이 넘은 파마산 치즈를 사용하고, 직접 이탈리아에서 공수한 치즈와 신선한 유기농 로컬 허브를 사용한 건강한 파스타를 추구한다. 먼저 파스타 면을 선택하고, 소스와 사이즈(Piccolo=Small, Medio=Medium, Grande=Large)를 선택하면 된다. 사이즈에 따라 가격은 150B~350B로 나뉜다. 선택이 어려우면 면과 어울리는 소스를 추천받을 수 있다. 스파게티 아라비아타, 펜네 까르보나라가 인기 메뉴이다.

전화 076) 271 018 시간 08:00-22:00 홈페이지 diningphuket.com/pasta 예산 스파게티 아라비아타 170B(S), 펜네 까르보나라 190B(S)/250B(M), 포카치오 빵 + 올리브 오일 90B

스시 Sushi

초밥이 생각날 때 방문하기 좋은 곳

날씨가 더운 푸껫에서 초밥은 쉽게 찾기 힘든 음식이다. 대부분의 초밥이나 사시미는 호텔 레스토랑이나 빠통에 모여 있는데, 빠통까지 가지 않아도 신선한 초밥을 먹을 수 있어, 라구나 단지 투숙객에게는 희소식이다.
단품 가격은 비싼 편으로 세트 메뉴나 콤보 메뉴가 다소 저렴하다. 여러 사람이 같이 먹을 수 있는 파티 박스는 포장해 가기 편하다.

전화 076) 271 015 시간 17:00~22:00(월요일 휴무) 홈페이지 diningphuket.com/sushi 예산 스시 콤보 240B~,

사시미 콤보 510B~, 믹스 콤보 280B~, 포장용 파티 박스 850B

커피 클럽 Coffee Club

식사와 디저트를 한 번에

터틀 빌리지 1층에 위치한 커피 & 케이크 전문점이다. 본래 커피와 다양한 케이크가 주메뉴이나 파스타나 태국 요리로 식사를 하는 사람도 많다. 달콤하고 풍부한 맛의 초콜릿 케이크는 이곳의 인기 메뉴이다. 호텔 레스토랑 이외에 별다른 식사할 곳이 없는 마이까오 비치에서 식사와 디저트를 한 번에 즐길 수 있는 곳이다.

전화 076) 314 805 시간 08:00~20:00 홈페이지 thecoffeeclub.co.th 예산 스파이시 베이컨 & 바질 파스타 270B, 더블 치즈 버거 360B, 에그 베네딕트 270~320B, 치즈 볼120B, 아이스 카푸치노 코코넛밀크 145B 위치 마이까오 비치, 터틀 빌리지 1층

라 살라 La Sala

컨템포러리 레스토랑

아난타라 리조트의 부속 레스토랑이다. 입구로 들어서면 높은 천장에서 바닥까지 드리운 크리스털 커튼이 시선을 끈다. 크리스털 커튼과 원형의 편안한 소파형 좌석은 휴양지에서 보기 드문 시크하고 모던한 분위기이다.

분위기뿐만 아니라 음식의 맛과 질도 수준급인데 요리 대회에서 여러 차례 수상한 태국인 셰프가 정통 이탈리안 요리와 태국 요리를 제공한다. 마이까오 비치 부근에서 커플끼리 로맨틱한 저녁 식사나 가족들의 오붓한 식사를 계획한다면 추천할 만한 곳이다. 분위기나 음식의 퀄리티에 비해 음식 값도 적당한 수준이다.

전화 076) 336 100-9 시간 07:00~22:00 홈페이지 phuket.anantara.com/la-sala 예산 토마토 & 모짜렐라 샐러드 450B, 시푸드 링귀니 파스타 480B, 마가리따 피자 480B Tax 17.7% 위치 마이까오 비치, 아난타라 리조트 내

쿠치나 Cucina

화덕에 굽는 정통 피자

JW 메리어트 리조트 내에 위치한 레스토랑이다. 쿠치나는 이탈리아어로 '주방'이란 뜻이다. 이름처럼 무겁고 정중한 분위기가 아닌 밝고 편안한 분위기의 레스토랑이다. 오픈형 주방으로 이탈리안 셰프가 직접 만들어 내는 정통 이탈리안 메뉴이며, 특히 파스타, 피자류가 인기이다.
오븐이 아닌 커다란 화덕에서 직접 구워 내는 피자는 풍부한 치즈와 쫄깃한 식감으로 인근 리조트에서 찾아오는 투숙객이 있을 정도이다. 포장이 가능하며 리조트 내에서는 배달도 된다.

전화 076) 338 000 시간 18:00~23:00 홈페이지 marriottbonvoyasia.com/restaurants-bars/JW-Marriott-Phuket-Resort-and-Spa-Cucina 예산 파스타류 500B~, 피자류 420B~ Tax 17% 위치 마이까오 비치, JW 메리어트 리조트 내

Nightlife
푸껫 북부의 나이트라이프

나이트라이프는 수린 비치와 라구나 지역으로
장기로 거주하는 외국인들이 많은 방따오, 라구나 지역의 바에서는 정기적인 파티가 있을 정도로 나이트라이프가 활성화되어 있다. 시암 서퍼 클럽, 자나 비치 클럽 등이 대표적인 장소이다. 각 레스토랑과 바의 홈페이지를 확인하면 정확한 날짜와 정보를 확인할 수 있다.

시암 서퍼 클럽 The Siam Supper Club

뉴욕 스타일의 라운지 바

어두운 조명과 재즈 음악이 1900년대 미국 로터리 바를 연상케 한다. 15년 전 바이크 숍이었던 곳을 현재 미국인 사장이 인수하여 재오픈했다. 현지에 거주하는 외국인들이 많이 오며, 매주 첫 번째 토요일에 유명한 DJ를 초청한 파티도 연다. 다양한 와인과 칵테일, 위스키, 럼, 진 등 주류와 호주산 스테이크가 대표 메뉴이다.

전화 061) 527 7060 시간 18:00~22:30(레스토랑), 18:00~01:00(바) 홈페이지 www.siamsupperclub.com 예산 토마토 & 아보카도 샐러드 340B, 레드 커리 오리구이 380B, 슈퍼 클럽 버거 550B, 와규 텐더리언 스테이크 1,199B, 레드 와인 280B/글래스 위치 라구나 삼거리, 틴레이 플레이스 내

빌 벤틀리 펍 Bill Bentley Pub

정통 독일식 펍

저녁 시간에 맥주 한잔을 즐기기 좋은 정통 독일식 펍으로, 대형 스크린과 당구대가 마련되어 있다. 다양한 수입 맥주와 안주, 간단한 식사류도 함께 취급한다. 축구 경기가 있는 날에는 맥주와 함께 경기를 보러 오는 주변 리조트 투숙객이 많다. 캐주얼한 분위기로 터틀 빌리지로 바람 쐬러 나왔다가 한잔하기 좋은 곳이다. 16:00~19:00는 해피아워로 하우스 맥주 1+1, 하이네켄 파인트 100B의 이벤트가 진행된다.

전화 076) 314 818 시간 12:00~24:00 홈페이지 www.billbentleypub.com 예산 하이네켄(560cl) 190B, 창비어(560cl) 170B, 콜라 85B, 과일 주스 125B, 클래식 마르게리타 305B, 버거 멕시카나 470B, 비프 나초 350B, 피시 앤 칩스 399B 위치 마이까오 비치, 터틀 빌리지 쇼핑몰 내

자나 비치 클럽 Xana Beach Club

라구나 리조트 단지의 인기 클럽

고급 리조트들이 모여 있는 라구나 단지 내의 클럽으로 앙사나 라구나 리조트에서 운영하는 클럽이다. 낮에는 태국식 메뉴 및 인터내셔널 메뉴를 제공하는 레스토랑이지만, 저녁이 되면 파티를 즐기려는 사람들로 북적거린다. 수영장이 있는 클럽으로 수영도 함께 즐길 수 있다. 저녁이 되면 DJ들이 틀어 주는 신나는 음악과 함께 파티가 시작되며 신나는 밤을 만들어 준다. 매년 연말이 되면 세계적인 DJ 페스티벌도 열리는 푸껫을 대표하는 비치 클럽이다. 또한 성수기 매일 저녁 7시 30분에 진행하는 불쇼도 놓치지 말자.

전화 076) 358 500 시간 11:00~22:00 홈페이지 www.angsana.com/thailand/laguna-phuket/dining/xana-beach 예산 치킨 사테 200B , 스프링롤 180B, 시저 샐러드 240B, 비프 치즈 버거 320B, 피시 앤 칩스 260B, 팟타이 230B, 카오팟 210B, 똠양꿍 250B, 팟씨유 230B Tax 17% 위치 앙사나 라구나 리조트 근처, 방따오 해변 쪽

Shopping
푸껫 북부의 쇼핑

커낼 빌리지와 터틀 빌리지

북부 지역의 중심지라고 할 수 있는 방따오 비치의 커낼 빌리지, 마이까오 비치의 터틀 빌리지를 중심으로 작은 숍이 모여 있는 쇼핑센터가 형성되어 있다. 그 외 아로마, 보디 제품에 관심 있는 사람이라면 레몬그라스는 반드시 들러 볼 만하다.

터틀 빌리지 Turtle Village

마이까오의 소규모 복합 공간

마이까오 비치에 리조트들이 들어서면서 작은 쇼핑몰이 오픈했다. 쇼핑을 위한 공간이라기보다 식사도 하고 필요한 물품을 구입할 수 있는 소규모 복합 상가라고 보면 된다. 마이까오 비치 초입에 있으며 아난타라 리조트 바로 옆으로, JW 메리어트 리조트에서 걸어갈 수 있는 위치이다.

1층에는 간단한 식사를 할 수 있는 커피 클럽과 아이스크림 전문점 스웬슨이 있고 기념품점과 의류점, 안경점 등이 있다. 2층에는 저녁 시간에 맥주 한 잔을 하러 오는 사람들로 빌 벤틀리가 붐빈다. 지하 1층에 슈퍼마켓이 있어 간식거리를 구입하기에 좋다.

B1 슈퍼마켓

G층 커피 클럽(커피), 트라이엄프(속옷), 소울 오브 아시아(인테리어), 스웬슨(아이스크림), Eyebright(안경점), Kids&Toys(아동복), Tanya Living(인테리어), A Prime(양복점), Kashmir Gallary

2층 빌 벤틀리 펍(바), J&P Gem(보석), Red Coral(액세서리), Piklik(의류), Vanda(의류), Thai Souvenir(기념품), World Travel Service(여행사)

전화 076) 314 898 시간 10:00~21:00(매장마다 다름), 08:30~22:00(지하 슈퍼마켓) 위치 마이까오 비치 입구

커낼 빌리지 Canal Village

라구나 단지 내의 쇼핑센터

라구나 리조트의 투숙객을 대상으로 형성된 작은 쇼핑센터이다. 예전에는 주얼리, 의류, 슈퍼마켓, 레스토랑 등 50여 개의 숍이 있었으나 현재는 몇몇 레스토랑 및 편의점 등을 제외하고 문을 닫은 상태이다. 라구나 단지 내의 리조트에서 배 또는 무료 셔틀을 통해 접근할 수 있다.

시간 10:00~20:00 위치 방따오 비치, 라구나 주변

더 핸드메이드 The Handmade

핸드메이드 커트러리

스테인리스와 알루미늄으로 만든 고급 커트러리를 핸드메이드로 만들어 파는 숍이다. 원래 호텔이나 레스토랑에 납품하던 공장이었는데 인기가 좋아 로드 숍을 오픈했다. 하나하나 수작업으로 만들기 때문에 기계로 찍어 내는 제품과 달리 예술적 감각이 느껴진다. 평소 테이블웨어나 식기류에 관심 있던 사람이라면 매장에서 쉽게 벗어나기 힘들 정도로 눈길이 가는 제품이 많다. 포크, 스푼에서부터 컵, 쟁반, 접시까지 낱개 구입도 가능하고 코스용 세트도 있다. 만만치 않은 가격이나 본래 핸드메이드 스테인리스 제품이 고가임을 감안하면 저렴한 편이다. 라구나 지역 호텔에는 배달도 해 준다.

전화 076) 271 583, 081) 892 7215 시간 09:00~21:00 홈페이지 www.thehandmadecutlery.com 위치 라구나 삼거리 입구

레몬그라스 Lemongrass House

아로마용품 전문점

1996년 전문 스파 숍과 살롱에 제공하는 제품을 만들기 시작해, 현재는 전 세계로 스파 제품을 수출한다. 한국에서도 마트나 전문 숍에서 가끔 제품을 볼 수 있는데 물론 가격은 현지보다 비싼 편이다.

천연 재료를 아낌 없이 사용하였으며 아로마 오일, 비누, 샴푸, 스크럽, 마사지 오일, 아로마 스프레이 등 다양한 종류의 제품을 취급한다. 한 번 사용한 여행객들 사이에서 입소문이 나서 일부러 찾아오는 사람도 많다. 가격이 저렴해 선물하기도 좋다. 방따오에 본사 및 공장이 있고, 수린 비치 트윈팜스 리조트 옆에 로드 숍이 있다.

전화 076) 325 501 시간 09:00~19:00 홈페이지 www.lemongrasshouse.com 가격 천연 비누 150B, 아로마 오일 200B, 보디 로션 180B, 보디 스크럽 280B 위치 수린 비치, 트윈팜스 리조트 옆(로드 숍)

Hotel & Resort
푸껫 북부의 호텔과 리조트

세계적인 리조트들의 향연

까말라 비치부터 마이까오 비치까지 북부 지역은 세계적인 리조트들이 모여 있는 곳이라고 할 수 있다. 까말라 절벽을 따라서 환상적인 오션뷰가 펼쳐지는 풀빌라들과 방따오 비치의 웅장한 규모를 자랑하는 리조트까지, 빠통과의 접근성은 떨어지나 이것이 오히려 한적한 분위기를 내어 휴양하기 좋다.

트리사라 Trisara

웅장한 규모와 훌륭한 전망

트리사라는 '천국의 세 번째 정원'이라는 의미로 웅장한 규모와 수준 높은 서비스를 자랑한다. 바다가 한눈에 내려다보이는 언덕에 솟아 있는 풀빌라는 완벽한 프라이버시를 보장하는 동시에 훌륭한 전망을 갖는다. 10m에 달하는 개인 수영장에서 바라보는 바다는 100만 달러짜리 전망이다. 전용 비치, 공용 풀, 스파, 레스토랑, 키즈 클럽 등 리조트 못지않은 부대시설도 갖추고 있다.

전화 076) 310 100 홈페이지 www.trisara.com 가격 US$770~~ 위치 나이톤 비치

풀만 푸껫 아카디아 Pullman Phuket Arcadia

선택의 폭이 넓은 모던한 리조트

세계적인 호텔 체인 아코르(Accor) 그룹의 풀만 푸껫 아카디아 리조트는 나이톤 비치가 내려다보이는 언덕 위에 위치해 있다. 전체적인 리조트 분위기는 시노-포르투기 스타일의 건축 양식으로 모던하면서도 복합적인 스타일이다. 푸껫 메인 시내인 빠통에서는 멀어도 리조트 주변에는 로컬 식당, 슈퍼마켓, 마사지 숍 등이 있는 작은 시내가 있어서 편리하다. 가족 여행을 위한 일반룸과 신혼여행에 적합한 풀빌라도 있어서 목적에 따른 선택의 폭도 넓다.

전화 076) 303 299 홈페이지 www.accorhotels.com 가격 US$300~ 위치 나이톤 비치

아난타라 리조트 Anantara Resort

전 객실 풀빌라에 수준 높은 부속 레스토랑

유명한 건축가 빌 벤틀리가 디자인한 리조트이다. 태국 스타일의 건축 양식에 물, 불, 바다를 의미하는 조형물과 정원, 조경 등이 멋스럽다. 아난타라 그룹의 리조트 중에 유일하게 전 객실이 풀빌라인 리조트로 부속 레스토랑, 스파의 수준이 높다.

전화 076) 336 100 홈페이지 phuket.anantara.com 가격 US$450~ 위치 마이까오 비치

살라 푸껫 SALA Phuket

여성들이 선호하는 로맨틱한 풀빌라

군더더기 없는 모던한 건물과 화이트, 퍼플, 그레이로 포인트를 줘 전체적으로 로맨틱한 콘셉트를 표방하고 있다. 크리스털 샹들리에, 새장, 그네 등의 인테리어를 사용하여 여성들이 선호하는 풀빌라 중 하나이다.

전화 076) 338 888 홈페이지 www.salaphuket.com 가격 US$300~ 위치 마이까오 비치

파레사 Paresa

한적한 분위기의 바다 전망 풀빌라

까말라 언덕 위에 자리 잡은 풀빌라로, 전 객실에서 바다 전망이 가능하다. 바다와 이어진 듯한 인피니티 공용 수영장이 인기이며, 리조트의 가장 높은 곳에 위치한 레스토랑에서는 360도 전망을 볼 수 있다. 해변은 없고 한적한 분위기의 바다 전망 풀빌라를 찾는 사람에게 적합하다.

전화 076) 302 000 홈페이지 www.paresaresorts.com
가격 US$400~ 위치 까말라 비치, 까말라 언덕 위

인터컨티넨탈 푸껫 Intercontinental Phuket Resort

서비스와 시설 모두가 돋보이는 고급 리조트

푸껫의 까말라 비치에 위치한 리조트로 2019년에 오픈하여 모든 시설이 깔끔하며 디자인이 모던하고 세련되다. 무엇보다도 인터컨티넨탈이라는 특급 호텔 브랜드에 걸맞는 직원들의 서비스가 일품이다. 클래식 룸부터 3베드룸 풀빌라까지 다양한 룸 타입이 있으며 총 221개의 객실을 갖추고 있다. 비치 풀, 인피니티 풀, 키즈 풀을 포함하여 수영장만 총 6개, 사원 모양의 스파 건물, 아름다운 조경, 세련된 객실 등으로 인해 여행객들로부터 인기를 얻고 있다. 투숙의 편안함은 물론 리조트 구경만으로도 지루할 수가 없는 리조트이다.

전화 076) 629 999 홈페이지 www.ihg.com/intercontinental/hotels/us/en/phuket/phukb/hoteldetail 예산 US$250~ 위치 까말라 비치

트윈팜스 리조트 Twinpalms Resort

오붓한 시간을 보내고 싶은 커플에게 어울리는 곳

트윈팜스는 미니멀리즘 요소와 현대적인 감각이 돋보이는 부티크 리조트이다. 이름처럼 야자나무들이 리조트를 둘러싸고 있다. 직원들의 세심하고 적극적인 서비스도 트윈팜스의 장점 중 하나. 대형 리조트의 번잡함은 없고 풀빌라의 심심함에서 벗어날 수 있는 빌라형 리조트라고 보면 된다. 스타일리시한 리조트에서 오붓한 시간을 보내고 싶은 커플에게 어울리는 곳이다.

전화 076) 316 500 홈페이지 www.twinpalms-phuket.com 가격 US$200~ 위치 수린 비치

더 슬레이트 The Slate a Phuket Pearl Resort

세계적인 잡지 촬영 장소

구 인디고 펄 리조트로 2016년 8월 1일부터 더 슬레이트로 이름을 변경하였다. 1900년대 초 푸껫의 주석 광산을 모티브로 한 독특한 콘셉트의 리조트이다. 노출 콘크리트와 철제 공구, 타이어 등을 사용한 건축 재료가 전혀 어울리지 않는 것 같으면서도 오묘한 분위기를 만든다. 세계적인 잡지 촬영 장소로 유명하며 객실과 리조트 곳곳에서 독특한 인테리어를 찾는 재미가 있다.

전화 076) 327 006 홈페이지 www.theslatephuket.com 가격 US$200~ 위치 나이양 비치

South of Phuket
푸껫 남부

해안 전망과 드라이빙 코스

까따노이 비치 남쪽의 뷰 포인트를 기점으로 뾰족하게 생긴 푸껫의 남쪽을 돌아 푸껫 타운 전까지를 일반적으로 남부라고 부른다. 빠통, 까론 · 까따, 방따오 등의 푸껫 중 · 북부는 해안선을 따라 많은 해변이 발달된 반면 푸껫 남부는 나이한, 라와이 비치 정도만 개발된 정도이다. 그 외 지역은 피피, 라차, 끄라비 등의 주변 지역으로 오가는 배들이 드나드는 선착장이거나 해변을 따라 어촌 마을이 형성되어 있다.

나이한-라와이-찰롱-푸껫 타운으로 이어지는 푸껫 남부는 관광지인 빠통에서 벗어나 현지인들의 삶의 터전이자 활기찬 생활 모습을 담고 있는 지역이라고 할 수 있다.

ENJOY PHUKET!

푸껫 남부에서 꼭 해 봐야 할 일!

1. 푸껫 남부의 레스토랑과 시푸드 마켓에서 시푸드 맘껏 즐기기
2. 뷰 포인트–프롬텝–왓찰롱을 잇는 남부 드라이빙 투어하기
3. 찰롱 서클 주변의 홈 프로, 테스코 등의 대형 마트와 짐 톰슨 아웃렛에서 알뜰 쇼핑하기

푸껫 남부
4029
로열 파라다이스 호텔
Royal Paradise Hotel
빠통 비치
Patong Beach
정실론
Jungcevlon
홀리데이 인 리조트
Holiday Inn
까투
Kathu
까론 비치
Karon Beach
힐튼 아카디아 리조트
Hilton Arcadia Resort
타이거 파크 푸껫
Tiger Park Phuket
Chaofa Road(West)
빅 부다
Big Budda
Patak Road
4028
클럽 메드
Club Med
찰롱 써클
깐앵 앳 피어
Kan Eang @ Pier
까따 비치
Kata Beach
까따 비치 리조트
Kata Beach Resort
까따노이 비치
Kata Noi Beach
까따 타니 리조트
Kata Thani Resort
푸껫 라이딩 클럽
Phuket Riding Club
뷰 포인트
View Point
4033
프렌드십 리조트
Friendship Resort
카렌 오키드 가든
Karen Orchid Garden
4024
올 시즌 나이한
All Seasons Naihan
푸껫 요트 클럽
Phuket Yacht Club
라와이 시푸드 마켓
Rawai Seafood Market
락 솔트
Rock Salt
램카 비치 인
슬램 푸껫 리조트
Slam Phuket Resort
킴스 마사지 라와이
Kim's Massage Rawai
나이한 비치
Nai Harn Beach
라와이 팜 비치 리조트
Rawai Palm Beach Resort
라와이 비치
Rawai Beach
프롬텝
Phromthep Cape

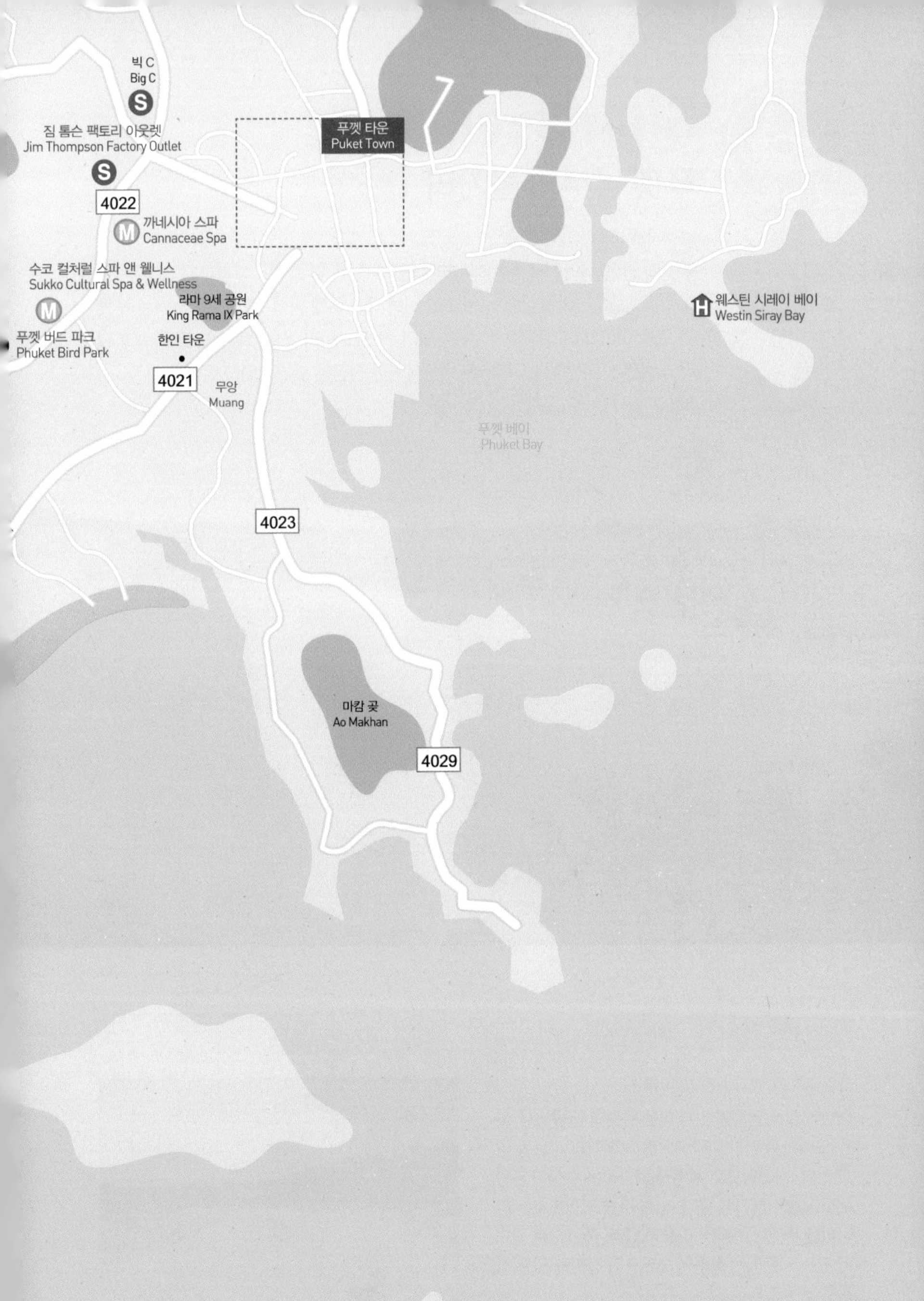

빅 C
Big C
짐 톰슨 팩토리 아웃렛
Jim Thompson Factory Outlet
4022
까네시아 스파
Cannaceae Spa
수코 컬처럴 스파 앤 웰니스
Sukko Cultural Spa & Wellness
라마 9세 공원
King Rama IX Park
푸껫 버드 파크
Phuket Bird Park
한인 타운
4021
무앙
Muang
푸껫 타운
Puket Town
웨스틴 시레이 베이
Westin Siray Bay
푸껫 베이
Phuket Bay
4023
마캄 곶
Ao Makhan
4029

Sightseeing
푸껫 남부의 볼거리

남부 해안 드라이빙 코스

푸껫의 남쪽 해안선을 한눈에 내려다볼 수 있는 뷰 포인트에서부터 해 지는 언덕 프롬텝을 거쳐 왓찰롱 사원으로 이어지는 푸껫 남부 드라이빙 코스는 푸껫에 오는 여행객이라면 꼭 한번 가 봐야 할 코스이다. 남부 해안 도로를 따라 달리다 보면 보이는 가슴이 확 트이는 시원한 전경은 보너스이다.

나이한 비치 Nai Han Beach

요트 경기가 열리는 투명한 바다

해변이 잘 발달되어 있지 않은 푸껫의 남쪽에서, 고운 모래와 투명한 바다색으로 여행객의 사랑을 받고 있다. 나선형으로 휘어진 해안선은 수심이 완만해서 물놀이하기에 좋다. 비치 주변 리조트로는 더 나이한 푸껫, 선수리 리조트가 있다. 매년 요트 경기가 있는 시즌에는 화려한 요트들이 정박해 있는 장관을 볼 수 있다.

라와이 비치 Rawai Beach

시푸드 식당이 줄지어 선 어촌 마을

라와이 비치는 다른 해변과 조금 다른 모습이다. 해변을 따라 길게 늘어선 도로 주변으로 시푸드 식당들이 줄지어 서 있고 해변의 모래사장이 넓은 편은 아니다. 물놀이하는 현지인들과 고기잡이 배와 롱테일 보트가 정박해 있는 어촌 마을이다. 롱테일을 대여해서 작은 섬들로 갈 수도 있다.

찰롱 Chalong

여객선과 고깃배들의 항구가 많은 곳

찰롱은 피피섬, 라차섬, 끄라비 등의 주변 지역을 연결하는 여객선, 스피드 보트 등과 고깃배들이 드나드는 항구가 많은 곳이다. 해수욕이나 물놀이를 할 만한 해변은 거의 없고 바닷가를 따라 배들이 정박해 있는 풍경이 대부분이다. 얼마 전부터 찰롱 서클 주변으로 홈 프로, 테스코 로터스 등의 대형 할인 마트가 들어서고 그 주변에 식당 등이 자리를 잡아 작은 시내가 형성되어 현지인들이 왕래가 많아졌다. 해안가와 선착장 주변으로 유명한 시푸드 레스토랑이 모여 있다.

뷰 포인트 View Point

해안선이 한눈에 들어오는 탁 트인 전망대

까따 비치에서 나이한 비치 방향으로 차로 10분쯤 가면 전망대 하나가 나오는데, 이곳이 뷰 포인트이다. 이 뷰 포인트에서는 안다만 해와 맞닿아 있는 까따노이 비치, 까따야이 비치, 까론 비치의 해안선이 한눈에 들어 온다. 뷰 포인트-프롬텝-왓찰롱으로 이어지는 남부 드라이빙 코스 중 하나로 뜨거운 햇볕을 피할 수 있는 정자가 있어서 잠시 쉬어 가기 좋다.

위치 까따노이 비치에서 나이한 비치 가는 방향

프롬텝 Phromthep Cape

노을이 아름다운 해 지는 언덕

푸껫에서 노을이 가장 아름다운 곳이라고 해서 '해 지는 언덕'이라고 불리기도 한다. 프롬텝은 지도에서 보면 푸껫 남쪽에서 튀어나온 '곶'의 지형인데, 라와이-나이한 비치가 한눈에 들어온다. 6시 전후 노을이 질 시간에는 주차장에 자리가 없을 정도로 현지인과 관광객들로 붐빈다. 프롬텝에는 등대가 있는데, 등대 안의 전망대에서는 날씨가 좋은 날에는 멀리 피피섬, 라차섬까지 보인다. 노을이 아름다운 곳이나 낮에도 훌륭한 뷰를 볼 수 있다. 넓은 주차장이 있으며 기념품을 파는 상점, 멋진 전망을 배경으로 한 프롬텝 레스토랑도 있다.

위치 나이한 비치

왓찰롱 Wat Chalong

찰롱에 위치한 대규모의 사원

왓찰롱은 푸껫의 29개의 사원 중에 가장 큰 규모의 사원으로 '왓(Wat)'은 태국어로 '사원'이라는 뜻으로, 왓찰롱은 '찰롱에 위치한 사원'이라는 의미이다. 1876년 푸껫으로 광산 개발을 위해 이주해 온 중국인 이민자들의 폭동이 있었는데, 그 당시 왓찰롱 사원의 주지였던 루앙 포 참 스님의 도움으로 이 폭도들을 몰아낼 수 있었다. 그 이후 푸껫 주민들은 어려운 일이 있거나 몸이 아플 때면 이 사원에서 기도를 올렸다.

사원 내에는 왓찰롱의 예전 수도원장이었던 루앙 포 참, 루앙 포 추앙, 루앙 포 글루엄 세 스님의 실물 사이즈의 동상이 마련되어 있다. 현지인들이 이 스님에 대한 존경의 표시로 동상에 금박을 입히고 소원을 비는 모습을 볼 수 있다. 또 사원 중앙에 위치한 가장 큰 탑에는 부처님의 사리가 모셔져 있다.

왓찰롱은 관광지가 아니라 현지인들이 소원을 빌고 어려운 일이 있을 때 찾는 성스러운 곳이다. 시끄럽게 떠들거나 반바지, 미니스커트 등의 노출이 심한 옷은 피하는 것이 좋다. 사원 안으로 들어갈 때에는 신발을 벗고 들어가자.

시간 08:00~17:00 요금 무료 위치 찰롱

타이거 파크 푸껫 Tiger Park Phuket

호랑이와 함께하는 색다른 경험

20년 이상 호랑이를 전문적으로 사육하고 돌보아 온 개인 회사 소유의 호랑이 공원이다. 호랑이는 나이에 따라 5가지 유형(1~2개월, 3~6개월, 1살, 2살, 3살)으로 분류되어 있는데, 원하는 나이 유형을 선택해서 해당 호랑이와 울타리 내에서 쓰다듬고 사진도 함께 촬영하는 등의 체험 시간도 가지게 된다.(조련사 동반) 일반적인 동물원의 호랑이가 사는 환경보다 더 나은 환경에서 호랑이들이 지내는 모습을 볼 수 있으며 입장료는 선택하는 호랑이의 나이에 따라 다르고 입장료 수익은 호랑이들의 더 나은 환경을 위해 쓰인다고 한다.

전화 076) 604 484 시간 09:00~18:00 홈페이지 www.tigerparkphuket.com 예산 호랑이 나이(크기)에 따라 800~900B / 콤보 패키지 1,500~2,800B 위치 빅 부다에서 차량으로 10분

빅 부다 Big Budda

아시아 최대 불상

약 45m의 높이와 무게 1,000톤의 태국 최대 불상이다. 해발 400m 높이의 나꺼뜨 산 정상에 우뚝 솟아 있어 푸껫 남부 어디서든 보인다. 원래 불상의 태국식 이름은 쁘라 뿌타밍몽꼴 아크나끼리(Phra Puttamingmongkol Akenakkiri Buddha)이나 그냥 빅 부다라고 부른다.

차로 약 15분 정도 가파른 길을 올라가면 산 정상에 주차장이 있고, 주차장에서 다시 계단을 올라가면 거대한 불상이 있다. 대리석으로 둘러싸여 있으며, 불상 아래는 수많은 작은 불상들이 감싸고 있는 형태이다. 2005년부터 시작한 공사는 아직도 진행 중이며 앞으로도 약 10년의 공사 기간을 예정하고 있다.

산 정상에서는 불상 이외에도 푸껫 타운, 까따, 까론 비치까지 360도 스펙타클한 전망이 눈에 들어온다.

시간 06:00~18:30 위치 찰롱 / 차오파 로드에서 차로 약 15분

푸껫 버드 파크 Phuket Bird Park

1,000여 마리의 새를 보유한 새 공원

푸껫 남부에 위치한 약 14,000평 규모의 개인 소유의 새 공원이다. 아시아, 아프리카, 남아메리카에서 서식하는 100종이 넘는 약 1,000마리의 조류를 보유하고 있다.

한국의 놀이공원이나 싱가포르의 주롱새 공원에 비교하면 작은 규모이나 새들을 보다 가깝게 볼 수 있다는 것이 장점이다. 새에게 직접 먹이를 주고 사진을 함께 찍을 수 있는 프로그램 등이 있다. 하루 3번(10:30, 13:30, 15:30) 스텝과 새들이 함께하는 공연도 볼 수 있다. 공연 시간에 맞춰서 방문해서 공연 전후로 공원을 돌아보면 좋다.

시간 09:00~17:00 홈페이지 www.facebook.com/phuketbirdparks 요금 성인 350B, 아동 250B 위치 찰롱 / 찰롱 서클에서 차로 약 15분

Notice 2023년 2월 현재, 금·토·일 13:00~17:00로 축소 운영 중이다. 사전에 운영 시간을 다시 확인하자.

Massage & Spa

푸껫 남부의 마사지 숍

전통 스파의 메카

푸껫에서 최대 규모를 자랑하는 수코 스파, 합리적인 가격의 까네시아 스파 등 푸껫을 대표하는 스파가 한자리에 모여 있다. 일정의 마지막 날 공항으로 가기 전에 2~3시간 정도 스파 프로그램으로 피로를 풀고 가기에 좋은 위치에 있다.

킴스 마사지 라와이 Kim's Massage Rawai

좋은 경치를 보며 마사지를 받을 수 있는 곳

푸껫 타운의 대표 로컬 마사지 숍인 킴스 마사지가 라와이 비치에도 지점을 오픈했다. 마사지 숍 길 건너편이 바다여서 좋은 경치를 보며 마사지를 받을 수 있다. 1층은 발 마사지와 얼굴 마사지를 위한 공간이고, 타이 마사지는 2층에서 받는다. 오픈한지 얼마 되지 않아서 내부가 깔끔하고 쾌적하다. 도로 옆 단독 건물에 '金'이라는 글씨가 있어 찾기 쉽다. 저녁 시간에 마사지를 받고 가까운 거리에 라와이 시푸드 마켓에서 식사를 하는 일정으로 하면 좋다.

전화 076) 510 510 시간 11:00~21:00 예산 타이 마사지 + 풋 핸드 마사지(90분) 500B, 아로마 오일 마사지 + 허벌 핫 콤프레스(90분) 850B, 타이 마사지 + 아로마 오일 마사지(2시간) 750B 위치 라와이 비치, 라와이 시푸드 마켓 반대방향

까네시아 스파 Cannaceae Spa

정원이 아름다운 스파

정원이 있는 가정집 같은 분위기의 스파로 잘 가꾸어진 정원과 아기자기한 단층 건물들이 집처럼 편안한 느낌을 준다. 고급스러운 분위기라기보다는 마사지를 제대로 하는 스파로 보면 된다. 경력 많은 마사지사들의 마사지 실력은 이미 알려진 사실이다. 약간 아플 정도의 강하고 시원한 마사지나 치료 목적의 마사지를 받고 싶을 때 좋은 곳이다.

태국인과 현지에 거주하는 한국인들이 많이 이용한다. 별도의 비용으로 사우나 시설만 단독으로 사용할 수 있다. 에어컨이 나오는 실내 룸이 없어서 마사지를 받는 동안 더운 편이다. 현지 여행사를 통해 예약하면 할인을 받을 수 있다.

전화 076) 264 429 시간 09:00~22:00 예산 트래디셔널(타이 마사지+페이셜 트리트먼트) 1,300B/2시간 30분, 디스커버리(참깨 스크럽+타이 마사지+페이셜 트리트먼트) 2,250B/3시간 30분 위치 푸껫 타운 초입

Notice 2023년 2월 현재 임시 휴업 중이다. 사전에 운영 재개 여부를 확인하자.

수코 컬처럴 스파 앤 웰니스 Sukko Cultural Spa & Wellness

푸껫 최대 규모의 스파

컬처럴 스파란, 단순한 스파를 넘어서 시대적 문화를 체험하는 스파를 말한다. 고대 태국의 왕궁을 모티브로 한 웅장한 건물과 전통 의상의 유니폼을 입은 마사지사에게 받는 스파는 마치 고대 태국 왕실로 돌아간 듯한 느낌이 들게 한다. 스파 프로그램도 전통적인 태국 전문가들의 표준과 원칙을 따라 운영된다. 마사지 교육 시간만 800시간에 달할 정도이다.

규모가 어마어마해서 트리트먼트 베드만 156개에 달한다. 2~4시간이 소요되는 40여 개가 넘는 스파 패키지 중에는 반나절, 하루 코스도 있다. 리조트와 스파 퀴진 메뉴가 있는 레스토랑도 같이 운영한다. 이외에 베이비 케어 서비스와 키즈 클럽도 운영하고 있어서 아이를 동반한 여행객이 편하게 스파를 받을 수 있다. 현지 여행사를 통해 예약하면 할인을 받을 수 있다.

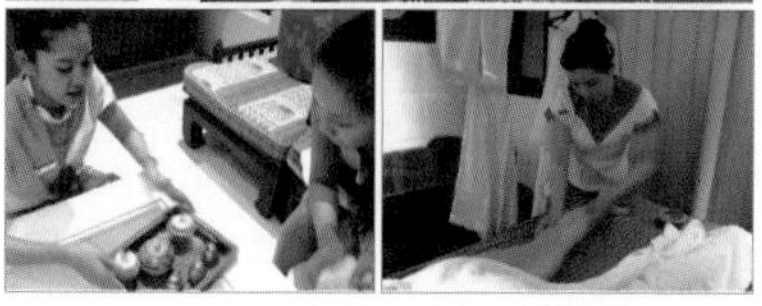

전화 081) 719 2779 시간 09:00~22:00 홈페이지 suukowellness.com/spa 가격 아로마 테라피 + 보디 스크럽 + 풋 마사지(3시간) 3,300B, 아로마 테라피 + 보디 스크럽 + 풋 마사지 + 페이셜 트리트먼트(4시간) 4,500B Tax 17% 위치 푸껫 타운 초입

Food & Restaurant
푸껫 남부의 먹을거리

푸껫의 대표 시푸드 레스토랑이 한자리에

푸껫 현지인들이 손꼽는 시푸드 레스토랑인 깐앵이 남부 지역에 있다. 음식의 맛과 분위기를 중요하게 생각한다면 깐앵으로, 저렴하게 시푸드를 즐기고 싶다면 라와이 시푸드 마켓으로 가 보자.

락 솔트 Rock Salt

전망이 좋은 고급 레스토랑

나이한 비치가 내려다보이는 언덕에 자리잡은 락 솔트는 더 나이한 리조트에서 운영하는 레스토랑이다. 호주산 와규, 드라이 에이징 소고기, 히말라야 소금과 유기농 채소 등 질 좋은 식재료에 대한 셰프의 자부심이 대단하다. 오픈 에어 스타일로 나이한 해변 바로 옆에 위치하고 있어 360도 전망이 가능하다. 특히 노을이 지는 저녁 시간에는 주변 리조트에서 찾아오는 여행객들로 붐비기 때문에 꼭 예약을 해야 한다. 멋진 전망과 수준 높은 음식으로 로맨틱한 저녁 식사를 하기 좋지만 음식값은 다소 비싼 편이다.

전화 076) 380 286 시간 조식 07:00~10:00, 런치 & 디너 12:30~22:00(마지막 주문 21:00) 예산 애피타이저 360B~, 스파게티 까르보나라 600B, 앵거스 등심 스테이크 1,995B, 팟타이 650B, 타이거 맥주(330ml) 100B Tax 17% 위치 빠통에서 차로 약 30분, 더 나이한 리조트 입구

깐앵 앳 피어 Kan Eang @ Pier

맛과 분위기를 동시에 즐길 수 있는 시푸드 레스토랑

푸껫 남부의 대표적인 인기 시푸드 레스토랑이다. 원래의 소박한 현지 분위기에서 2007년 대대적인 리노베이션을 통해 고급 레스토랑으로 바뀌었다. 에어컨이 나오는 실내 공간은 호텔 레스토랑 정도의 고급스러운 시설로 다양한 와인 리스트를 보유하고 있다. 찰롱 항 옆에 위치하고 있어 실내 좌석보다 롱테일 보트와 바다를 볼 수 있는 실외 좌석이 인기이다. 입구에 수족관이 있어 해산물을 직접 선택할 수 있다. 낮 시간은 한가하고 어두워지는 저녁 시간부터 붐빈다. 시설에 비해 가격이 비싼 편은 아니다. 분위기 있는 시푸드 레스토랑을 찾는 사람에게

추천하는 곳이다.

전화 076) 381 212 시간 10:00~23:00 홈페이지 www.kaneang-pier.com 예산 새우 볶음밥 120B, 굴(6마리) 340B, 갈릭 페퍼 새우구이 250B 위치 찰롱 항, 찰롱 서클에서 항구 쪽

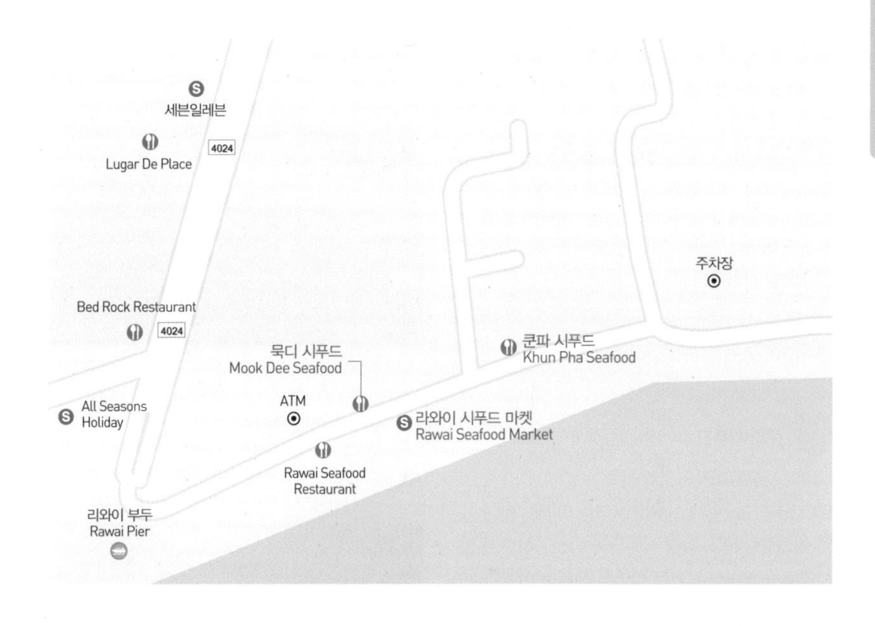

라와이 시푸드 마켓

푸껫의 노량진 수산 시장

관광객의 발길이 드문 푸껫 남부 라와이 비치 끝자락에 가면 길을 따라서 시푸드 노점과 식당들이 늘어서 있다. 우리나라의 노량진 수산 시장처럼 현지인들이 시푸드를 사러 오거나 주말 저녁에 가족들의 외식 장소로 유명한 곳이다. 분위기나 시설에 신경 쓰는 여행객보다는 싱싱한 로컬 시푸드를 합리적인 가격에 맛보고 싶은 사람들에게 추천하는 곳이다.

라와이 시푸드 마켓은 오후 5시부터 대부분의 상점과 식당들이 문을 열기 때문에 저녁 시간에 찾아가는 것이 좋다.

시간 레스토랑마다 상이 위치 남부 라와이 비치 내

묵디 시푸드 Mook Dee Seafood

해산물과 태국 요리를 즐길 수 있는 곳

라와이 시푸드 마켓에 들어서면 가장 먼저 보이는 시푸드 식당이다. 특히 빨간색 글씨의 간판이 눈에 잘 들어온다. 해산물을 판매하는 가게에서 직접 해산물을 구입해서 가져가면 1kg당 100바트를 받고 요리를 해준다. 팟타이, 카오팟 등의 태국 요리는 직접 주문도 가능하다.

전화 081) 719 4880 시간 11:00~22:00 예산 요리 비용 100B/1kg당, 팟타이 100B, 카오팟 90B

쿤파 시푸드 Khun Pha Seafood

라와이 시푸드 마켓의 양대 산맥

묵디 시푸드와 함께 라와이 시푸드 마켓의 양대 산맥 레스토랑이다. 묵디 시푸드와 마찬가지로 주변 해산물 상점에서 원하는 시푸드 재료를 사오면 요리해 주는 시스템이다. 메뉴판에 조리된 음식 사진이 잘 나와 있어, 먹고 싶은 음식을 쉽게 선택할 수 있다.

전화 095) 926 2622 시간 11:00~22:00 예산 요리 비용 100B/1kg당

Shopping
푸껫 남부의 쇼핑

실속파들의 핫 스폿

태국 실크 명품 브랜드 짐 톰슨의 팩토리 아웃렛이 있어 일부러 푸껫 남부까지 찾아오는 실속파들도 있다. 정상 매장보다 많이 할인된 가격으로 판매하고 있어 기념이나 선물용으로 구입하기에 좋은 물건들이 많다.

짐 톰슨 팩토리 아웃렛 Jim Thompson Factory Outlet

태국의 명품 실크 브랜드

짐 톰슨(Jim Thompson)은 태국의 실크를 세계적으로 널리 알린 명품 실크 브랜드이다.
넥타이, 스카프에 한정되었던 실크에 다양한 컬러와 문양을 입혀 가방, 침구류 등의 여러 제품을 내놓아 여성들의 선호도가 높다.
무엇보다도 정상 매장보다 30~70% 저렴한 가격이 매력이다. 편하게 들 수 있는 가방이 300~400B 정도이다. 실크로 만든 코끼리 인형은 기념품으로 소장하기 좋고, 작은 파우치와 넥타이, 스카프는 선물용으로 좋다. 요청하면 개별 포장도 해 준다.

전화 076) 264 468 시간 09:00~18:00 홈페이지 www.jimthompson.com/sales_outlet.asp 위치 차오파 로드 더 코트야드 2층, 찰롱에서 푸껫 타운 방향으로 까네시아 스파 근처

Hotel & Resort
푸껫 남부의 호텔과 리조트

한적한 해변에서의 휴양

해변이 발달되지 않은 남부는 라와이 해변을 중심으로 몇몇 리조트들이 들어서 있다. 빠통과 달리 한적한 분위기로 남쪽의 섬들이 보이는 색다른 전망을 기대할 수 있는 곳이다.

더 비짓 리조트 The Vijitt Resort Phuket

프라이빗 해변이 있는 이국적인 리조트

한적한 라와이 비치에 위치한 리조트로 빌라 타입의 객실이 특징이다. 잘 정돈된 정원 사이에 독채로 지어진 빌라와 프라이빗 해변이 어우러져 이국적인 분위기를 낸다. 허니문과 휴양하고 싶은 사람들에게 추천하는 숙소이다. 푸껫 타운까지 셔틀을 운행한다.

전화 076) 363 600 홈페이지 www.vijittresort.com 가격 US$140~ 위치 라와이 비치

웨스틴 시레이 베이 Westin Siray Bay

전 객실 오션 뷰의 웅장한 규모의 리조트

세계적인 호텔 그룹인 메리어트 계열의 리조트로 푸껫 남부 꼬시레이섬에 위치하고 있다. 꼬시레이는 섬이지만 다리로 연결되어 있어 차로 접근이 가능하다.
언덕에 넓게 자리를 잡은 웅장한 규모의 리조트로, 전 객실 오션 뷰이다. 계단식 공용 수영장과 키즈 클럽으로 가족 여행객들에게 인기 있는 숙소이다. 빠통과 푸껫 타운으로 셔틀을 운행한다.

전화 076) 335 600 홈페이지 www.starwoodhotels.com/westin 가격 US$150~ 위치 꼬시레이섬

Phuket Town
푸껫 타운

푸껫 현지인들의 삶의 터전

푸껫 타운은 현지인들의 삶의 터전인 동시에 그들의 생생한 생활을 엿볼 수 있는 곳이다. 빠통과는 달리 화려한 네온사인도, 거리를 울리는 시끄러운 음악과 가벼운 옷차림의 관광객도 푸껫 타운에서는 찾기 힘들다. 타운 중심에는 재래시장, 중국식 사원, 로컬 음식점 및 학교, 경찰서 등의 관공서 등이 모여 있고 외곽으로 나가면 센트럴 페스티벌, 빅 C 등의 현대적 쇼핑센터와 주거용 빌라 타운 등이 있다. 푸껫 타운은 태국에서도 보기 드문 독특한 문화가 있는 곳이다. 19세기 푸껫의 주석 광산이 활발하게 개발되면서 인근 말레이 반도와 중국에서 많은 광부들과 그 가족이 푸껫으로 이주해 왔다. 20세기에 주석 광산이 쇠퇴한 이후에도 그 후손들이 푸껫에 정착하면서 말레이시아, 중국, 태국 문화가 결합된 독특한 문화가 푸껫 타운을 중심으로 형성되었다. 푸껫 타운에서 볼 수 있는 시노-포르투기(Sino-Portuguese) 양식의 건물들이 대표적이라고 할 수 있다. 그 밖에도 유독 푸껫 타운에서 중국식 불교 사원을 많이 볼 수 있는 것도 그 이유 때문이다.

ENJOY PHUKET!

푸껫 타운에서 꼭 해 봐야 할 일!

❶ 나이트 마켓 구경하기
❷ 솜칫 누들의 쌀국수, 까오만까이의 닭고기 덮밥 먹어 보기
❸ 올드 푸껫 타운 워킹 투어하기

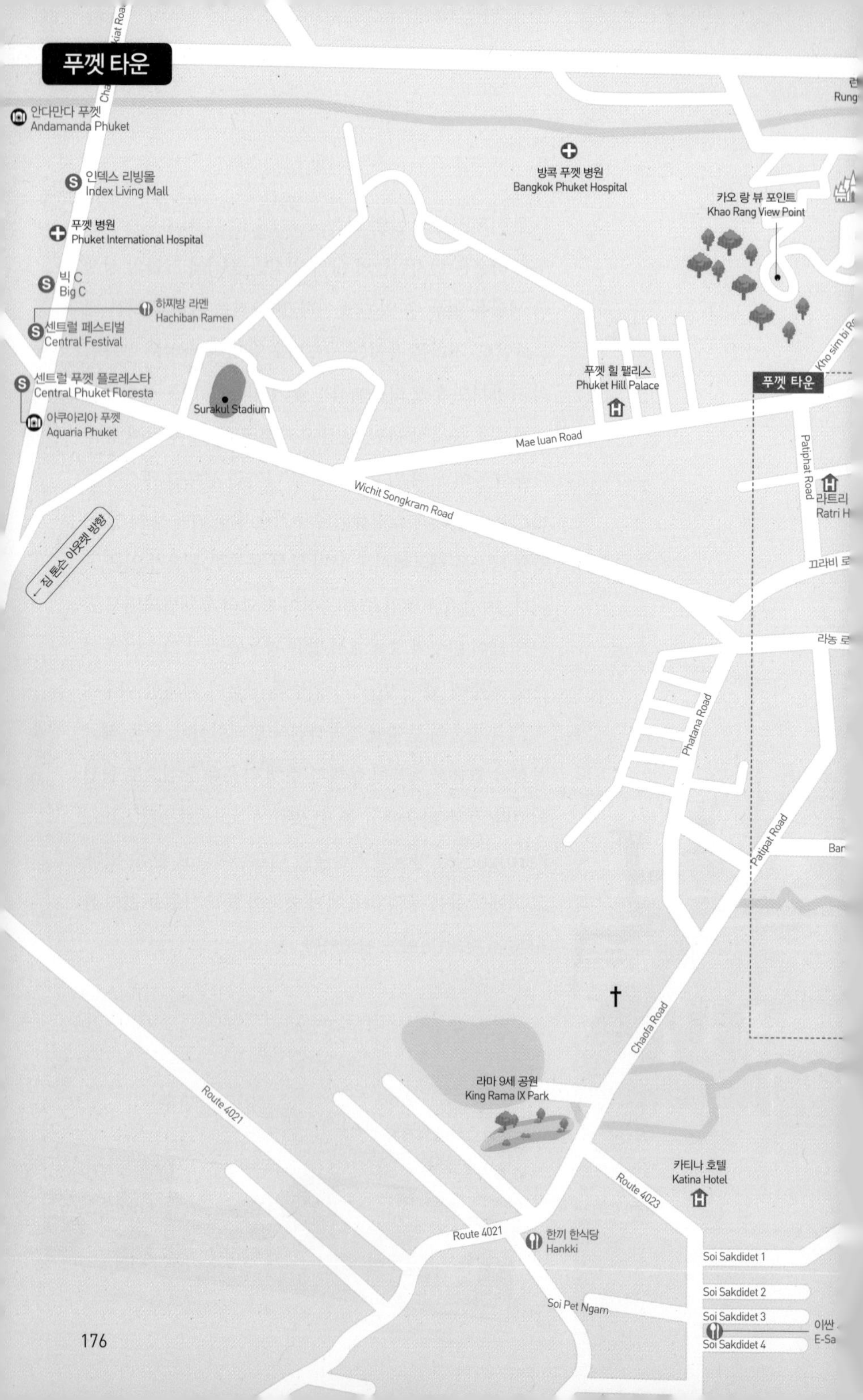

안다만다 푸껫
Andamanda Phuket
인덱스 리빙몰
Index Living Mall
푸껫 병원
Phuket International Hospital
빅 C
Big C
하찌방 라멘
Hachiban Ramen
센트럴 페스티벌
Central Festival
센트럴 푸껫 플로레스타
Central Phuket Floresta
아쿠아리아 푸껫
Aquaria Phuket
Surakul Stadium
방콕 푸껫 병원
Bangkok Phuket Hospital
카오 랑 뷰 포인트
Khao Rang View Point
푸껫 힐 팰리스
Phuket Hill Palace
푸껫 타운
Mae luan Road
Wichit Songkram Road
Patiphat Road
라트리
Ratri H
끄라비 로
라농 로
← 짐 톰슨 아웃렛 방향
Phatana Road
Patipat Road
Chaofa Road
라마 9세 공원
King Rama IX Park
Route 4021
Route 4023
카티나 호텔
Katina Hotel
한끼 한식당
Hankki
Soi Pet Ngam
Soi Sakdidet 1
Soi Sakdidet 2
Soi Sakdidet 3
Soi Sakdidet 4

마노라
Manora
Komaraphat Road
↑프리미엄 아웃렛 방향
Premium Outlet
Nakorn Road
Chumphon Road
푸껫 멀린
Phuket Merlin
Thung kha Road
Tep kasattri Road
Damrong Road
To sae Road
라임 라이트 인디 마켓
Lime Light Indy Market
킴스 마사지 앤 스파(3호점)
Kim's Massage & Spa
시리 호텔
Siri Hotel
더 포스트 카드
The Post Card
라임라이트 애비뉴
원춘
One Chun Café
& Restaurant
라임 라이트
Lime Light
Naritson Road
레인트리 스파
The Raintree Spa
디북 로드 Dibuk Road
디북 레스토랑
Dibuk Restaurant
록티엔
Lock Tien
쏘이 롬마니
Soi Rommani Rd.
시티 호텔
City Hotel
반수완따위
Baan Suwantawe
몬트리 리조텔
Montree Resotel
Luang pho wat chalong Road
비 캣 카페 앤 비 섀이디
B Cat Café & B Shady
란짠펜
Ran Janpen
딸랑 로드 Thalang Road
야오와랏 로드 Yaowarat Road
페라나카닛탓 박물관
Peranakannitat Museum
태국 관광청
Tourist Information
버스 터미널
Surin Road
온온 호텔
The Memory at On On Hotel
킴스 마사지 앤 스파(4호점)
Kim's Massage & Spa
뚜 캅 카오
Tu Kab Khao
팡아 로드 Phangnga Road
다운타운 인
Downtown Inn
라농 써클
Ranong Circle
라사다 로드 Ratsada Road
칫라유왓
Jira Yuwat
로얄 푸껫 시티 호텔
Royal Phuket City Hotel
타번 호텔
Thavorn Hotel
임페리얼 호텔
Imperial Hotel
라농 시장(딸랏 라농)
Talat Ranong
푸껫 가든 호텔
Phuket Garden
푸껫 타운 선데이 마켓
Phuket Town Sunday Market
펄 호텔
Peal Hotel
Tilok uthit 2 Road
Ong sim pha Road
나와민 광장
코트야드 바이
메리어트 푸껫 타운
Courtyard by Marriott
Phuket Town
Bangkok Road
Takuapa Road
시계탑 서클
Surin Circle
쏘이 수린
Soi Surin
Si sena Road
꼬따 까오만까이
Ko Ta Kaoman Kai
라타나 맨션
Rattana Mansion
Chana charoen Road
솜칫 누들
Somchit Noodle
Phuket Road
오션 플라자
Ocean Plaza
킴스 마사지 앤 스파(1호점)
Kim's Massage & Spa
Phoon phon Road
롬 플레이스
Rome Place
Tilok Utis 1 Road
까셋 시장(딸랏 까셋)
Talat Kaset
Ong sim phai Road
퍼시픽
Pacific
옹심 파이 로드
타이 인터
Thai Inter
킴스 마사지 앤 스파(2호점)
Kim's Massage & Spa
PS. Inn
로빈슨 백화점
Robinson Dept. store
KRA Road
트윈 인 호텔
Twin Inn Hotel
Phuket Road
Ratanakosin song roi pi Road
Bangyai Road
Soi sapanhin

푸껫 타운 여행 코스
Phuket Town Travel Course

푸껫 여행 일정 중에 반나절을 투자해 렌터카나 여행 차량으로 푸껫 타운을 다녀오는 방법이 있다. 또는 마지막 날 밤 비행기를 타러 가기 전 6~7시간 정도를 푸껫 타운에서 보내고 가는 것도 좋다. 푸껫 타운을 제대로 즐기는 방법은 차에서 내려 걸으면서 천천히 둘러보는 것이다. 또한 라농 로드-야오와랏 로드-딸랑 로드-디북 로드로 이어지는 올드 푸껫 타운 워킹 코스를 추천한다. 단, 태양이 뜨거운 낮 시간을 피해서 오전이나 오후에 시작하는 것이 좋다.

쇼핑 집중 코스(4~6시간 소요)

푸껫 타운 외곽에는 대형 쇼핑몰들이 위치해 있다. 단, 빠통이나 까론, 까따에서 일부러 쇼핑을 위해 찾아오기에는 왕복으로 소요되는 시간과 비용이 만만치 않기 때문에 마지막 날 호텔 체크아웃 후 공항에 가기 전에 들렀다 가는 일정이 좋다. 식사와 쇼핑 등 복합 목적을 위해서는 센트럴 페스티벌 & 플로레스타로, 기념품이나 지인 선물을 구입하려면 짐 톰슨 아웃렛이나 빅 C로 가면 된다. 아래 코스대로 전 쇼핑몰을 다 돌아보는 것은 시간적, 체력적으로 소모적인 일이므로 본인의 쇼핑 취향이나 시간적 여유에 따라 선택해서 가는 것을 추천한다.

푸껫 타운 여행 팁

Travel Tip

관광 푸껫 타운 전체가 역사적 유적지이자 하나의 볼거리이다.
식사 골목골목 숨어 있는 맛집을 찾아가는 재미가 있다.
쇼핑 구매 쇼핑은 센트럴 페스티벌이나 빅 C로! 아이쇼핑은 라농 재래시장으로 가면 된다.

올드 푸껫 타운 워킹 코스(2~3시간 소요)

독특한 건축물과 정취를 느낄 수 있는 푸껫 타운을 천천히 걸어서 도는 코스이다. 태양이 뜨거운 한낮을 피해 오전 10시경부터 시작하는 것이 좋다. 빨리 걸어가면 1~2시간에도 가능하지만 구경도 하고 쉬면서 차나 식사도 하는 시간을 감안해 2~3시간 정도 예상하면 된다. 푸껫 타운의 라농 서클에서 시작해서 킴스 마사지의 발 마사지로 피로해진 다리를 풀어 주는 일정을 추천한다.

라농 서클 → 야오와랏 로드 → 팡아 로드 → 온온 호텔 → 팡아 로드 → 페라나카닛탓 박물관 → 푸껫 로드 → 원춘 레스토랑 → 디북 로드 → 라임 라이트 몰(푸껫 타운 인디 마켓) → 몬트리 로드(약 10분) → 수린 서클 시계탑 → 킴스 마사지 → 로빈슨 백화점

Sightseeing
푸껫 타운의 볼거리

타운 전체가 박물관

어디서든 카메라를 들이대면 20세기의 중국으로 돌아간 듯한 타운의 풍경은 전체가 살아 있는 박물관처럼 보인다. 푸껫 타운에서만 볼 수 있는 독특한 건축 양식의 건물들 사이를 걸어서 돌아보는 올드 푸껫 타운 워킹 투어를 추천한다.

까셋 시장(딸랏 까셋) Talat Kaset

푸껫 타운의 새벽 시장

푸껫 타운 로빈슨 백화점 옆에서 열리는 새벽 재래 시장이다. 생선, 야채, 육류 등 싱싱한 농수산물이 거래되며 소매도 있지만 대부분 도매상이다. 한국의 노량진 수산 시장이나 가락동 농수산 시장 정도라고 보면 된다.

새벽 1~2시에 열어 오전 9~10시면 파장한다. 새벽에 일 나가는 현지인들을 대상으로 하는 노천 식당도 있다. 잘 정비된 시장이 아니어서 복잡하고 냄새가 나는 편이지만 이곳만큼 현지인들의 생생한 삶을 가까이에서 볼 수 있는 곳도 없다.

시간 01:00~09:00 위치 푸껫 타운 옹심파이 로드, 로빈슨 백화점 옆

라농 시장(딸랏 라농) Talat Ranong

푸껫의 대표 재래시장

딸랏은 태국어로 '시장'이란 의미이다. 딸랏 라농은 푸껫 타운의 라농 로드에 위치한, 푸껫에서 가장 규모가 큰 재래시장이다. 2011년에 기존 시장 터를 정비해서 재오픈했다.
푸껫의 호텔, 레스토랑에 공급되는 농수산물 대부분이 이 라농 시장을 통해서 공급되므로 그 규모는 상당한 수준이다. 상점 이외에도 간단한 식사를 할 수 있는 노천 식당 등이 많다. 과일을 좋아하는 사람이라면 잠깐 들러 저렴한 가격으로 열대 과일을 사도 좋고 노천 식당에서 쌀국수 한 그릇을 먹어도 좋다. 새벽 3~4시에 오픈해서 정오에 문을 닫는다.
까론, 까따행 썽태우 종점 인근에 있어 썽태우를 타고 오는 외국인들도 종종 있다.

시간 04:00~20:00(월요일 04:00~12:30) 위치 푸껫 타운 라농 로드, 라농 서클 인근

온온 호텔 The Memory at On On Hotel

영화 〈더 비치〉를 촬영한 호텔

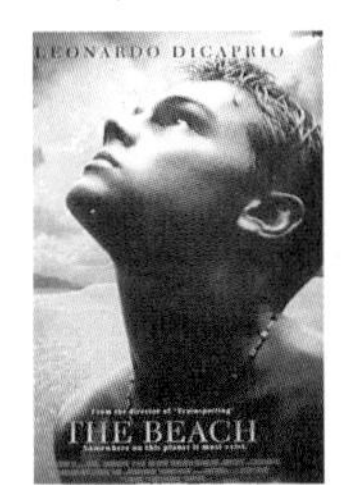

피피섬을 세계에 알린 영화 〈더 비치(The Beach)〉에서 디카프리오가 피피섬으로 가게 되는 결정적인 원인을 제공해 준 장소, 그곳이 바로 온온 호텔이다.
영화 속에서는 방콕의 카오산에 있는 것으로 설정되어 나오지만 실제는 푸껫 타운의 온온 호텔에서 촬영했다. 1929년 지은 시노-포르투기 양식의 건물로 호텔이라고 보기에는 열악한 룸 시설이라 실제로 투숙객이 많은 편은 아니다. 영화 속 배경이 된 호텔로 유명해져 호텔 앞에 들러 사진을 찍고 가는 관광객이 있는 정도이다.
영화 〈더 비치(The Beach)〉를 본 사람이라면 지나가다 들러서 기념사진을 한 장 찍고 가는 것도 좋은 추억이 될 것이다.

위치 푸껫 타운 팡아 로드, 라농 서클 인근

페라나카닛탓 박물관 Peranakannitat Museum

푸껫 올드 타운의 포토존

푸껫 올드 타운의 명소인 페라나카닛탓 박물관은 바바 박물관으로 불리기도 한다. 시계탑 모양의 박물관은 포토존으로 유명하며 내부로 들어가면 1, 2층에 박물관이 있고 푸껫에 처음 들어온 중국인들의 삶과 푸껫의 문화를 형성한 내용 등이 자세히 안내되어 있으며 과거의 모습과 오늘날의 모습을 비교한 사진도 전시되어 있다. 푸껫 올드 타운 관광 시 가볍게 들러 보자.

시간 09:00~16:30(월요일 휴무) 예산 무료 위치 선데이 나이트 마켓에서 도보 3분

시암 니라밋 Siam Niramit

태국의 문화를 볼 수 있는 쇼

태국은 수 세기 동안 아시아에서 문화와 문명의 중심적인 위치에 있었다. 이러한 태국 문화와 역사의 자부심을 시암 니라밋 공연을 통해 하나의 웅장한 서사시로 표현하고 있다. 환타시 쇼가 스토리와 화려한 스케일에 중점을 두었다면, 시암 니라밋은 역사와 문화의 사실적인 면을 보여 주는 리얼리티를 살린 공연이다. 공연장 입구의 의식주 문화를 체험할 수 있는 타이 빌리지는 태국 문화를 간접적으로 체험할 수 있는 좋은 기회이다. 상업적인 면모보다 태국의 문화와 역사를 쉽고 자세히 알 수 있는 의미 있는 공연이다. 푸껫 전 지역 무료 픽업 서비스를 제공한다.

전화 076) 335 001~2 시간 20:30~21:45(화요일 휴무) 홈페이지 www.siamniramit.com 요금 실버 1,800B , 골드 2,000B, 플래티넘 2,200B / 디너 추가 시 1인당 400B 추가 위치 푸껫 타운 외곽, 푸껫 타운에서 공항 방향 프리미엄 아웃렛 가기 전

알고 보는 시암 니라밋

1 타이 빌리지 Thai Village

태국 북부, 중부, 남부 지역의 의식주 문화를 체험하는 빌리지로 넉넉하게 1시간 정도 걸린다.

2 프리 쇼 Free-Show

본 공연이 시작하기 전에 100여 명이 넘는 출연진과 코끼리 등이 중앙 광장에 등장하여 프리 쇼 퍼레이드를 펼친다. 관객이 참여하는 행사도 있다.

3 ACT 1. **역사 속으로 떠나는 여정**

700년 전, 시암은 여러 문명과 문화가 만나는 중심지였다. 1부 여정에서는 그 시암의 찬란한 역사 속으로 떠나게 된다.

4 Act 2. **태국인들의 세 가지 세계 속으로**

태국인들의 믿음의 근본이 되는 카르마, 즉 선행과 악행의 결과는 반드시 다음 생의 결과로 돌아온다는 윤회 사상에 바탕이 있다. 2부에서는 지옥, 비밀 천국, 천상의 세계를 보여 준다.

5 Act 3. **흥겨운 축제의 여정**

태국인들은 천국에 가기 위해서는 선행의 덕을 많이 쌓아야 한다고 믿는다. 그 선행을 쌓기 위한 수많은 태국의 행사들, 쏭끄란, 러이끄라통 등을 소개한다.

아쿠아리아 푸껫 Aquaria Phuket

쇼핑몰 지하 아쿠아리움

2019년 센트럴 플로레스타 지하에 오픈한 아쿠아리움으로 다양한 해양 생물과 볼거리가 가득한 곳이다. 신화와 전설의 바다라는 콘셉트로 개장하였으며 해저 터널, 바닷속 태국 여신, 상어, 수달, 인어 쇼, 직접 먹이 주기 체험 등 아이들이 좋아할 만한 요소들이 가득하다. 내부의 카페에서는 수족관을 바라보며 간단한 음료 및 식사를 즐길 수 있다.

전화 076) 629 800 시간 10:30~19:00(마지막 입장 18:00) 홈페이지 www.aquaria-phuket.com 예산 **싱글 티켓(아쿠아리움)** 성인(키 141cm 이상) 890B, 아동(키 91~140cm) 490B, 유아(키 90cm 이하) 무료 / **콤보 티켓(아쿠아리움+AR 트릭아이)** 성인 1180B, 아동 680B, 유아 무료 위치 센트럴 푸껫 플로레스타 지하(B)층

안다만다 푸껫 Andamanda Phuket

2022년 오픈한 태국 최대 규모 워터파크

'위대한 물의 왕국'이라는 부제를 가진 안다만다 워터파크는 전설과 신화로부터 영감을 받아 만들어진 태국에서 가장 큰 레저 워터파크이다.

시노 포르투갈 건축 양식과 태국의 건축 양식을 혼합한 형태로 디자인이 되었고, 석회암 절벽과 같은 안다만에서만 볼 수 있는 독특한 자연환경을 가미하였다. 또한 신화 속 인물인 나곤, 차이야, 노라, 사뭇, 사랑, 바띄의 형상을 곳곳에 비치해 두어 아이들이 특히 즐거워한다.

더 빌리지, 코랄 월드, 에메랄드 포레스트, 더 그레이트 안다만 베이, 나가 정글 등 5개의 존으로 구성되어 있다. 더 빌리지는 레스토랑과 카페 등 식음료를 즐길 수 있는 장소이고 나머지 존들은 다양한 놀이 시설이 갖추어져 있다. 각 시설 입구에는 이용할 수 있는 키, 체중 등 조건이 있으니 확인해 보자.

스릴 만점의 바닥이 열리는 슬라이드, 엄청난 높이에서 타고 내려오는 슬라이드, 떨어졌다가 위로 다시 올려 보내는 과정을 여러 번 반복하는 슬라이드, 유수풀, 인공 해변, 인공 서핑 등 다양하고 익스트림한 놀이 시설들로 아이들은 물론이고 성인들도 즐기기에 충분한 워터파크이며 안전 요원이 곳곳에 배치되어 있어 최대한 안전에 신경을 쓰고 있다.

타올, 로커는 유료이며 매표소에는 손목 밴드를 주는데 여기에 돈을 충전해서 식당 등에서 사용하고 남은 돈은 환불해 준다. 칸막이가 되어 있는 샤워실은 깨끗하게 잘 관리되는 편이며 음료와 물, 물안경을 제외한 스노클링 장비 등은 반입할 수 없으니 유의하자.

전화 076) 646 777 시간 모든 존(ZONE) 10:00~18:00 / 에메랄드 포레스트 10:00~19:00 홈페이지 andamandaphuket.com 예산 성인(키 122cm 이상) 1500B, 아동(키 91~121cm) 및 60세 이상 1000B, 유아(키 90cm 이하) 무료 / 타올 대여 200B, 로커 150B 위치 센트럴 페스티벌에서 차량으로 5분, 푸껫 올드 타운에서 차량으로 15분

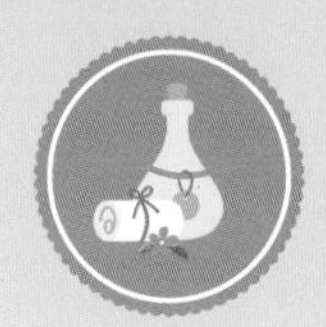

Massage & Spa

푸껫 타운의 마사지 숍

현지인에게 인기 있는 마사지

푸껫 타운의 마사지 숍은 실력 있는 마사지사들의 제대로 된 현지 마사지를 받을 수 있는 것이 최고의 장점이다. 가격 또한 현지인들을 대상으로 하는 곳인 만큼 저렴한 편이다.

킴스 마사지 앤 스파 Kim's Massage & Spa

푸껫 타운에서 뜨고 있는 마사지 숍

최근 푸껫 타운에서 떠오르고 있는 마사지 숍이다. 전문 스파 숍에 못지않은 깔끔한 시설과 큰 규모임에도 가격은 로컬 수준이다. 깔끔한 시설과 마사지 교육을 받은 직원들로 인해 이용한 사람들의 만족도가 높은 편이다. 타이 마사지, 발 마사지 등 기본 마사지도 잘하는데, 비용은 2시간 이상 코스가 프로그램 대비 저렴하다.

푸껫 타운 내에만 7개의 지점이 있다. 푸껫 도보 코스 중 들르거나, 공항에 가기 전에 들러서 마사지를 받고 가기 좋다. 현지 여행사를 통해 예약할 경우 할인을 받을 수 있다.

전화 081) 979 0021 시간 10:30~22:30 홈페이지 www.kimsmassagespa.com 예산 타이 마사지 300B/1시간, 500B/2시간, 아로마 오일 마사지 500B/1시간, 타이 허벌 핫 컴프레스 마사지 900B/1.5시간 위치 1호점 로빈슨, 2호점·6호점 오션 쇼핑몰 인근, 3호점 라와이 비치, 5호점 우체국 인근, 7호점 라임 라이트 애비뉴, 8호점 옥토버 호텔, 9호점 푸껫 타운 버스터미널 인근

레인트리 스파 The Raintree Spa

푸껫 타운 럭셔리 스파

2006년부터 운영해 온 푸껫 타운의 스파로 스파 입구는 초록초록한 나무들이 마음을 편안하게 한다. 내부로 들어가면 여유로운 공간의 로비는 앤틱한 가구들로 꾸며져 있으며 스파 뒷편으로는 작은 가든처럼 쉴 수 있는 공간도 마련되어 있다. 한국 관광객들에는 잘 알려지지 않은 곳이지만 여유 있는 현지인들이 많이 찾는다.

마사지실 또한 잘 관리가 되어 있으며 마사지 실력도 수준급이다. 발을 먼저 씻겨 주고 마사지실로 안내해 주며, 마사지를 받고 나오면 따뜻한 티와 간단한 스낵, 물수건을 제공해 준다.

스파 패키지, 트리트먼트 등 다양한 스파 프로그램이 있으며 홈페이지에서 확인이 가능하고 현지에서 유명한 스파이니만큼 사전 예약은 필수이다.

전화 076) 232 054 시간 10:00~21:30 홈페이지 www.theraintreespa.com 예산 로열 타이 마사지 600B/1시간, 아로마 오일 마사지 1,000B/1시간, 허벌 핫 콤프레스 마사지 1,200B/1시간, 더 퍼펙트 스킨 패키지 (보디 스크럽 + 밀크크림 마사지 + 페이셜 프리트먼트) 3,800B/3시간, 레스트 타임 패키지(타이 마사지 + 아로마 오일 마사지 + 허벌 핫 콤프레스) 2,700B/3시간 위치 라임 라이트 쇼핑몰에서 도보 3분

Food & Restaurant

푸껫 타운의 먹을거리

정통 태국 음식 맛보기

관광객에게 맞춰 순화된 태국 음식이 아니라 태국의 향과 맛이 그대로 살아 있는 정통 태국 음식을 경험할 수 있다. 무슨 뜻인지 알 수 없는 태국어 간판의 식당에서나 길거리의 이름 없는 노점상에서 말아 주는 쌀국수도 푸껫 타운에서만 만날 수 있는 것들이다.

원춘 One Chun Café & Restaurant

푸껫 타운의 미슐랭 맛집

푸껫 타운의 인기 레스토랑으로 항상 사람들이 많아 웨이팅이 걸리기도 한다. 골동품 시계와 라디오 등이 놓여 있어 클래식하면서도 빈티지한 느낌을 주는 실내는 잘 정돈이 되어 있는 편이며 에어컨이 나와 시원하게 식사를 할 수 있다. 3대째 내려오는 음식점이기에 진정한 태국 음식의 맛을 느낄 수 있는 곳으로 미슐랭 맛집치고는 가격이 높지 않은편이다. 메뉴판은 영어와 함께 음식 사진도 있어 주문에 어려움은 없으며 생선류, 고기류, 크랩을 비롯한 해산물류 등 다양한 메뉴가 있다. 친절한 직원들은 영어도 잘하는 편이다. 간판이 작아 눈에 잘 띄지 않으니 잘 살펴보면서 찾아가자.

전화 076) 355 909 시간 10:00~22:00 예산 새우 뎀뿌라 220B, 모닝글로리볶음 95B, 마늘 후추 오징어튀김 150B, 게살 볶음밥 120B, 망고 찰밥 135B, 콜라 20B, 창비어 60B, 코코넛 주스 60B 위치 디북로드(Dibuk road)와 뎁 끄라사트리 로드(Thep Krasattri road)가 만나는 사거리 인근

솜칫 누들 Somchit Noodle

시원한 국물이 일품인 국수집

계란을 넣어 반죽한 노란색 바미 국수로 유명한 로컬 국수집이다. 바미 국수집으로 맨 처음 알려진 칫라유왓 바로 옆집으로, 칫라유왓보다 덜 번잡하고 맛은 비슷하다.

비빔 국수는 '바미행', 국물 국수는 '바미남'을 주문하면 되는데 한국 사람 입맛에는 바미남이 맞는 편이다. 성인이 먹기에는 양이 적은 편으로 한 그릇으로는 부족하게 느껴지기도 한다. 생선을 육수로 사용해 시원한 국물이 일품이다.

전화 076) 256 701 시간 08:00~17:00 예산 국수(S) 55B, 완탄 20B, 어묵 25B, 아이스 밀크커피 20B, 콜라 15B 위치 코트야드 메리어트 푸껫 타운 근처 시계탑 사거리

이싼 시티 Issan City

태국 북부 음식 전문점

매콤하고 새콤한 맛으로 한국 사람에게도 인기 있는 쏨땀은 태국의 북부 지역인 이싼 지역의 대표적인 음식이다. 그린 파파야에 젓갈을 넣어 매콤하게 무친 쏨땀은 우리나라의 김치와 비슷한데 태국에서도 잘하는 집이 드물다. 쏨땀 이외에도 숯불에 직접 구워 주는 숯불갈비 시콩무, 닭 바비큐 까이양, 돼지갈비 무양 등이 인기 메뉴이다. 양도 많고 가격도 현지 기준이라 상당히 저렴한 편이다. 2인 기준 2~3개 정도면 충분하다.

푸껫 타운 외곽이고 간판이 태국어로 되어 있어 찾기 힘들지만 제대로 된 이싼 음식을 먹고 싶은 사람이라면 찾아간 보람을 느낄 수 있다.

낮 시간에는 야외 좌석만 있어 더울 수 있으므로 선선한 저녁 시간에 가는 것이 좋다. 저녁 시간에는 외식하러 나온 현지인들이 많다.

전화 099) 208 6424 시간 11:00~22:00 예산 무양 60B, 시콩무 70B, 까이양 30~60B, 솜땀 30B, 카오니여우(찹쌀밥) 10B, 싱하 80B(L), 소프트드링크 15B 위치 푸껫 타운 외곽, 푸껫 한인 타운 인근

탐마찻 Tamachart

독특한 분위기의 태국 레스토랑

'탐마찻'은 영어로 '내추럴(Natural)'이란 의미이다. 그래서 간판도 영어로 'Natural Restaurant'이라고 써 있다. 하지만 탐마찻에서는 하나도 자연스러운 것이 없다. 하나같이 독특하고 창의적인 인테리어 소품들인데, TV 안에 어항을 넣어 놓는다거나 마스크를 걸어 놓는 등의 독특한 인테리어가 이상하게 잘 어울린다.

우스꽝스러운 인테리어와 달리 음식은 괜찮은 편이다. 현지인들은 독특한 인테리어보다 음식의 맛을 보고 자주 찾는다. 화초와 나무가 많아서 깔끔한 분위기를 원하는 사람에게는 맞지 않을 수 있다.

전화 076) 224 287, 214 037 시간 10:30~23:30 예산 쏨땀 80B, 얌운센 80B, 태국 요리 80B~150B, 싱하 60B, 소프트드링크 45B ~ 위치 푸껫 타운, 라농 서클 인근 쏘이 푸톤(Soi Phutorn) 거리

꼬따 까오만까이 Ko Ta Khaomankai

푸껫 타운의 인기 치킨 라이스

태국식 닭고기 덮밥, 까오만까이를 전문으로 하는 로컬 식당이다. 아침 일찍부터 이곳의 까오만까이를 먹으러 오는 현지인들로 붐빈다. 오후 2~3시까지 영업하지만, 그 전에 재료가 떨어지면 문을 닫는 경우도 있으니 오전에 방문하는 것이 좋다.

시간 06:30~17:00 예산 까오만까이 50B, 소프트드링크 15B 위치 코트야드 바이 메리어트 푸껫 타운 호텔 인근, 티톡 유티드 1거리

디북 레스토랑 Dibuk Restaurant

아기자기한 파인 다이닝

아기자기한 카페와 레스토랑이 모여 있는 디북 로드의 터줏대감인 레스토랑이다. 프랑스 스타일 요리법을 가미한 태국 요리 메뉴가 오픈 이후로 지속적인 인기의 비결이다. 시노-포르투기 양식의 건물에 아기자기한 인테리어는 마치 중국의 가정집에서 식사하는 분위기를 만들어 준다. 푸껫 타운의 레스토랑 중에서도 고급 레스토랑에 속한다. 식사 시간이 아닐 경우 들러서 차 한잔을 해도 좋다.

전화 076) 214 138 시간 11:00 ~23:00 예산 새우 팟타이 150B, 치킨 & 계란 파인애플 볶음밥 150B, 새우 그린 커리 169B, 브로컬리 새우구이 160B, 모히토 169B, 타이거 비어 68B, 오렌지 주스 80B, 아이스 라테 85B Tax 10% 위치 디북 로드

비 캣 카페 앤 비 섀이디 B Cat Café & B Shady

고양이 홀릭 카페

고양이를 위한 고양이 카페로 철저히 고양이를 좋아하는 사람들을 위한 공간이다. 고양이를 사랑하는 주인이 방콕의 캣 카페에서 아이디어를 얻어 오픈했다고 한다. 문을 열고 들어가는 순간 수많은 고양이 때문에 깜짝 놀랄 수도 있다. 만화 속에서 튀어나온 듯한 귀여운 모습으로 여유롭게 놀고 있는 고양이들이 시선을 끈다.

B Shady 레스토랑과 B Cat 카페의 두 공간으로 나뉘는데, 레스토랑은 퓨전 타이 요리를 전문으로 한다. 카페 공간에는 외부 음식물 반입이 안 되고 들어갈 때에도 손을 씻고 신발을 벗고 들어가야 한다. 고양이를 좋아하는 사람이라면 한번 가 볼 만하다.

전화 089) 471 7776 시간 11:00~ 20:30(수요일 휴무) 페이스북 www.facebook.com/BCatCafePhuketTown 예산 연어 스프링롤 165B, 치즈 완탄 115B, 까르보나라 180B, 콜라 35B 위치 푸껫 타운, 디북 로드와 딸랑 로드 중간

버퍼 & 보만 올드타운 Buffer & Bohman Oldtown

꽃으로 뒤덮인 예쁜 카페

푸껫 올드 타운을 걷다 보면 꽃들로 수놓은 듯한 예쁜 카페가 눈에 들어온다. 시원한 실내, 화사한 조명으로 분위기가 좋은 카페로 커피, 음료, 토스트, 스파게티, 샐러드 등의 메뉴를 갖추고 있다. 올드 타운을 구경하면서 가볍게 쉬어 가기 좋은 카페이다.

전화 092) 624 6887 시간 09:00~24:00 예산 허니 토스트 189B, 까르보나라 245B, 아이스 라테 105B, 아이스 마차 라테 115B, 망고 스무디 95B 위치 선데이 나이트 마켓에서 도보 2분

란짠펜 Ran Janpen

저렴하게 즐기는 이싼 음식

태국의 북부 지방인 이싼 지역의 음식을 푸껫 타운에서 만날 수 있는 곳이다. 푸껫 올드 타운의 중심과는 거리가 조금 있지만 이싼 지역 음식을 경험해 보고 싶다면 한번 찾아가 볼 만하다. 특별한 간판은 없지만 한글로 '짠펜'이라고 적혀 있어서 식당을 찾기 어렵지는 않다. 태국식 양념 돼지고기구이 무양과 양념 돼지갈비 시콩무, 쏨땀이 유명하다. 주로 현지인들이 식사를 하는 곳이라 허름하지만 한국어로 되어 있는 메뉴판도 있어서 주문하기도 편리하고 저렴한 가격에 로컬 식당을 경험하기에 좋다.

전화 076) 210 879 시간 11:00~21:00 예산 무양 80B, 쏨땀 50B, 시콩무 80B 위치 라농 서클 방향 팡아 로드의 끝

하찌방 라멘 Hachiban Ramen

착한 가격의 일본 라면 전문점

센트럴 페스티벌 3층에 있는 일본 라면 전문점이다. 일본 브랜드지만 일본 다음으로 태국에 95개의 많은 체인이 있는 일본 라면 전문점으로, 저렴한 가격과 깔끔한 인테리어로, 특히 젊은이들에게 인기 있다. 정통 일본식 라면이라기보다 태국식으로 순화된 맛이다. 바삭하게 구운 야끼만두(군만두)는 우리 입맛에도 잘 맞는다. 야끼만두+라면+음료 세트 메뉴도 있다. 푸껫에서는 푸껫 타운의 센트럴 페스티벌에만 있다.

전화 076) 249 697 시간 11:00~21:30 홈페이지 www.hachiban.co.th/th/home 예산 카이센멘 128B, 똠양꿍 라멘 125B, 자루 라멘 98B, 가라아게(4개) 90B, 교자(6개) 78B 위치 푸껫 타운, 센트럴 페스티벌 3층

뚜 캅 카오 Tu Kab Khao

셀럽들이 즐겨 찾는 인기 레스토랑

'뚜(Tu)'는 장식장, '캅 카오(Kab Khao)'는 반찬이라는 뜻으로 한국어로 '찬장'이라고 할 수 있다. 이름과 어울리지 않게 레스토랑 내부는 고급스럽고 분위기 좋은 파인 다이닝 레스토랑에 가깝다. 고풍스러운 식기와 테이블 웨어가 태국 저택에서 식사하는 느낌을 준다. 중국인 집중 거주 지역인 푸껫 타운의 시노-포르투기 건축 양식을 그대로 살려 고풍스러운 외관과 내부가 하나의 박물관을 연상케 한다. 오픈과 동시에 태국 내 미디어에 소개가 되어 셀럽들의 방문이 끊이지 않는 곳이다.

전화 076) 608 888 시간 11:00~21:00 예산 파인애플 볶음밥 290B, 모닝글로리 110B, 치킨 사테 185B, 텃만꿍 320B, 새우튀김 290B, 똠얌꿍 195B 위치 푸껫 타운 팡아 로드, 온온 호텔 맞은편

한끼 한식당 Hankki

푸껫 타운 한식 맛집

푸껫 타운 인근의 한식 맛집이다. 삼겹살, 두부김치, 연어장, 소불고기, 닭갈비, 김치찌개, 떡볶이, 김밥 등 다양한 메뉴를 갖추고 있으며 시그니처 메뉴로는 삼겹살, 고추장 삼겹살, 육회가 있다. 가격대가 높지 않아 태국 현지인들도 많이 찾는 한식당으로 바로 옆에 한국 마트도 붙어 있다. 위치가 푸껫 타운 중심에서 다소 벗어나 있지만 다녀온 사람들의 만족도가 높은 곳으로 한식이 생각날 때 방문하면 좋을 듯하다.

전화 061) 175 4436 시간 16:00~23:00 예산 삼겹살 189B, 고추장 삼겹살 189B, 제육볶음 199B, 육회 300B, 새우장 239B, 한끼 시푸드 359B, 순두부찌개 159B, 계란찜 109B, 떡볶이 109B 위치 푸껫 올드 타운에서 차량으로 10분

Shopping
푸껫 타운의 쇼핑

푸껫 타운의 재래시장

푸껫의 새벽 시장 딸랏 까셋과 대표적 재래시장 라농 시장을 돌아보면 푸껫 현지인들의 진솔한 모습을 가까이서 볼 수 있다. 시장 한 구석에서 쌀국수로 간단히 점심을 해결하거나 열대 과일을 한 봉지 가득 사도 좋다.
그 외에 푸껫 타운 외곽으로 푸껫 최대의 쇼핑몰과 프리미엄 아웃렛, 대형 슈퍼마켓 체인점들이 위치해 있으니 시간 여유가 있다면 둘러보도록 하자.

센트럴 페스티벌 The Central Festival Phuket

푸껫 최대 복합 쇼핑몰

푸껫 최대 규모의 라이프 & 엔터테인먼트 복합 쇼핑몰이다. 센트럴 페스티벌은 센트럴 백화점과 그 이외에 짐 톰슨, ZARA 등의 브랜드가 입점해 있다. 센트럴 페스티벌은 빠통의 정실론보다 패션 브랜드가 더 많고, 3층 식당가가 잘 되어 있어 쇼핑과 식사를 한 번에 해결하기 좋다.
중앙 통로에서 열리는 행사에는 특가 상품이 많아서 잘 찾아보면 알뜰 쇼핑이 가능하다. 센트럴→푸껫 타운, 센트럴→빠통까지 하루 3번 무료 셔틀을 운행한다. 센트럴 페스티벌 바로 옆에 센트럴 플로레스타가 새로 오픈했으며 통로를 통해 서로 연결되어 있다.

전화 076) 291 111 시간 쇼핑몰 10:00~22:00, 푸드홀 09:00~22:00 홈페이지 www.centralfestivalphuket.com 위치 푸껫 타운 외곽

무료 셔틀 노선
센트럴→푸껫 타운
센트럴→파빌리온 푸껫 호텔→Rome Place Hotel→코트야드 바이 메리어트 푸껫 타운→로열 푸껫 시티 호텔→트윈 인 호텔→Katina Hotel
센트럴→빠통
센트럴→Andatel Hotel→Phuket Palace Hotel→Salathai Hotel→Phuket Graceland Hotel

센트럴 푸껫 플로레스타 Central Phuket Floresta

푸껫 타운의 고급 쇼핑몰

기존 센트럴 페스티벌 바로 옆에 2019년 새롭게 오픈한 쇼핑몰로 기존의 센트럴 페스티벌 쇼핑몰에 비해 럭셔리 콘셉트의 느낌이 강하다.

B층, G층, 1층, 2층, 3층 등 5개의 층으로 구성되어 있으며 불가리, 구찌, 에르메스, 겐조, 루이비통, 나이키, 아디다스, 온 더 테이블, 카페 아마존 등 다양한 매장과 카페, 레스토랑, 유아용품점, 키즈 클럽, 아쿠아리아, 스파 등이 입점해 있다.

쇼핑몰 2층에 스타벅스 리저브가 있고 그 옆으로 센트럴 페스티벌로 연결되는 통로가 있어 양쪽을 함께 둘러보기에도 편하다.

규모가 큰 편이니 중간중간 벤치나 의자에 앉아 잠시 휴식도 취하면서 쇼핑을 즐겨 보자.

층별 주요 매장

B층: 아쿠아리아, AR 트릭아이, 해피 키즈 클럽, 오이시 이터리움 레스토랑

G층: 생활용품점, 기프트 숍, 아동 & 유아용품점

1층: 인포메이션 카운터, 패션 & 뷰티

2층: 의류(나이키, 프레드페리 등), 미니모노, 빅 카메라, 카페, 스타벅스 리저브, 아시아 북스

3층: 부츠, 왓슨, 문구점, MK 수끼, 미용실, 핌나라 스파, 은행, 의류 매장(리바이스, 라코스테 등)

전화 076) 291 000 시간 10:30~22:00 홈페이지 centralphuket.com/home 예산 **해피 키즈 클럽 입장료 (10:30~18:00)** 주중100B, 주말120B(1세 이하) / 주중 300B, 주말 350B(1~3세) / 주중 450B, 주말 480B(4세 이상) / 주중 200B, 주말 220B(성인) **(18:00 이후)** 주중 60B, 주말 80B(1세 이하) / 주중 280B, 주말 300B(1~3세) / 주중 350B, 주말 380B(4세 이상) / 주중 150B, 주말 170B(성인) 위치 센트럴 페스티벌 바로 옆

프리미엄 아웃렛 Premium Outlet

중저가 브랜드 아웃렛

세계적인 브랜드의 할인 매장이 모여 있는 프리미엄 아웃렛이 2010년 푸껫에 상륙했다. 단, 다른 프리미엄 아웃렛과 달리 구찌나 루이비통 등 럭셔리 브랜드 아웃렛이 아니라 중저가 브랜드 아웃렛이다. 리바이스, 크록스, 제옥스, 나이키 등 스포츠 브랜드와 아동 브랜드가 주류이다. 약 300개의 브랜드가 입점해 있으나 한국 사람들에게 익숙한 브랜드는 많지 않다. 작지만 카페와 푸드 코트도 있다. 푸껫 타운에서 공항 가는 길에 있어 공항 가는 길에 들르는 정도가 좋다.

여행자 할인 카드(Tourist Privilege Card)

센트럴 페스티벌 내 고객센터(Customer Service Counter)에서 여권을 제시하면 여행자 할인 카드(Tourist Discount Card)를 즉석에서 발급해 준다. 쇼핑할 물건이 여럿 된다면 할인 카드를 만들어 알뜰 쇼핑을 하자.

VAT(Value Added Tax, 부가가치세) 리펀드

1일 내 한 매장에서 2,000바트 이상 구입하고 총 금액이 5,000바트 이상일 경우 구입한 물건에 대해서 VAT(Value Added Tax, 부가가치세)를 환급 받을 수 있다.
'VAT Refund' 또는 'Tax Refund'라고 쓰인 상점에서 물건을 구입한 뒤, 매장 직원에게 'VAT Refund'라고 말하고 여권을 제시한 후 서류(VAT Refund Form)를 작성한다. 작성한 서류는 출국 시 VAT Refund Office에 제출하고 환급금을 수령한다.

빅 C Big C

태국의 대표 할인 마트

태국 전역에 100개가 넘는 지점이 있는 태국의 대표적인 할인 마트이다. 태국 사람들의 먹고 사는 생활을 한눈에 볼 수 있다. 올레이, 로레알 같은 화장품은 한국보다 저렴해서 선물용으로 구입하기에 좋은 아이템이다. 매일 공급되는 싱싱한 열대 과일도 저렴하게 살 수 있다. 열쇠고리, 냉장고 자석 등 기념품도 기념품 숍에서 판매하는 것보다 저렴한 가격으로 구입할 수 있고, 선물용 초콜릿이나 쿠키도 대용량으로 판매한다.

전화 076) 249 444-58 시간 08:00~21:00 홈페이지 www.bigc.co.th/en/stores/bigc/phuket 위치 푸껫 타운 외곽

인덱스 리빙몰 Index Living Mall

인테리어와 생활용품 전문 쇼핑몰

가구 및 인테리어용품을 전문적으로 취급하는 전문 쇼핑몰이다. 인테리어 소품 및 욕실용품부터 커튼 등의 침구류, 매트리스까지 집에 관한 거의 모든 제품을 판매한다. 평소 인테리어나 집 꾸미는 데 관심이 있는 사람이라면 구경하는 데에만 족히 1~2시간이 넘게 걸릴 수도 있다. 아기자기한 인테리어 소품이나 독특한 아이템이 많다. 해외 배송은 배송비가 많이 들고 부피가 큰 제품이 많아, 작은 소품이나 인테리어용품 정도만 구입하는 것이 좋다. 1층에 푸드 코트와 오이시 뷔페 레스토랑도 있다.

전화 076) 249 541-9 시간 10:00~21:00 홈페이지 www.indexlivingmall.com 위치 푸껫 타운 외곽

라임 라이트 Lime Light

푸껫 타운의 라이프 스타일 쇼핑몰

푸껫 타운에서 비교적 쉽게 찾아갈 수 있는 쇼핑몰이다. 2층짜리 건물의 쇼핑몰로 대형 복합 쇼핑센터는 아니고 선물을 살 만한 몇몇 가게와 레스토랑, 카페 등이 있는 작은 쇼핑몰이다. 1층에는 맥도날드, 탐앤탐스, 탑스 마켓, 푸드 코트 등이 있고, 2층에는 아기자기한 물건을 파는 가게와 킴스 마사지, 카페 등이 있다. 쇼핑보다는 식사를 즐기기에 적합하다.

저녁이 되면 주차장에서 '라임 라이트 인디 마켓'이라는 작은 규모의 야시장이 열린다. 직접 만든 수공예품이나 옷, 액세서리 등 간단한 생활용품 등을 판매한다. 작은 무대도 마련되어 있어서 인디밴드들이 공연도 하는데 음악을 들으면서 식사를 즐기는 현지인들의 모습을 구경하는 재미도 있다.

전화 076) 682 900 시간 쇼핑몰 10:00~22:00, 탑스마켓 06:00~24:00 홈페이지 www.limelightphuket.com
위치 푸껫 올드 타운 반대쪽 디북 로드 끝

라임 라이트 인디 마켓 Lime Light Indy Market

푸껫 타운의 인디 마켓

선데이 마켓이나 칠바 마켓에 비하면 작은 규모이나 좀 더 깔끔하고 아기자기한 예쁜 나이트마켓이다. 음악과 맛있는 음식이 있어 데이트하는 연인이나 친구들과의 모임도 많다. 오후 4시부터 시작하나 해진 후가 분위기가 무르익는 시간이다. 푸껫 타운 워킹 투어 후 들러 보면 좋다.

시간 수~금 16:00~22:00 위치 라임 라이트 애비뉴(주차장 방향)

푸껫 타운 선데이 마켓

Phuket Town Sunday Market

타운의 주말 나이트 마켓

푸껫 타운의 대표 나이트 마켓이 된 선데이 마켓은 태국어로 '랏야이(Lardyai)' 또는 '딸랏 야이(Talaad Yai)', 즉 '빅 마켓(Big Market)'이라고 불린다. 2013년 10월부터 시작된 선데이 나이트 마켓은 현재 푸껫을 대표하는 나이트 마켓이 되었다. 푸껫 타운의 워킹 스트리트라고 불리는 야오와랏 로드(Yaowarat Rd)와 푸껫 로드(Phuket Rd)가 딸랑 로드(Thalang Rd)와 만나는 약 350m 도로에 열린다.

매주 일요일 저녁 어두워질 즈음, 딸랑 로드의 시노 포르투기(Sino-Portuguese) 양식의 건물들에 조명이 켜지고 나이트 마켓의 아기자기한 소품들이 고상한 분위기를 만든다. 여행 중 일요일 일정이 있다면 꼭 한번 들러볼 만한 곳이다.

시간 매주 일요일 16:00~23:00 위치 딸랑 로드

칠바 마켓 Chillva Market Phuket

푸껫의 작은 홍대

칠바 마켓은 푸껫 타운에서 가장 최근에 시작된 젊은 감각의 트렌디한 나이트 마켓이다. 푸껫 타운에서 살짝 벗어난 외곽 공터에 있는 컨테이너 박스를 숍으로 재활용하여 비비드한 컬러로 마켓을 만들어 놓았다. 컨테이너 숍 안쪽으로 넓은 광장에는 월~토요일까지 중고 마켓과 벼룩시장이 나뉘어 열린다. 아기자기한 액세서리부터 트렌디한 옷, 예쁜 카페와 맛집까지 푸껫 속 작은 홍대를 보는 느낌이다. 푸껫 젊은이들의 트렌드를 가장 가까이서 볼 수 있는 곳이다. 대중교통으로 왕래가 힘들어서, 공항 가기 전에 잠시 들르면 좋다.

전화 099)152 1919 시간 17:00~23:00 (일요일 휴무) 홈페이지 www.facebook.com/Chillvamarket 위치 푸껫 타운 외곽의 야오와랏 로드, 테스코 로터스에서 차로 약 5분 거리

Hotel & Resort
푸껫 타운의 호텔과 리조트

푸켓의 전통과 역사, 로컬 분위기가 가득한 환경

푸껫 타운은 푸껫의 전통과 로컬 분위기를 느낄 수 있는 지역으로, 푸껫 주변 섬으로 향하는 페리를 탈 수 있는 선착장이 가깝다. 푸껫 타운에서 머무는 여행자들이 조금씩 많아지면서 새로운 호텔들이 하나둘 생기고 있다.

라트리 호텔 푸껫 올드 타운 Ratri Hotel Phuket Old Town

떠오르는 인기 급상승 호텔

2021년 푸껫 타운에 새롭게 오픈한 부티크 스타일의 4성급 호텔로 시설이 상당히 깔끔하며, 모던한 스타일의 깨끗한 객실과 직원들의 서비스가 돋보인다. 시노 포르투갈 건축 양식과 현대의 양식을 결합한 형태로, 룸 타입은 클래식 킹, 클래식 트윈, 딜럭스 풀 액세스 룸, 프리미어 킹 등 4가지이고 총 50개의 룸을 갖추었다. 위치는 푸껫 타운 중심지에서 살짝 벗어나 있지만 올드 타운까지 하루 2회 셔틀이 운영 중이다(월요일 제외). 부대시설로는 로비층에 수영장과 레스토랑이 있으며 레스토랑은 밤에는 바로 변신해서 요일별로 다양한 소규모 라이브 공연도 진행한다. 푸껫 타운에서 깔끔하고 가성비 좋은 호텔을 찾는다면 고려해 볼 만하다.

전화 076) 390 269 홈페이지 www.ratriphuket.com 예산 US$60~ 위치 선데이 나이트 마켓에서 1km

코트야드 바이 메리어트 푸껫 타운 Courtyard by Marriott Phuket Town

푸껫 올드 타운 최고의 호텔

푸껫 타운의 대표적 호텔이었던 메트로폴 호텔을 인수해서 대대적인 리노베이션을 통해 2021년 11월 오픈하였으며, 18층 건물에 총 248개의 객실을 갖추었다. 인터내셔널 호텔 체인인 메리어트에서 관리하는 호텔로 객실을 포함한 모든 시설이 잘 관리되어 있으며 직원들의 서비스 수준도 상당히 높은 편이다. 호텔 정문 앞의 분수가 청량감을 더해 주며 로비에 들어서면 모던하고 깔끔한 분위기를 느낄 수 있다. 1층은 로비, 2층은 레스토랑, 3층은 미팅 룸, 4층은 수영장과 풀 바, 피트니스 센터,키즈 클럽, 5층부터 18층까지는 화이트톤의 깔끔한 객실이 있다. 푸껫 올드 타운 시계탑 옆에 위치해 있으며 주변으로는 선데이 마켓, 다양한 맛집, 쇼핑센터 등이 있어 위치적으로도 아주 편리한 호텔이다. 푸껫 타운에서 고급스러운 호텔을 찾는다면 방문해 보자.

전화 076) 643 555 홈페이지 www.marriott.com/en-us/hotels/hktct-courtyard-phuket-town/overview/ 예산 US$90~ 위치 수린 서클 시계탑 인근

Koh Phiphi
피피섬

피피섬에서 꼭 해 봐야 할 일!

❶ 마야 베이에서 디카프리오처럼 사진 찍기

❷ 똔사이 베이와 로달럼 베이에서 밤새도록 나이트라이프 즐기기

❸ 배를 빌려 무인도인 뱀부, 모스키토섬에서 스노클링 즐기기

ENJOY PHUKET!

지상의 낙원, 피피

영화 〈더 비치(The Beach)〉에서 디카프리오가 찾던 마지막 남은 지상의 낙원, 그곳이 바로 피피이다. 피피는 지리적으로 푸껫과 끄라비의 중간에 위치하며 푸껫에서 여객선으로 약 2시간, 스피드 보트로 약 1시간 거리에 있는 섬이다.

피피섬은 사실 두 개의 섬으로 이루어져 있다. 큰 피피섬인 '피피 돈(Phiphi Don)'과 작은 피피섬인 '피피 레(Phiphi Leh)'로 나뉘어 있는데, 우리가 보통 '피피섬'이라고 알고 있는 곳은 작은 피피섬인 피피 레를 말한다. 이 작은 피피, 피피 레는 영화의 실제 촬영지인 마야 베이를 중심으로 리조트나 기타 부대시설이 없는 무인도이다. 소위 '피피섬 스노클링 투어'를 가게 되는 곳이 바로 이곳이다.

또 다른 피피인 큰 피피, 피피 돈은 매일 2차례의 여객선이 드나드는 큰 섬이다. 똔사이 항구 주변에는 하룻밤에 3만 원짜리 게스트하우스와 작은 시내가 형성되어 있고, 섬의 반대쪽 해변에는 고급 리조트들이 자리 잡고 있다. 피피는 푸껫과 연계한 여행지이기도 하고 그 자체로도 훌륭한 목적지이기도 하다. 일정이 짧다면 피피 레로 당일 스노클링 투어를 다녀와도 좋고, 피피 돈의 고급 리조트에서 며칠 여유 있는 시간을 보내도 좋다. 가능하면 피피섬에서 하루 이상 숙박하는 것을 추천하다. 피피는 하루 이상의 시간을 투자할 만한 충분히 가치가 있는 곳이기 때문이다.

피피섬

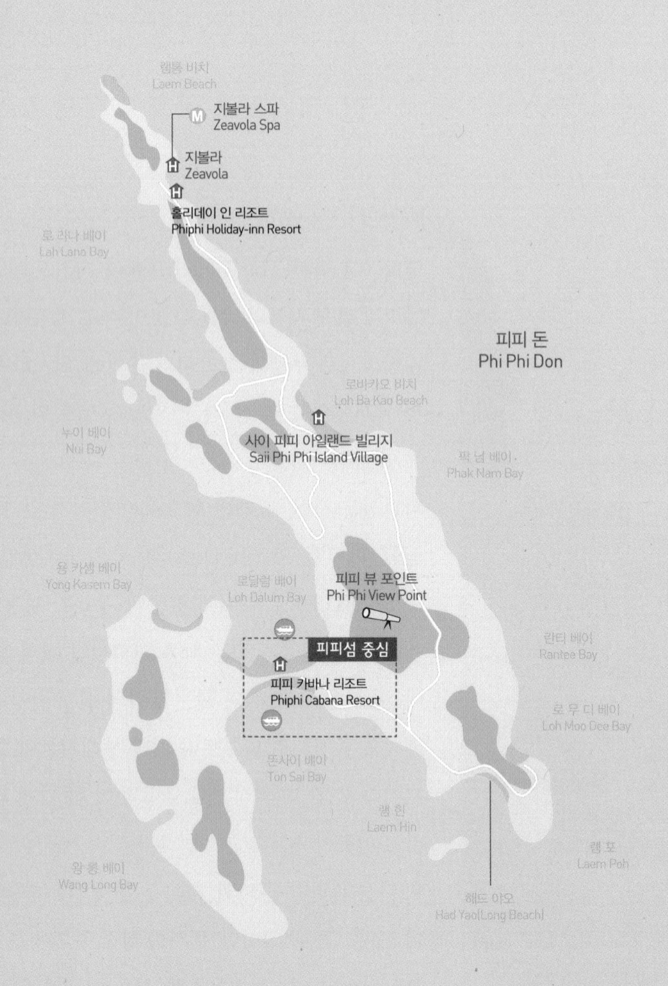

탐 바이킹
Tom Viking(Viking cave)

피피 레
Phi Phi Leh

필레
Píleh

마야 베이
Maya Bay

로 사마 베이
Loh Samah Bay

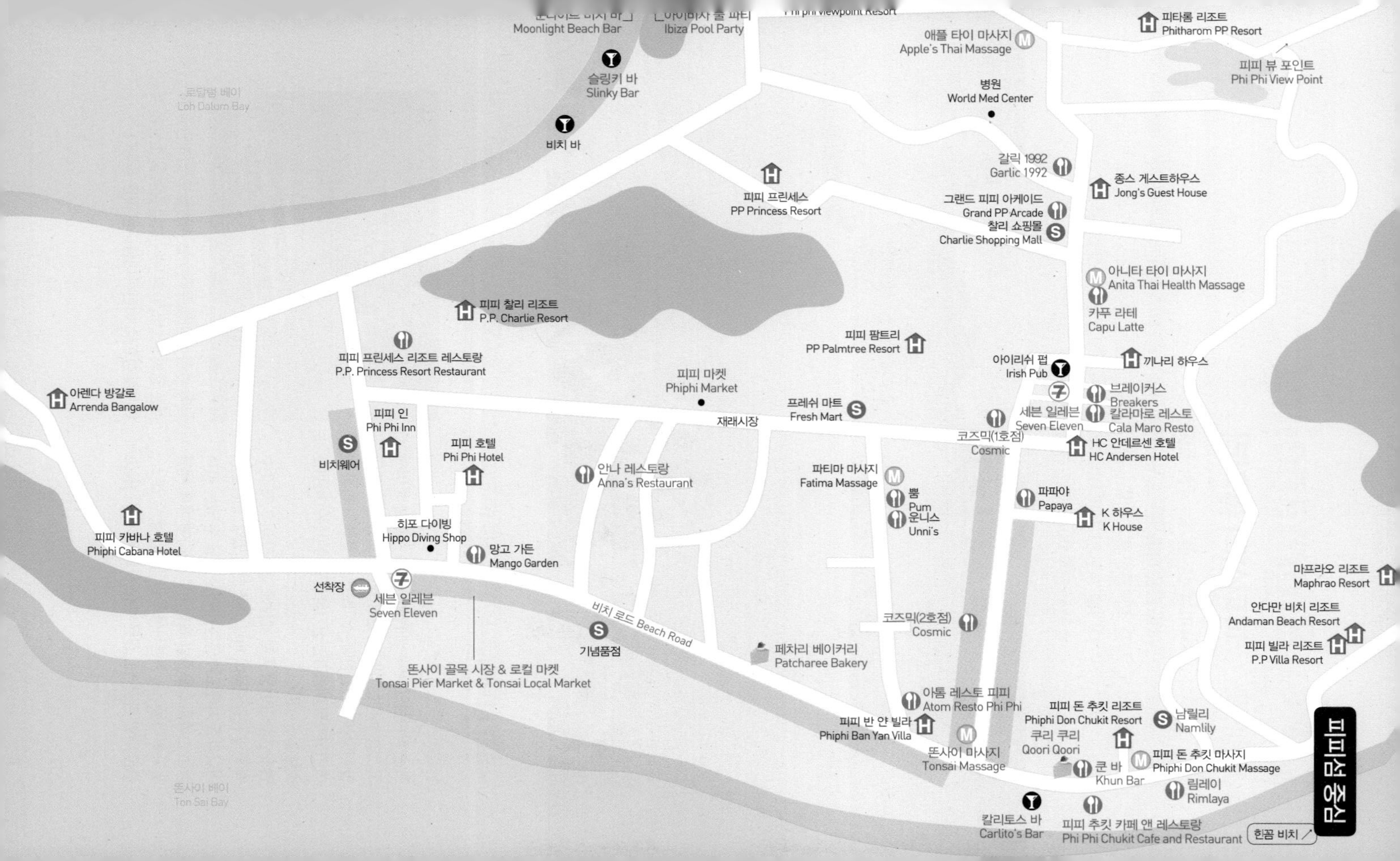

피피섬 중심
Moonlight Beach Bar
Ibiza Pool Party
슬링키 바
Slinky Bar
비치 바
로달럼 베이
Loh Dalum Bay
애플 타이 마사지
Apple's Thai Massage
피타롬 리조트
Phitharom PP Resort
피피 뷰 포인트
Phi Phi View Point
병원
World Med Center
갈릭 1992
Garlic 1992
종스 게스트하우스
Jong's Guest House
피피 프린세스
PP Princess Resort
그랜드 피피 아케이드
Grand PP Arcade
찰리 쇼핑몰
Charlie Shopping Mall
아니타 타이 마사지
Anita Thai Health Massage
카푸 라테
Capu Latte
피피 찰리 리조트
P.P. Charlie Resort
피피 팜트리
PP Palmtree Resort
아이리쉬 펍
Irish Pub
까나리 하우스
피피 프린세스 리조트 레스토랑
P.P. Princess Resort Restaurant
피피 마켓
Phiphi Market
브레이커스
Breakers
아렌다 방갈로
Arrenda Bangalow
프레쉬 마트
Fresh Mart
세븐 일레븐
Seven Eleven
칼라마로 레스토
Cala Maro Resto
피피 인
Phi Phi Inn
재래시장
코즈믹(1호점)
Cosmic
HC 안데르센 호텔
HC Andersen Hotel
피피 호텔
Phi Phi Hotel
비치웨어
안나 레스토랑
Anna's Restaurant
파티마 마사지
Fatima Massage
뿜
Pum
파파야
Papaya
운니스
Unni's
K 하우스
K House
피피 카바나 호텔
Phiphi Cabana Hotel
히포 다이빙
Hippo Diving Shop
망고 가든
Mango Garden
마프라오 리조트
Maphrao Resort
선착장
세븐 일레븐
Seven Eleven
안다만 비치 리조트
Andaman Beach Resort
비치 로드 Beach Road
코즈믹(2호점)
Cosmic
기념품점
페차리 베이커리
Patcharee Bakery
피피 빌라 리조트
P.P Villa Resort
똔사이 골목 시장 & 로컬 마켓
Tonsai Pier Market & Tonsai Local Market
아톰 레스토 피피
Atom Resto Phi Phi
피피 돈 추킷 리조트
Phiphi Don Chukit Resort
남릴리
Namlily
피피 반 얀 빌라
Phiphi Ban Yan Villa
쿠리 쿠리
Qoori Qoori
똔사이 마사지
Tonsai Massage
피피 돈 추킷 마사지
Phiphi Don Chukit Massage
쿤 바
Khun Bar
림레이
Rimlaya
똔사이 베이
Ton Sai Bay
칼리토스 바
Carlito's Bar
피피 추킷 카페 앤 레스토랑
Phi Phi Chukit Cafe and Restaurant
힌꼼 비치

Sightseeing
피피섬의 볼거리

피피섬에서 즐기는 해양 스포츠

그림 같은 피피섬은 그 자체가 하나의 관광지이자 놀이터가 된다. 마야 베이에서 스노클링과 다이빙을 즐기고, 무인도인 뱀부섬, 모스키토섬으로 피크닉을 다녀올 수도 있다. 똔사이 항구의 재래시장과 골목마다 이어진 아기자기한 소호 숍들 모두 피피섬만의 분위기를 만들어 내는 멋진 볼거리이다.

피피 레 Phiphi Leh

천혜의 스노클링 포인트

작은 피피섬인 피피 레(Phiphi Leh) 주변을 둘러싸고 있는 바다는 바닥이 훤히 들여다보일 만큼 투명한 바다색을 자랑한다. 스피드 보트를 타고 피피 레에 가까워질 때쯤이면 신기하게도 바다색이 바뀌는 것을 볼 수 있다.

영화 〈더 비치〉를 통해 세상에 알려진 이후 매일 수백 명의 관광객들이 피피 레를 찾고 있다. 건기뿐만 아니라 우기에도 투명한 바다색을 볼 수 있는 피피 레는 천혜의 스노클링 포인트로, 어디에 배를 세워 놓고 뛰어들어도 형형색색의 열대어를 볼 수 있다. 물론 매일 관광객을 실은 수십 척의 배가 드나들고

있어 환경 파괴를 우려하는 사람들도 있지만 피피 레는 영화 〈더 비치〉의 대니 보일 감독을 한눈에 매료시킬 정도로, 여전히 아름다운 작은 섬이다.

마야 베이 Maya Bay

영화 속의 그 해변

영화 〈더 비치〉의 실제 촬영이 이루어진 해변이다. 뒤로는 병풍 같은 절벽이 세워져 있고 앞으로는 수영장같이 잔잔하고 수심이 낮은 해변이 펼쳐져 있다. 보통 푸껫이나 끄라비에서 하루 코스로 '피피섬 스노클링 투어'를 다녀오는 곳이 바로 이 피피 레의 마야 베이이다. 세상에 알려진 이후 한적함은 없어졌지만, 마야 베이에 발을 딛는 사람들은 그 아름다운 자태에 탄성을 지른다.

피피 뷰 포인트 Phi Phi View Point

피피섬을 한눈에 전망하기 좋은 장소

피피섬에서 관광객이 올라갈 수 있는 가장 높은 곳으로 피피섬을 한눈에 전망하기 좋다. 피피섬 곳곳에 설치된 뷰 포인트 이정표를 따라가면 쉽게 찾아갈 수 있다. 높이 186m로 산이라고 하기에는 다소 낮지만 올라가는 길이 급경사 계단이라 체감상 더 높은 것 같이 느낄 수도 있다.

계단을 올라가면 먼저 뷰 포인트 1에 도착한다. 뷰 포인트 1은 사유지이기 때문에 1인당 30B의 입장료를 지불해야 한다. 뷰 포인트 1은 잘 꾸며진 정원이라 사진을 찍기에 좋으며 멀리 똔사이 베이와 로달럼 베이가 보이기도 한다. 다만, 뷰 포인트 2만큼 만족스러운 풍경이 보이진 않는다.

뷰 포인트 1에서 이정표를 따라 위쪽으로 약 10분 정도 올라가면 뷰 포인트 2가 나타난다. 뷰 포인트 2는 바위로 만들어져 있어서, 오르는 길이 미끄러울 수 있으니 주의하자. 무엇보다 뷰 포인트 2에 오르면 양쪽 해변이 한눈에 들어오는 환상적인 뷰가 펼쳐진다. 해돋이와 일몰로도 유명해서 새벽과 저녁에도 많은 사람이 찾지만 가는 길이 어둡기 때문에 조심해야 한다. 그리고 뷰 포인트 2에는 간단한 음료를 판매하는 간이매점도 있다. 또한, 뷰 포인트에서 술을 마신다면 1,000바트의 벌금이 있으므로 주의하자. 피피섬의 선착장에서 출발해도 약 40분이면 도착하는 곳이니 꼭 한번 방문하자.

시간 05:30~19:00 예산 뷰 포인트1(1인당) 30B

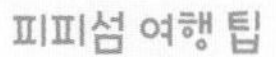

관광 카메라만 들면 어디서나 멋진 그림이 나오는 피피, 더 이상 무슨 관광지가 필요한가?

식사 서로 어깨가 붙을 듯 가까이 붙어 앉는 똔사이의 아기자기한 작은 식당들은 가격마저 착하다.

쇼핑 피피섬에서 대형 쇼핑몰을 기대하면 No! 대신 똔사이 골목 시장과 재래시장이 있다.

나이트라이프 해변에서의 화끈한 비치 파티와 불쇼는 피피섬에서 꼭 해 봐야 할 일!

피피 돈 Phiphi Don

배낭족들의 성지

두 개의 피피섬(피피 레, 피피 돈) 중에서 본섬이라고 할 수 있는 피피 돈은 육지에서 피피섬으로 들어오는 관문인 똔사이 항구가 있는 섬이다.
피피섬에 있는 리조트들은 이 피피 돈에 있고 피피섬에 살고 있는 사람들도 이 피피 돈에 거주한다.
피피 돈은 태국에서 방콕의 카오산 다음으로 배낭족들의 거점으로 알려진 곳이고, 크라비와 태국 남부로 향하는 관문이기도 하다. 매일 푸껫에서 오전과 오후에 하루 2편씩 여객선을 운항한다.

똔사이 베이 & 로달럼 베이 Tonsai Bay & Loh Dalum Bay

피피섬의 카오산 로드

피피섬으로 향하는 여객선 내에서는 유독 배낭을 멘 젊은이들이 많은 것을 볼 수 있다. 영화 속에서 디카프리오가 그랬듯이 피피섬은 젊은이들에게 자유와 열정의 이미지인 것이다. 똔사이 항구를 시작으로 골목골목을 채우고 있는 예쁜 카페와 식당들, 그리고 밤이 되면 해변에서 벌어지는 작은 파티들은 피피가 젊은이들의 섬이라는 점을 느끼게 한다.
똔사이 베이는 피피섬의 카오산 로드이다. 숙소도 고급 호텔보다 다닥다닥 붙어 있는 게스트하우스가 대부분이다. 똔사이 베이와 반대편의 로달럼 베이는 배가 드나들고 조석 간만의 차가 있는 편이라서 해변이나 바다색 자체가 아름다운 편은 아니다. 로달럼 베이는 어두워진 이후 그 본래 모습을 볼 수 있는데, 해변이 통째로 클럽으로 변한다. 모래사장 위에서 펼쳐지는 흥겨운 음악과 분위기, 이것이 로달럼 베이의 진짜 모습이다.

로바카오 비치 & 램통 비치 Loh Bagao Beach & Laem Tong Beach

눈이 시리도록 아름다운 해변

피피 돈에서 가장 아름다운 해변을 꼽으라고 하면 바로 로바카오와 램통 비치이다. 같은 피피 돈이라도 항구가 있는 똔사이와 로달럼 베이 쪽과 리조트가 있는 램통이나 로바카오 비치의 분위기는 180도 다르다. 피피섬에 위치한 고급 리조트는 대부분이 로바카오, 램통 비치에 위치하고 있어 똔사이 항구와는 달리, 한적한 해변을 따라 고급 리조트가 늘어선 분위기이다.
로바카오 비치, 램통 비치에서 똔사이 항구로 섬을 통과하는 도로가 없어 항구 쪽으로 이동하려면 리조트에서 운영하는 롱테일 보트나 배를 빌려서 가야 한다. 단, 이 해변들에 위치한 리조트 투숙객은 각 리조트에서 똔사이 항구로 픽업을 나온다. 어쩌면 이러한 불편한 접근성 때문에 오히려 한적한 분위기를 만들어 낸다고 볼 수 있다. 로바카오 비치에는 사이 피피 아일랜드 빌리지 리조트가, 램통 비치에는 지볼라, 피피 홀리데이 인, 피피 에라완 리조트가 위치하고 있다.

피피 로컬 마켓 Phiphi Local Market

피피섬의 재래시장

피피 돈의 똔사이 항구 안쪽에 위치한 작은 재래시장이다. 주로 피피섬에 거주하는 현지인들이 주 이용객이다. 한국의 골목시장이 떠오를 정도로 소박하고 정겹다. 바다에서 갓 잡아 온 생선부터 과일, 반찬 가게까지 재래시장의 모습 그대로이다. 한국의 붕어빵과 비슷한 코코넛 도넛은 이 시장의 인기 간식이다. 열대 과일이나 간식거리를 사러 들르기에 좋다.

똔사이 골목 시장 & 로컬 마켓 Tonsai Pier Market & Tonsai Local Market

똔사이의 동대문 시장

똔사이 항구 입구 쪽에 늘어선 골목 시장으로 의류, 기념품 등의 노점이 작은 시장을 형성하고 있다. 특별히 부르는 이름은 없지만 꽤 많은 상점이 늘어서 있어 구경하는 재미가 있다. 챙 넓은 모자, 수영복, 티셔츠, 액세서리 등 똔사이를 찾는 젊은 여행객들이 필요로 하는 품목들이 대부분이다. 품질이 좋은 편은 아니지만, 독특한 문구나 피피섬의 그림이 들어간 티셔츠 하나 정도는 기념품으로 구입할 만하다. 똔사이 해변과 복잡한 시내 안쪽에 아기자기한 로컬 숍들을 볼 수 있는데, 직접 그림을 그려서 파는 그림 가게, 수제 액세서리, 수영복 등을 판매하는 숍이 있다. 똔사이 항구 쪽의 골목 시장과는 달리 직접 만들어서 파는 소호 개념의 상점이 많다.

Massage & Spa

피피섬의 마사지 숍

피피섬을 배경으로 받는 마사지

피피섬엔 작은 마사지 숍이 몇 개 있기는 하지만, 푸껫만큼 그 수가 많은 편은 아니다. 열정적인 나이트라이프와 해양 스포츠를 더 선호하는 젊은 여행객들에게 마사지는 덜 매력적인 것이기 때문이다. 그러나 피피섬의 바다를 배경으로 받는 마사지는 피피섬에서 꼭 해 봐야 할 소중한 경험 중 하나이다.

자고 일어나면 새로 생기는 빠통의 수많은 마사지 숍들과 달리 오랜 경력과 전통의 실력 있는 마사지사들이 있는 것이 피피섬 마사지의 특징이다.

똔사이 마사지 Tonsai Massage

똔사이의 대표 마사지 숍

똔사이의 마사지 숍 중에서 다소 규모가 큰 곳이다. 외부와 달리 내부는 꽤 넓고 깔끔하여 쾌적하다. 1층은 10여 개의 발 마사지 의자가 있고, 2층은 타이 마사지를 받을 수 있는 베드가 있다. 마사지사도 많아서 기다리지 않고 바로 마사지를 받을 수 있다.

전화 075) 631 630 시간 09:00~22:00 예산 타이 마사지(다리 중심) 300B/1시간, 타이 마사지(등 중심) 400B/1시간, 발 마사지 350B/1시간, 아로마 테라피 500B/1시간
위치 똔사이 골목

아니타 타이 마사지 Anita Thai Health Massage

깔끔한 로컬 마사지 숍

피피의 수많은 로컬 숍 중에서 상대적으로 깔끔한 시설이 돋보인다. 1층은 리셉션 겸 발 마사지를 받는 공간이며 2층은 보디 마사지를 받는 곳이다. 깔끔한 시설에 마사지 실력 또한 훌륭해서 점점 인기를 얻고 있다.

시간 10:00~23:00 예산 타이 마사지 300B/1시간, 오일 마사지 350B/1시간, 발 마사지 350B/1시간, 아로마 테라피 마사지 500B/1시간, 멘솔 오일 마사지 400B/1시간 위치 피피 프린세스 리조트 앞

애플 타이 마사지 Apple's Thai Massage

실력 좋은 로컬 마사지 숍

로컬 마사지 숍으로 무엇보다 마사지 실력이 좋고 직원들이 상당히 친절하며 합리적인 가격으로 마사지를 받을수 있다. 로컬 마사지임에도 시설은 깔끔한 편으로 타이 마사지, 발 마사지뿐 아니라 매니큐어, 페디큐어 등을 받을 수 있다.

전화 093) 616 5599 시간 09:00~23:00 예산 타이 마사지 300B/1시간, 오일 마사지 350B/1시간, 발 마사지 350B/1시간, 아로마 마사지 500B/1시간, 페디큐어 200B/30분, 매니큐어 200B/30분 위치 피피 안쪽 세븐일레븐 인근

지볼라 스파 Zeavola Spa

자연 속에서 받는 스파

철저한 자연주의 콘셉트를 표방하는 지볼라 리조트의 부속 스파이다. 기본적인 타이 마사지 이외에도 혈액 순환과 뭉친 근육을 풀어 주는 마사지 프로그램이 있다. 그리 크지 않은 리조트 규모에 반해 스파는 개별 스파룸과 시설이 잘 마련된 편이다. 해변과 멀지 않은 언덕에 위치한 개별 스파룸은 오픈된 공간으로 바다에서 불어오는 시원한 바람과 탁 트인 전망으로 더없이 편안한 분위기를 만든다. 주변 리조트에서 투숙하는 사람들도 일부러 찾아올 정도로 피피섬의 인기 스파이다.

전화 075) 627 000 시간 10:00~21:00 홈페이지 www.zeavola.com 예산 아로마 테라피 2000B/1시간, 타이 터치 & 타이 허브볼 컴프레스 2600B/1.5시간, 스포츠 마사지 1900B/1시간 위치 피피섬 아오낭 비치, 지볼라 리조트 내

Food & Restaurant
피피섬의 먹을거리

싸고 푸짐한 식당들

똔사이 항구를 중심으로 배낭족들을 위한 싸고 푸짐한 음식들을 제공하는 식당이 몰려 있다. 한 끼에 100바트 이내의 저렴한 가격이지만 맛이나 양적인 면에서는 푸껫의 식당들보다 훨씬 나은 수준이다. 전날 열정적인 밤을 보낸 젊은 이들로, 12시까지 이어지는 아침 식사 시간도 피피섬에서만 볼 수 있는 특별한 모습이다.

카푸 라테 Capu Latte

피피섬의 대표적인 만남의 장소

기존에 오랫동안 사랑을 받았던 북 카페인 디스 북스가 사라지고 그 자리에 카푸 라테가 새로 오픈했다. 카푸 라테는 피피섬 중심에 있어서 어느 누구든 한 번은 꼭 지나치게 된다. 좁은 골목 사이에서 약간은 넓은 공간에 위치한 카푸 라테는 사람들이 삼삼오오 모여서 얘기를 나누는 모습도 많이 볼 수 있다. 뜨거운 햇살이 내리쬐는 한낮에는 시원한 음료를 주문해 놓고 지나가는 사람들을 구경하며 쉬어가기 좋다. 피피섬의 숙소에서 조식을 제공하지 않는 곳이 많기 때문에 많은 배낭 여행객들이 간단한 빵과 음료를 먹으러 찾아온다.

전화 093) 649 1715 시간 07:00~15:00 예산 아이스 아메리카노 60B(S), 생과일 스무디 110B, 샌드위치 150B~
위치 피피 찰리 비치 리조트 인근

코즈믹 Cosmic

똔사이의 인기 레스토랑

똔사이에서 가장 붐비는 레스토랑 중 하나이다. 파스타나 피자, 샌드위치가 최고 인기 메뉴이다. 모든 파스타류는 130B, 피자는 150B로 가격을 통일해 놓았다. 피자나 파스타의 종류는 십여 가지로 상당히 많다. 양도 푸짐하고 맛도 좋아서 인기의 이유를 실감케 한다. 모든 메뉴에 부드러운 바게트 빵이 함께 나온다. 몇 개 안 되는 테이블은 식사 시간 전에 이미 만석이 될 확률이 높다. 멀지 않은 곳에 새로 오픈한 분점의 인테리어가 더 현대적이고 깔끔하다.

전화 081) 787 7284 시간 09:30~22:30 예산 햄버거 100B, 모든 파스타 130B, 모든 피자류 160B, 싱하/하이네켄 60B(S), 소프트드링크 30B 위치 피투 우드 로프트(P2 Wood Loft) 인근

아톰 레스토 피피 Atom Resto Phi Phi

피자 맛집으로 유명한 곳

분위기 좋고 직원들의 서비스도 뛰어나며 합리적인 가격의 레스토랑이다. 무엇보다도 피자 맛이 일품인 곳으로 이곳의 피자를 맛본 사람들은 모두들 칭찬이 자자하다. 모든 음식이 깔끔하며 주문 후 음식도 빠르게 제공이 되고 항상 사장이 머물면서 손님들의 필요 사항을 도와준다.

피피섬의 레스토랑은 대부분 에어컨이 안 나오는 곳이 많지만 여기는 에어컨이 시원하게 나오기에 더욱 쾌적한 분위기이다. 야외에도 좌석이 몇 개 있지만 대부분 실내 좌석으로 되어 있다. 피피섬에 방문한다면 꼭 한번 들러 보자.

전화 082) 694 1139 시간 08:00~22:30 예산 바비큐 치킨 120B, 바비큐 소고기 200B, 연어 샐러드 250B, 까르보나라 280B, 하와이안 피자 240B, 페퍼로니 피자 290B, 야채 볶음밥 120B, 컨티넨탈 조식(차 또는 커피 + 토스트2개 + 버터 & 잼) 120B 위치 피피 반 얀 빌라 인근

브레이커스 Breakers

활기가 넘치는 유럽식 펍

빨간색 간판이 눈에 띄는 유럽식 펍이다. 안쪽에는 TV 스포츠 경기가 항상 중계되며, 많은 외국인들로 북적거린다. 밖에서 보기에는 주류만 판매하는 펍 같지만 맛있는 음식까지 제공하는 곳으로 식사와 함께 시원한 생맥주를 마실 수도 있다. 피피섬에서 오래 투숙하는 배낭여행객들이 특히 많이 찾는 곳으로 무엇보다 직원들과도 친구처럼 지내는 모습이 보기 좋다. 그리고 브레이커스는 세계 각국의 여행자들과 쉽게 어울릴 수 있다는 점이 매력적인 펍이다. 태국식 메뉴도 있지만 햄버거, 파스타, 피자 등의 서양식이 더욱 인기가 있다.

시간 11:00~01:00 예산 치즈 버거 200B, 까르보나라 140B, 생과일주스 80B, 소프트드링크 30B 위치 카푸 라테 옆

안나 레스토랑 Anna's Restaurant

맛집 타이틀이 어울리는 식당

영국인 오너가 운영하는 레스토랑으로 양식과 타이 음식이 주를 이룬다. 레스토랑 내부는 신발을 벗고 들어가야 하며 에어컨이 없고 고급스러운 분위기는 아니지만 단정한 분위기이다. 직원들은 친절하며 영어도 잘한다. 음식 맛 또한 훌륭하며 합리적인 가격으로 피피섬을 방문한 여행자들이 머무는 동안 여러 번 찾기도 한다.

전화 085) 923 2596 시간 12:00~22:00 예산 필렛 스테이크 450B, 안나 버거 200B, 쏨땀 140B, 타이 새우 뎀뿌라 180B, 아이스 커피 60B, 과일 샐러드 120B 위치 펫차리 베이커리에서 100m

쿠리 쿠리 Qoori Qoori

피피에서 보기 드문 현대식 카페

규모는 작지만 피피에서 보기 드문 현대식 디저트 카페로 창문과 통유리를 통해 바라보는 아름다운 바다 뷰가 훌륭하다. 망고 빙수, 브라우니, 카넬리, 레모네이드 등 디저트 메뉴가 주를 이룬다. 아름다운 바다 뷰를 보면서 시원한 현대식 카페에서 시간을 보내고 싶다면 방문해 보자.

전화 088) 252 7668 시간 09:00~21:00 예산 망고 카키고리(빙수) 199B, 레모네이드 99B, 아이스 라테 99B, 아이스 마차 라떼 99B, 소다 40B 위치 피피 경찰서 인근

페차리 베이커리 Patcharee Bakery

브런치 맛집

피피섬의 인기 브런치 맛집 중 하나로 아침 식사 또는 브런치를 먹으러 방문하는 여행객들이 꽤 많다. 입구는 작지만 내부는 넓은 편이며, 손님이 많아 바쁜데도 직원들의 능숙한 일처리가 돋보인다. 브런치류가 주메뉴이며 메뉴는 상당히 다양한 편이고 음식 맛도 좋고 양도 많다.

전화 061) 265 1954 시간 08:00~17:00 예산 프렌치 토스트 175~200B, 팬케이크 150~200B, 볼로네즈 파스타 180B, 피자 200~350B, 아이스 아메리카노 90B, 아이스 라테(S) 90B 위치 피피 해변 인근, 똔사이 항구에서 도보 2분

갈릭 1992 Garlic 1992

오랫동안 인기를 얻고 있는 레스토랑

1992년에 오픈한 레스토랑으로 쓰나미의 아픔을 이겨내고 지금까지 오랜 전통을 자랑하고 있다. 좁은 레스토랑이지만 많은 여행객들의 입소문을 타고 성업 중이다. 레스토랑에 들어가면 벽에 음식 이름과 함께 사진들이 걸려 있어 주문하기 쉽다. 타이식 메뉴가 맛있지만 다른 곳에 비해 양이 다소 적을 수 있으니 감안해서 주문하도록 하자.

시간 08:00~22:00 예산 그린 커리 130B, 치킨 사테 150B, 갈릭 페퍼 새우구이 + 밥 250B, 망고 스티키라이스 150B, 피나콜라다 200B, 모히또 200B 위치 똔사이 안쪽, 카푸 라테 지나서 도보 약 2분

쿤 바 Khun Va

태국 요리가 맛있는 집

카오팟, 팟타이, 얌운센 등 자주 먹는 태국 요리를 잘하는 곳이다. 파스타, 스테이크 등의 메뉴도 있지만 태국 요리가 주메뉴로 현지인 입맛에 가깝다. 이곳을 다녀간 사람들이 붙여 놓은 여러 나라의 지폐가 인상적이다. 원래 똔사이 안쪽 골목에 위치하다가 최근 똔사이 해변 쪽으로 이전했다.

전화 087) 627 3079, 080) 590 4704 시간 10:00~21:30 예산 야채 & 계란 볶음밥 80B, 파인애플 볶음밥 160B, 치킨 캐슈너트 볶음150B, 똠얌꿍 150B 위치 똔사이 해변 쪽에 위치

칼라마로 레스토 Cala Maro Resto

편안한 분위기의 비스트로

파스타나 피자, 샌드위치를 주메뉴로 하는 이탈리안 비스트로이다. 정통 이탈리안 레스토랑은 아니지만 파스타류는 맛이 깔끔하고 특히 바게트 샌드위치가 인기 메뉴이다. 점심 시간에는 포장해 가는 사람이 많다. 벽에 있는 다녀간 사람들의 수많은 리뷰가 이곳이 인기 있는 곳임을 짐작케 한다. 저녁보다 점심 시간이 한산해 식사하기 좋다.

전화 083) 390 9493 시간 07:00~22:00 예산 샌드위치 80B, 바게트 80B, 까르보나라 120B, 피자 150B~, 소프트드링크 30B, 커피 30~50B, 싱하 60B(S) 위치 세븐일레븐 앞 골목

림레이 Rimlay

싸고 푸짐한 BBQ

예전에 주인이 바이킹 모자를 쓰고 있었다고 해서 '바이킹 식당'으로 더 잘 알려져 있다. 해변을 따라 바닷가에 있어서 분위기도 좋지만 착한 가격으로 바비큐를 먹을 수 있다는 점이 매력적이다. 해산물을 전시해 놓고 바비큐 세트를 주문하면 샐러드도 같이 나온다. 반 마리가 통째로 나오는 바비큐 치킨이 인기 메뉴이다.

시간 15:00~22:30 예산 뿌팟뽕 커리 150B, 치킨 바비큐 세트 200B, 카오팟 80B, 팟타이 80B 위치 힌꼼 비치

피피 추킷 카페 앤 레스토랑 Phi Phi Chukit Cafe and Restaurant

전망 좋은 시푸드 레스토랑

똔사이에서 힌꼼 비치로 넘어가는 언덕에 있어 전망이 좋다. 피피 돈 추킷 호텔에서 운영하며, 똔사이의 시푸드 레스토랑 중 시설이 깔끔한 편이다. 태국 요리와 저녁 시간의 시푸드가 인기 메뉴이다. 낮 시간보다 저녁 시간 손님이 많으며, 오후 7시 이후에 라이브 공연도 한다.

전화 075) 623 949 시간 07:30~23:30(테이크아웃 09:00~17:00) 예산 시푸드 190B~, 태국 요리 100B~, 소프트드링크 45B 위치 힌꼼 비치 초입

Nightlife
피피섬의 나이트라이프

자정이 피크 타임

피피섬에서의 나이트라이프는 늦은 10시부터가 시작이다. 한가하던 골목마다 주변 게스트하우스에서 나온 젊은이들로 붐비고 그들의 발걸음은 모두 해변으로 향한다. 낮보다 더 분주한 해변에는 어느새 클럽들이 만들어지고, 피피섬의 고요를 깨는 음악들이 울려 퍼진다. 매일 밤 자정을 지나 푸르스름한 새벽까지 이어지는 열정적인 나이트라이프는 관광객들을 뜨겁게 한다.

칼리토스 바 Carlito's Bar

매일 밤 불쇼를 하는 곳

매일 밤 10시가 되면 사람들이 해변으로 나오는데 바로 불쇼를 보기 위해서이다. 다른 몇 곳에서도 불쇼를 하지만 이곳이 가까운 위치에 있고 사람들이 제일 많다. 해변에 모래를 쌓아 만든 무대에서 10시부터 약 1시간가량 불쇼를 한다. 3~4명이 번갈아 공연하는데 눈을 떼지 못할 정도로 아슬아슬함이 느껴진다. 따로 입장료는 없고 맥주나 칵테일을 주문하면 된다. 낮에 미리 전단지를 나눠 주는데 할인 쿠폰이나 무료 음료 쿠폰이 있으니 챙기면 좋다. 해변의 환경을 보호하기 위해 피피섬 해변에 있는 바들 중에서 가장 먼저 캔맥주를 사용한 곳이기도 하다. 길 건너편에 같은 이름의 나이트클럽도 운영한다.

전화 085) 791 2548 시간 11:00~02:00 예산 스페셜 칵테일 250B, 모히토 200B, 피나콜라다 200B, 창비어(S) 100B, 타이 버켓 350B, 과일 주스 100B, 콜라 40B 위치 똔사이 베이, 비치 로드를 따라 직진, 힌꼼 비치 초입

아이비자 풀 파티 Ibiza Pool Party

수영장에서 즐기는 흥겨운 파티

해변 인근의 라위안다 빌라 & 아이비자 하우스에서 운영하는 풀 파티로 수영장에서 화려한 조명과 흥겨운 음악에 맞춰 춤을 추며 맥주, 음료를 즐기는 파티이다. 한국에는 잘 알려져 있지 않지만 서양인들이 아주 많이 찾는 곳이다.

풀 파티는 매주 화·목·일요일에만 열리며 입장료는 무료이고 주문한 음료 및 음식의 요금만큼 지불하면 된다. 풀 파티가 열리지 않는 다른 요일은 풀 바로 운영되는데, 입장료 150B를 지불해야 하며 입장료는 싱하맥주 등의 교환권으로 사용된다.

풀 파티를 좋아하는 사람이라면 한번 방문해 보자.

전화 065) 351 5661 시간 화·목·일 13:00~21:00 예산 싱하 버켓 500B, 타이 위스키 버켓 300B, 데낄라 선라이즈 150B, 모히토150B, 싱하 80B, 하이네켄 100B, 클럽 샌드위치 250B, 아이비자 버거 250B, 피자 250B, 치킨너겟 150B 위치 로달럼 비치 라위안다 빌라스(Rawianda Villas)

문라이트 비치 바 Moonlight Beach Bar

해변 앞 즐거움이 넘치는 바

로달럼 해변에 위치한 로컬 비치 바로 시설은 소박하지만 피피만의 매력을 느낄수 있는 곳이다. 해 질 무렵이면 사람들이 하나둘 모여들기 시작한다. 물론 낮에도 비치 의자에 누워 바다를 바라보며 맥주, 음료를 마시기도 하지만 본격적인 시간은 밤 9시부터 시작된다. 불쇼 및 테크노 음악 등 낮과는 다른 즐거운 분위기에서 시간을 보낼 수 있다. 직원들은 친절하며 요금도 합리적인 수준이다.

시간 13:00~02:00 예산 창비어(S) 80B, 데낄라 140B, 보드카 140B, 칵테일 버켓 500B, 콜라 40B, 과일 주스 80B, 프렌치 프라이 100B, 뎀뿌라180B, 비프 치즈 버거 100B 위치 로달럼 해변 앞, 아이비자 풀 파티 인근

슬링키 바 Slinky Bar

자유로운 비치 파티

로달럼 해변에 위치한 바 & 비치 클럽이다. 매일 밤 10시가 되면 흥겨운 음악이 울리고 해변 전체가 바겸 클럽이 된다. 모두 맥주나 칵테일을 들고 음악에 몸을 맡기면서 자유롭게 음악을 즐기는 분위기이다. 10시부터는 하나둘씩 모여드는 사람들로 한가한 편이지만, 12시~1시가 피크 시간으로 주말에는 동틀 무렵까지 분위기가 지속되기도 한다. 해변이고 오픈된 곳이라서 모기약을 챙겨 가는 것이 좋다.

시간 22:00~04:00 예산 싱하/하이네켄 60B, 칵테일 90B~ 위치 로달럼 비치

Shopping
피피섬의 쇼핑

구경하는 재미가 있는 곳

피피섬에서는 고르는 재미보다 보는 재미가 더 있다. 이른 새벽 피피 시장에 나가면 앞 바다에서 잡아온 싱싱한 해산물과 푸껫에서 들여 온 채소를 파는 현지인들의 분주한 모습을 볼 수 있다. 거미줄처럼 복잡한 똔사이 항구 골목 안, 작은 가게 안에 걸린 꽤 솜씨 있는 그림들과 손으로 하나하나 만들어 놓은 액세서리를 둘러보는 아기자기한 재미가 있다.

세븐일레븐 Seven Eleven

똔사이의 대표 편의점

대부분의 물건을 푸껫에서 공수해 오는 피피섬은 물가가 비싼 편이다.세븐일레븐은 피피섬에서 저렴하게 물건을 구입할수 있는 곳 중의 하나로 항상 사람들이 많다. 할인 마트가 적었던 과거에는 세븐일레븐이 더 큰 역할을 했는데, 그나마 최근에 작은 규모의 할인 마트가 하나둘 생겨나고 있다. 현재 피피섬에는 3군데의 세븐일레븐이 운영 중이며 위치는 똔사이 선착장 인근, 애플 마사지 옆, 파싸오 마트(Phasaow shop) 앞이다.

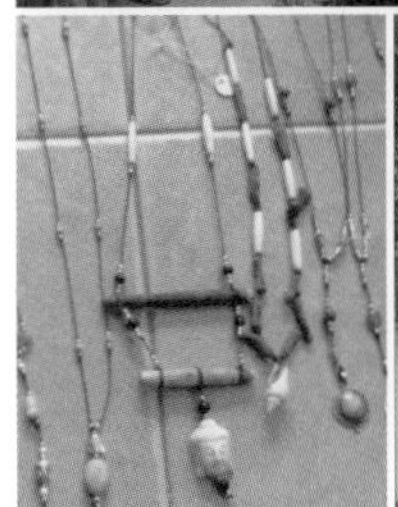

남릴리 Namlily

히피 스타일 부티크 숍

나밀리는 작지만 콘셉트가 확실한 부티크 숍이다. 피피섬이 좋아서 피피섬에 정착한 프랑스 주인이 직접 만든 히피 스타일의 옷과 액세서리를 판매한다. 다소 과감한 스타일의 디자인이지만 피피섬을 찾는 젊은이들에게는 이미 잘 알려진 곳이다. 반지, 목걸이 등 은과 스톤으로 만든 액세서리가 인기 아이템이다.

전화 087) 898 3676 시간 09:30~22:30 위치 피피섬 반얀빌라 뒤

Hotel & Resort

피피 및 주변 섬의 호텔과 리조트

진정한 파라다이스

피피, 라차 등 푸껫 주변의 섬들은 푸껫보다도 더 이국적이고 자연적인 분위기의 리조트들이 있다. 연중 에메랄드빛 바다를 자랑하는 해변과 좀 더 자연적인 소재들로 지어진 리조트가 이국적인 정취를 드러낸다.

사이 피피 아일랜드 빌리지 Saii Phi Phi Island Village

피피섬의 대표 리조트

로바까오 비치에 위치하고 있다. 피피섬에서 최대 규모로 영화관, 레스토랑, 카페, 테니스 코트 등 다양한 부대시설과 거대한 크기의 공용 수영장 등이 하나의 마을을 이루고 있다. 우기, 건기와 상관없이 연중 잔잔한 파도와 맑은 바다를 볼 수 있는 것도 사이 피피 아일랜드 빌리지의 장점이다.

전화 075) 628 900 홈페이지 www.saiiresorts.com/phiphiisland/village 가격 US$220~ 위치 로바까오 비치

지볼라 Zeavola

태국 부잣집을 모티브로 한 개방형 빌라

지볼라는 영화 〈더 비치〉의 배경으로 유명한 피피섬에 위치한 SLH(Small Luxury Hotels) 계열의 부티크 리조트이다. 전통적인 태국 부잣집을 모티브로 한 개방형 빌라는 우리나라의 초가집과 비슷하다. 빌라는 대청마루 스타일의 거실과 앤티크 가구와 소품들로 꾸며진 침실로 분리되어 있으며, 자연적인 소재를 사용하여 편안한 느낌을 준다. 비치까지는 모래를 밟으며 몇 걸음만 가면 충분할 만큼 가깝다. 지볼라가 위치한 램통 비치는 길게 펼쳐진 해변과 완만한 수심을 가지고 있어 물놀이하기에 좋다.

전화 075) 627 000 홈페이지 www.zeavola.com 가격 US$300~ 위치 램통 비치

식스센서스 야오노이 Sixsenses Yaonoi

섬을 지키는 자연주의 풀빌라

전용 스피드 보트로만 접근이 가능한 식스센서스 야오노이는 팡아 지역 야오노이섬에 위치한 고급 리조트이다. 최소한의 개발을 통해 리조트를 만들었으며 섬을 지키고자 하는 자연주의 콘셉트의 리조트로 전 객실은 풀빌라이다. 직접 키운 유기농 식재료와 자연에서 얻은 재료로 리조트를 운영한다. 24시간 전용 버틀러가 배정되어 투숙 기간 동안 편의를 제공한다.

전화 076) 418 500 홈페이지 www.sixsenses.com 가격 US$800~ 위치 야오노이섬

더 라차 리조트 The Racha Resort

눈부신 백사장과 옥색 바다를 만날 수 있는 곳

태국에서 몰디브 같은 곳을 찾는다면 바로 이곳이 제격이다. 푸껫에서 스피드 보트로 약 40분이면 도착하는 라차섬은 눈부신 백사장에 옥색 바다가 펼쳐져 몰디브 못지않은 아름다움을 뽐낸다. 라차는 이곳에 단독으로 위치하면서 라차섬의 아름다운 자연환경을 독점하고 있다. 해변에서 즐기는 스노클링, 다이빙뿐만 아니라 ATV, 트래킹 등 라차섬의 자연을 백분 활용한 다양한 놀거리가 풍부하다. 건기인 11~4월에 굳이 멀리 가지 않아도 가까운 거리에서 작은 몰디브를 만날 수 있는 곳, 그곳이 라차 리조트이다.

전화 076) 355 455 홈페이지 www.theracha.com 가격 US$350~ 위치 라차섬

테마 여행

- 여행의 새콤달콤한 맛, 열대 과일의 천국, 태국
- 여행의 놓칠 수 없는 즐거움, 태국 음식의 모든 것
- 푸껫 여행의 하이라이트, 스파와 마사지
- 영화감독도 한눈에 반한 그 곳, 영화 속의 푸껫
- 열정적인 축제의 현장, 푸껫의 축제
- 레포츠의 천국, 푸껫의 대표 액티비티
- 자유 여행의 첫걸음, 푸껫 호텔 이용 A to Z

여행의 새콤달콤한 맛

열대 과일의 천국, 태국

마사지와 더불어 태국에 가면 꼭 해 봐야 할 일 중 하나가 바로 열대 과일을 맛보는 것이다. 연중 열대 기후인 태국에서는 언제 어디서나 쉽게 열대 과일을 구할 수 있다. 동남아 국가들 중에서도 태국은 열대 과일의 천국이라고 불릴 만큼 생산되는 열대 과일의 종류와 수가 많다. 현지에서 먹는 신선한 열대 과일의 풍부한 과즙과 향은 한국에서 먹던 냉동 열대 과일과는 비교할 수 없는 환상적인 맛이다. 열대 과일에 익숙하지 않다면 마트에서 소포장된 것을 사다가 먹어 보고 그중 입맛에 맞는 것을 찾으면 된다.

망고(마무앙) Mango

우리에게 가장 익숙한 열대 과일 망고는 동남아에서도 태국산 망고를 최고로 친다. 옐로 망고와 덜 익은 그린 망고가 있는데 옐로 망고는 주로 그냥 먹고, 그린 망고는 샐러드로 만들어 먹기도 한다. 4~8월이 제철로 그 기간의 망고는 가격도 저렴하고 특히 맛있다. 망고 주스 또는 찹쌀밥과 함께 망고밥(카오니여우 마무앙)으로도 먹는다.

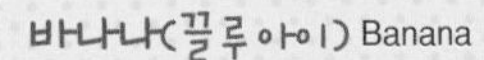

바나나(끌루아이) Banana

큰 바나나보다 작은 바나나인 '몽키' 바나나를 주로 먹는다. 한국에서 먹던 바나나보다 훨씬 달고 진한 맛이다. 숯불에 구워 먹기도 한다.

람부탄(응어) Rambutan

한국의 뷔페 식당에서 가장 흔하게 볼 수 있는 열대 과일 중 하나이다. 빨간색의 털이 나 있는 열매로 속의 흰 과육을 먹는다. 새콤달콤한 맛이 난다.

망고스틴(망콧) Mangosteen

자주색의 두꺼운 껍질을 벗기면 마늘 같은 과육이 나오는데 달콤하고 물이 많다. 껍질에 노란색 진액이 있거나 무겁고 향이 진한 것이 좋은 것이다. 5~9월이 제철이다.

드래곤푸르트(깨우만꼰) Dragonfruit

'용과'라고 불리기도 하는 예쁜 핑크색의 과일이다. 화려한 핑크색의 겉과 달리 속은 흰색 과육에 검은색 깨 같은 씨가 촘촘히 박혀 있다. 키위, 망고스틴, 배를 섞어 놓은 듯한 맛으로 씹는 맛이 좋다.

두리안(뚜리안) Durian

공포의 냄새로 유명한 열대 과일이다. 뾰족한 돌기가 난 럭비공처럼 생겼으며 냄새를 제외하면 맛이 좋다. 열량이 높아서 술과 함께 먹으면 안 된다. 호텔에는 반입이 금지되어 있다.

코코넛(마쁘라오) Coconut

윗부분을 잘라 속의 과즙을 마시고 안쪽 흰 과육은 수저로 긁어 먹는다. 흰 과육은 코코넛 밀크의 재료로 쓰이기도 하고 말려서 먹기도 한다.

수박(땡모) Watermelon

한국산 수박보다 무르고 훨씬 달다. 그냥도 먹지만 주로 수박 주스(땡모반)로 더 많이 먹는 편이다.

파인애플(싸파롯) Pineapple

과육이 부드럽고 당도도 높다. 요리의 재료로 많이 쓰이고 껍질은 볶음밥의 용기가 되기도 한다.

롱안(람야이) Longan

노란 포도 같은 열대 과일로 속은 희다. 람부탄과 비슷한 새콤달콤한 맛이다.

포멜로(쏨오) Pomelo

자몽과 비슷한 새콤달콤한 맛으로, 톡톡 터지는 과육의 씹는 맛이 특징이다. '얌쏨오'라는 과일 샐러드로 만들어 먹기도 한다.

파파야(말라꺼) Papaya

덜 익은 그린 파파야는 주로 '쏨땀'의 재료로 쓰이고 익은 옐로 파파야는 디저트로 먹는다. 그린 파파야는 사과와 비슷하고 익은 파파야는 약간의 냄새가 있다.

로즈애플(촘푸) Rose Apple

빨간색 피망처럼 생긴 과일로, 아삭아삭한 식감이 특징이다. 사과와 자두를 섞어 놓은 듯한 새콤달콤한 맛이다.

구아바(파랑) Guava

풋사과와 비슷하고 마트에서 썰어서 소금과 고춧가루를 넣은 양념과 함께 판다.

Travel Tip

열대 과일, 이것만은 알고 먹자!

망고스틴이나 람부탄 등을 손으로 까고 나면 손에 과일 물이 드는데, 호텔 침대 시트나 타월에 과일 물이 들면 배상해야 하므로 주의해야 한다. 두리안은 객실 내로 반입할 경우, 그 냄새가 방안에 스며들 수 있어 객실 내로는 반입 금지이다. 또 과일이라고 한꺼번에 너무 많이 먹으면 안 된다. 열대 과일은 열량이 높은 편으로, 특히 두리안의 경우 술과 함께 먹으면 안 된다.

태국 음식의 모든 것

태국 요리는 프랑스, 중국, 인도 등과 더불어 세계 5대 요리 중 하나이다. 동서양이 만나는 지리적 특성과 육지, 바다에서 나는 풍부하고 다양한 식재료 또한 태국 음식이 세계적인 음식이 되는 데 한몫했다. 태국 음식은 우리에게 친숙한 매콤한 맛과 독특한 향으로 한국에서도 인기가 많다. 거의 모든 태국 요리에는 '팍치'라는 향신 채소가 들어가는데, 태국 요리의 독특한 향은 바로 이 팍치 때문이다. 우리에게는 '고수'라는 이름으로 더 익숙하다. 간혹 이 향이 맞지 않아 태국 음식을 꺼려하는 사람들이 있다면 고민할 필요 없이 팍치를 빼고 먹거나 아예 음식을 주문할 때 '마이 싸이 팍치(팍치 빼 주세요)'라고 하면 된다. 매운 것이 싫을 때에는 '마이 팻', 맵게 먹고 싶을 때에는 '팻' 또는 '팻 막막(아주 맵게 해 주세요)'이라고 하면 된다.

대표적인 태국 요리

태국 요리는 양이 적은 편이라서 2인에 2~3개 정도가 적당하다. 애피타이저나 샐러드류에서 1개, 메인 요리 1개, 국수나 밥류에서 1개 정도면 골고루 충분한 식사가 된다. 식사 이외에 음료나 물도 주문해야 한다. 물론 식당에 따라서 물을 주는 경우도 있지만 안전하게 생수를 사 먹는 것이 좋다. 처음 태국 요리를 접하는 사람이라면, 카오팟, 팟타이 등 무난한 요리부터 시작하고 입맛에 맞는 요리나 자주 먹는 요리 이름 몇 가지를 외워 두면 주문하기 편하다.

샐러드류

쏨땀 Som Tam / Papaya Salad

채 썬 파파야에 고추, 마늘, 땅콩, 피시 소스를 넣고 절구에 찧은 것으로 마른 새우나 작은 게를 통째로 넣어 만들기도 한다. 고추와 피시 소스가 들어간 맛이 한국의 겉절이와 비슷하다.

애피타이저

텃만꿍 Thod Mun Kung / Shrimp Cake

새우를 다져서 튀긴 것으로 새우 고로케와 비슷하다. 게살로 만들면 뿌 짜(Poo Za/Crab Cake), 생선살로 된 것은 텃만쁠라(Tod Mun Pla/Fish Cake)라고 한다.

꿍싸롱 Kung Sarong / Fried Shrimp with Noodle

새우에 국수를 말아 튀긴 것으로 바삭하고 고소하다.

뽀삐아 텃 Poh Piah Thod / Spring Roll

튀긴 스프링 롤로, 칠리소스가 함께 나온다.

사떼 Satay

원래 인도네시아 요리인데 태국에서도 많이 먹는 꼬치 요리이다. 대나무에 돼지고기, 닭고기를 꽂아 숯불에 굽고, 땅콩 소스와 칠리소스를 찍어 먹는다. 보통 한 접시에 5~7개 꼬치가 나온다.

국물 요리

수끼 Suki

태국식 샤브샤브 요리이다. 끓는 육수에 해산물, 육류, 야채 등을 넣어 익혀 먹고 남은 국물에 국수나 밥을 넣어 죽을 만들어 먹기도 한다. 칠리소스와 고추장을 섞어 놓은 듯한 매콤한 소스가 수끼의 특징이다.

시원하고 칼칼한 국물 맛!

메인 요리

쁠라능 마나오 Pla Nueng Manao / Spicy Fish Stew

생선 모양의 그릇에 생선 한 마리가 통째로 나오는 국물이 있는 찜 요리이다. 국물은 시원하고 칼칼한 편으로, 생선 살을 발라 먹고 남은 국물에 밥을 비벼 먹는다.

쁠라라쁘릭 Pla Rad Phrik / Fried Grouper with Chili Sauce

통째로 튀긴 생선에 쥐똥고추인 쁘릭과 마늘 등 매운 양념이 얹어 나오는 생선 요리이다.

꿍 옵 운센 Kung Op Wun Sen / Prawn with Glass Noodle

바닥에 생강, 돼지고기, 버섯 등을 깔고 간장 소스로 양념한 당면을 넣은 후 삶거나 구운 새우를 얹는다. 간장 소스가 배인 당면이 독특한 맛을 낸다.

시콩 무 Pork BBQ

태국식 돼지갈비로 한국식 갈비와 달리 살이 많이 붙어 있지 않다. 달콤한 감칠맛이 있다. 1접시에 7개 내외가 나온다.

카오쑤어이

카오니여우

밥류

카오 쑤어이 I Steamed Rice

'쑤어이'는 '아름답다, 희다'는 뜻으로 흰밥을 말한다.

카오 니여우 Sticky Rice

찹쌀밥으로, 비닐에 싸여서 대나무 통에 나온다.
망고와 함께 먹는 망고밥도 인기이다.

카오 만까이 I Chicken Rice

닭고기 덮밥이다.

카오 똠 Rice Soup

돼지고기나 닭 등을 갈아 넣은 죽으로 흰죽도 있다.
조식으로 많이 나오는 메뉴이다.

팟끄라파오 무 쌉 Seasoning Rice with Pork or Chicken

돼지고기나 닭고기를 매콤한 양념에 볶아서 밥에 얹는 덮밥으로
매콤한 맛이 한국 사람 입맛에 맞는다.

면류

바미남 Egg Noodle Soup / **바미팟** Fried

밀가루와 달걀로 반죽한 국수로, 국물에 말아서 나오거나 볶음국수로 먹기도 한다. 국물이 있는 것은 '바미남', 볶음국수는 '바미팟'이라고 한다.

디저트

롯띠 Thai Pan Cake

철판에 밀가루 반죽을 얇게 펴서 구운 후 망고, 바나나 등을 넣어 접은 것으로 연유와 설탕을 뿌려 달콤한 맛을 낸다. 시내를 돌아다니다가 출출할 때, 달콤한 간식이 생각날 때 딱이다. 크레페와 비슷하다.

음료와 술

맥주 싱하 Singha / **창** Chang / **하이네켄** Heineken

태국 맥주는 한국 맥주보다 탄산이 좀 더 들어 있고 도수도 약간 높다. 맥주도 얼음을 넣어서 먹는 것이 일반적이다. 태국 브랜드인 싱하와 창 다음으로 하이네켄도 많이 마신다.

양주 쌩쏨 Sangsom / **리젠시** Regency

주로 현지인들이 마시는 술로, 약간 저렴한 맛의 양주로 보면 된다. 얼음이나 소다수와 섞어서 먹으며 바스켓에 다른 술과 섞어 '바스켓 칵테일'을 만들어 먹기도 한다.

요쿠르트

한국에서 먹던 것과 비슷한 맛으로 100ml부터 큰 것은 1리터까지 있다.

과일 주스

다른 첨가물 없이 싱싱한 열대 과일을 즉석에서 갈아 주는 과일 주스는 남녀노소 누구에게나 인기 아이템이다. 특히 시원한 수박 주스(땡모반) 한잔은 더위를 식히는 데 안성맞춤이다.

Travel Tip

성공적인 태국 음식 주문법!

1. 대부분의 태국 식당에는 사진이 있는 메뉴판이 준비되어 있다. 없으면 사진 있는 메뉴판을 달라고 하면 된다.
2. 음료를 주문한다.(간혹 물을 주는 곳도 있으나, 안전하게 생수를 사 먹는 것이 좋다.)
3. 2인 기준 3개(애피타이저 1개, 메인 1~2개) 정도 주문한다.
   예) 텃만꿍 또는 얌운센 1개 + 카오팟 꿍 + 팟타이
4. '팍치' 향을 싫어하면, '마이 싸이 팍치 카~'라고 한다. 얌운센이나 똠얌꿍 등을 매콤하게 즐기고 싶으면 '팻 카~'라고 한다.

★알아 두면 편한 메뉴판에 나오는 요리 관련 태국어

카오: 밥
무 : 돼지고기
쁠라 : 생선
팍치: 고수(향채)
행: 비비다
똠: 삶다
꿰띠여우: 쌀국수
까이 : 닭고기
꿍 : 새우
운센: 당면
팟: 볶다
텃: 튀기다
바미: 밀가루 국수
느어 : 소고기
쁠라 믁 : 오징어
남 : 물
펫: 맵다
마이팻: 안 맵다
남: 국물
뿌 : 게
쁘릭키누 : 고추
캥 : 얼음
얌: 섞다

푸껫 여행의 하이라이트

스파와 마사지

푸껫 여행에서 꼭 해 봐야 하는 것 중의 하나가 전문 숍에서 스파나 마사지를 즐기는 것이다. 스파와 마사지가 뭐가 다른지 쉽게 구분이 안 갈 수도 있는데, 스파는 '물을 이용한 치료 또는 관리'라는 의미로, 통상적으로 물을 이용한 테라피에 마사지를 결합한 프로그램을 일컫는 용어이다. 마사지는 타이 마사지, 발 마사지, 오일 마사지 등 단일 마사지를 가리킨다. 즉, 여러 가지 코스, 단계별 프로그램을 독립적인 공간에서 보다 나은 서비스로 받는 것이 스파이고, 주메뉴가 되는 타이 마사지나 발 등 부위에 따로 받는 것이 바로 마사지이다. 장소와 시간, 프로그램에 따라 다양한 선택이 가능하니 본인의 스케줄과 취향에 따라 만족스러운 시간을 보내 보자.

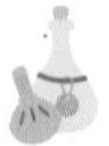

스파 VS 마사지

스파는 자쿠지, 샤워실 등의 시설을 갖춘 개별 공간이 있기 때문에 마사지보다 가격이 높다. 그만큼 기본 이상의 수준 있는 서비스를 제공한다. 주로 호텔 부속 스파 센터나 전문 스파 숍을 이용하게 되며, 시간과 구성에 따라 최소 2시간, 반나절, 하루 코스까지 있다. 모든 스파 프로그램은 처음에 사우나 및 자쿠지로 시작하는 것도 특징이다. 마사지는 타이 마사지, 발 마사지, 오일 마사지처럼 단품 메뉴로 대부분 1~2시간이 소요된다. 로컬 마사지 숍, 호텔, 전문 스파 숍 등 마사지가 가능한 모든 곳에서 받을 수 있으나 로컬 마사지 숍이 저렴하고 호텔이나 전문 스파 숍은 시설이 깔끔한 반면 가격이 높다. 스파가 다소 여유 있는 시간 동안 부드럽게 온몸의 긴장을 풀어 준다고 하면, 마사지는 1~2시간 내에 강하고 시원한 느낌을 원하는 사람에게 적당하다. 스파와 마사지 모두 마사지사의 실력에 따라 만족도 차이가 큰 편이어서 반드시 비싸거나 고급 스파라고 만족도가 높은 것은 아니다. 또 마사지를 받을 때, 약하다 싶으면 '강하게!'라고, 아프면 '약하게!'라고 요구하는 것이 만족스러운 마사지를 받을 수 있는 방법 중 하나이다.

* 스파 순서

❶ 프로그램 선택
원하는 프로그램을 선택한다. 테라피에 사용될 오일의 향과 제품을 선택하는데 이때 몸 상태의 체크 리스트를 작성한다.

❷ 탈의 및 사우나
옷을 갈아 입고 샤워를 한 후 사우나와 자쿠지를 한다. 사우나와 자쿠지는 마사지 전 긴장을 풀어주고 근육을 이완시켜 몸을 마사지 받기 좋은 상태로 만드는 역할을 한다. 또한 모공을 열어 주어 노폐물 제거와 제품의 흡수를 도와주기도 한다.

❸ 스크럽 또는 보디 랩
커피, 머드, 곡물 등의 제품을 이용한 스크럽을 하거나 온몸을 랩으로 감은 후 일정 시간이 지난 후에 샤워를 하게 된다.

❹ 마사지
타이 마사지 또는 오일 마사지 등 선택한 마사지를 받는다. 보통 45분~2시간 내외로 진행된다.

❺ 허브차와 간식
스파의 전 과정이 끝나면 간단하게 샤워를 하거나 옷을 갈아 입은 후 별도의 공간에서 따뜻한 허브차를 마시거나 쿠키 또는 과일을 먹으며 짧은 휴식을 갖는다.

* 마사지 종류

타이 마사지 Thai Massage

스트레칭과 손바닥을 이용한 늘리기 등 일방적으로 받는 마사지라기보다 마사지사와 함께하는 마사지이다.

오일 마사지 Oil Massage / 아로마 마사지 Aroma Massage

오일을 사용하여 부드럽게 문지르는 마사지로 아로마 향을 넣으면 아로마 마사지라고 한다. 오일 마사지 후에는 샤워를 하지 않는 것이 좋다.

발 마사지 Foot Massage

발끝부터 무릎 윗부분까지 하반신 대부분을 마사지한다. 특히 발가락 사이와 발바닥을 나무 기구를 사용하여 꼼꼼히 눌러 주어 발의 피로를 푸는 데 도움이 된다. 발 마사지 전용 크림이나 오일 제품을 사용한다.

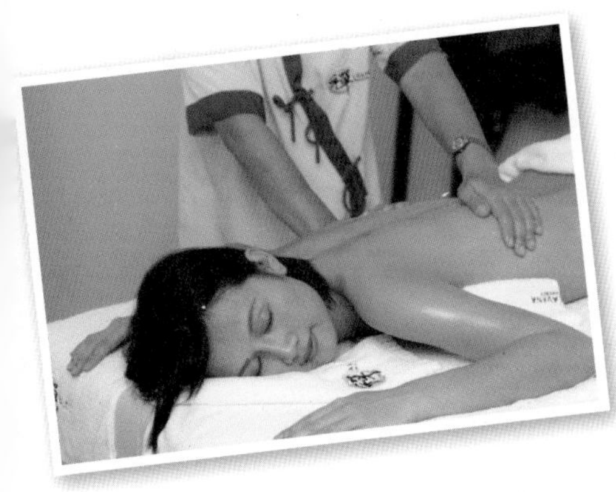

스웨디시 마사지 Swedish Massage

근육의 긴장과 스트레스를 풀어 주는 마사지로, 심장에서 먼 곳부터 심장 가까이로 부드럽게 손바닥으로 문질러 주는 마사지이다. 근육은 물론 뼈에도 압력이 가해지도록 하는 마사지로, 스포츠 마사지와 비슷하다.

시아추 마사지 Shiatsu Massage

손가락과 손바닥의 압력을 이용해 혈자리를 눌러 주는 일본식 지압 마사지이다. 오일이나 로션을 사용하지 않으며 경락 마사지와 비슷하고 강도가 강한 편이다.

허벌 볼 마사지 Herbal Ball Massage

허브를 넣어 만든 볼로 지긋이 눌러 주는 마사지이다. 허브의 약효로 부분적인 통증을 완화하는 데 효과적이다.

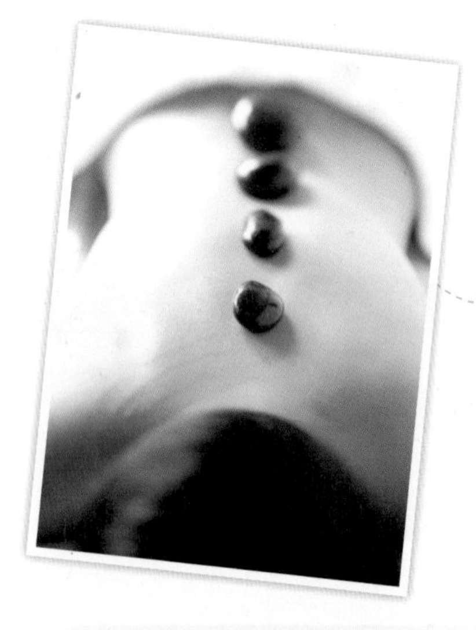

핫 스톤 마사지 Hot Stone Massage

뜨겁게 달군 돌에서 나오는 적외선으로 몸의 피로를 풀어 주는 마사지이다. 몸의 혈자리에 돌을 올려놓아 긴장을 풀고 독성을 배출하는 데 도움이 된다.

스파 또는 마사지를 받을 때 주의할 점

❶ 몸 상태가 좋지 않거나 여성의 경우 생리 중일 때는 마사지를 피하는 것이 좋다. 평소 디스크나 관절 등에 수술한 병력이 있으면 미리 밝힌다.

❷ 상처 또는 다친 곳이나 특정 오일에 알러지가 있는 경우엔 미리 알린다.

❸ 귀중품은 프런트에 맡기거나 호텔에 두고 온다.

❹ 완전 탈의가 부담되면 종이 팬티 또는 일회용 팬티인 페이퍼 팬츠(Paper Pants), 디스포서블 팬츠(Disposable Pants)를 이용한다.

❺ 마사지 도중 아프거나 불편하면 마사지사에게 바로 표현한다. 참고 있으면 오히려 나중에 멍이 들거나 몸살이 올 수도 있다.

❻ 마사지사에게 주는 팁은 마사지 비용의 10% 내외이다. 몇 시간 동안의 수고에 대한 표현이므로 만족도에 따라 차별적으로 주면 된다. 물론 마사지가 불만족스럽다고 생각하면 적게 주거나 안 줘도 된다.

푸껫의 마사지 & 스파 숍 Best 5

Best 1

오리엔타라 스파 Orientala Spa

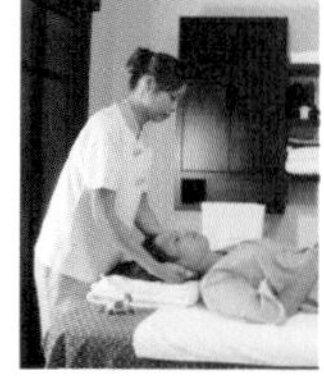

이미 한국 여행객들 사이에서 입소문으로 유명한 곳이다. 무엇보다도 스파 시설을 갖추고 있으면서도 가격은 로컬 마사지 숍과 비슷한 수준이라는 점에서 인기가 많다. 빠통 내에서 무료 픽업 서비스를 제공한다. P.70

위치 빠통

Best 2

바레이 스파 Baray Spa

호텔 스파임에도 호텔보다 더 유명한 스파이다. 고대 태국 왕실의 모습을 한 스파룸은 천장이 높고 금으로 장식되어 웅장하고 화려하다. 까론, 까따 지역에 한해 무료 픽업 서비스가 제공된다. 여행사를 통해 예약할 시 할인 폭이 크다. P.109

위치 사와디 빌리지 리조트 내, 까따 비치

Best 3

트리사라 스파 Trisara Spa

트리사라 리조트 부속 스파로, 스파 빌라는 리조트에서 가장 높은 곳에 위치하고 있어 환상적인 바다 전망이 가능하다. 가격은 높은 편이나 최고급 스파를 받고 싶다면 가 볼 만하다. P.141

위치 나이톤 비치, 트리사라 리조트 내

Best 4

디와 마사지 Diwa Massage

빠통의 대표 로컬 마사지 숍으로 실력 있는 마사지 실력에 깔끔한 시설과 합리적인 가격으로 인기를 더해가는 곳이다. 고급스러운 곳은 아니지만 깔끔한 시설에 마사지 실력을 중요하게 생각한다면 추천한다. P.72

위치 빠통 타워 콤플렉스 골목 안

Best 5

킴스 마사지 앤 스파 Kim's Massage & Spa

전문 스파 숍 못지않은 깔끔한 시설과 큰 규모임에도 가격은 로컬 수준이다. 한 번 이용한 사람들은 만족도가 높은 편이다. 공항에 가기 전에 들러서 마사지를 받고 가기 좋다. 현지 여행사를 통해 예약할 경우 할인을 받을 수 있다. P.185

위치 푸껫 타운

영화감독도 한눈에 반한 그곳

영화 속의 푸껫

푸껫만큼 한 장소가 많은 영화의 배경이 된 곳도 드물다. 푸껫은 에메랄드 빛 바다와 산, 그림 같은 섬들이 공존하는 다양한 얼굴로 여러 영화 속에서 러브콜을 받아 왔다. 작은 몰디브 피피섬, 계림과 하롱베이를 그대로 옮겨 놓은 팡아만, 그리고 작은 방콕 빠통과 인도차이나풍의 푸껫 타운 등 전 세계 명소를 한곳에 모아 둔 영화 세트장 그 자체나 다름없다. 까다로운 영화감독들도 한눈에 반해 버릴 만큼 천의 얼굴을 가진 푸껫! 푸껫 곳곳에 숨어 있는 영화 속 명소를 찾아보는 재미를 느껴 보자!

팡아만 Phang Nga Bay

〈태풍〉, 〈컷스로트 아일랜드(Cutthroat Island)〉, 그리고 두 번의 〈007〉 시리즈에 등장했다. 팡아만은 푸껫과 끄라비 사이 지역으로 중국의 구이린, 베트남의 하롱베이와 함께 세계 3대 절경으로 유명하다. 바다 위에 떠 있는 듯한 섬들과 섬 안쪽에 펼쳐진 맹그로브 나무숲의 색다른 자연을 만날 수 있다. 카누를 타고 직접 절경 속을 탐험할 수 있어 에코 투어로 각광 받고 있다.

장동건, 이미연 주연의 영화 〈태풍〉에서 장동건이 해적으로 나와 롱테일 보트를 타고 달리던 장면도 이 팡아만에서 촬영되었다. 또한 007 시리즈 〈황금 총을 가진 사나이〉로 유명해진 제임스 본드 섬과 18번째 007 시리즈 〈투모로우 네버 다이〉의 감독도 이곳을 찾았으며, 〈컷스로트 아일랜드〉의 지나 데이비스가 보물을 찾던 곳도 팡아만이다.

피피섬 Phiphi Island

〈더 비치(The Beach)〉의 디카프리오가 지상 마지막의 유토피아를 찾아갔던 곳이 바로 피피이다. 2012년 런던 올림픽의 개회식을 연출하기도 한 대니 보일 감독은 피피섬의 때 묻지 않은 자연에 감동을 받아 이곳을 선택했다고 한다.

피피의 자연환경 훼손을 우려한 태국 정부의 불허로 실제 촬영은 인근의 무인도에 피피섬의 모습을 조성하여 촬영하였다. 이 영화로 피피섬이 세상에 알려진 이후, 수많은 사람이 피피섬의 에메랄드 빛 바다와 때 묻지 않은 순수한 자연을 보려고 찾아오고 있다.

푸껫 Phuket

〈브리짓 존스의 일기-열정과 애정편〉에서 브리짓이 콜린 퍼스와 헤어지고 휴 그랜트와 휴가를 보내기 위해 찾은 곳도 푸껫이다. 그 이외에도 〈킬링필드(The Killing Fields)〉, 〈굿모닝 베트남(Good Morning Vietnam)〉, 〈리턴 투 파라다이스(Return to Paradise)〉, 〈스타워즈 에피소드 3편(Star Wars Episode III – Revenge of the Sith)〉, 〈스텔스(Stealth)〉 등의 영화가 푸껫, 팡아만, 끄라비를 잇는 안다만 지역에서 촬영되었다.

푸껫의 축제

태국은 연중 축제가 끊이지 않는 '축제의 나라'이다. 일 년 중 가장 큰 규모의 축제는 4월의 쏭끄란과 11월의 러이끄라통으로 해마다 축제 기간이 되면 축제에 참여하려는 관광객과 현지인들로 붐빈다. 그들과 어울려 함께 축제에 참여해 보는 것도 잊지 못할 경험과 추억으로 남을 것이다.

4월 물의 축제 '쏭끄란' Songkran

매년 4월 13~15일에 진행되며 불교력으로 새해가 시작되는 시점이기도 하다. 물을 사용하는 축제라서 '물 축제'로 더 유명하다. 원래 물로 불상을 씻어 복을 기원하고 몸과 마음을 정화하는 의식에서 시작되어 현재는 서로에게 물을 뿌리면서 복을 기원하는 형태로 변화했다. 축제 기간에는 주요 거리나 시내에서 물총을 들고 다니며 신나는 물싸움을 벌인다. 방콕과 치앙마이에서 가장 크게 치러지며 푸껫의 방라 로드, 푸껫 타운에서 성대하게 열린다. 연중 가장 더운 때이기도 한 4월에 더위를 식힐 수 있는 기분 좋은 축제이다.

10월 중국인의 고행행사인 '푸껫 채식주의자 축제' Phuket Vegetarian Festival

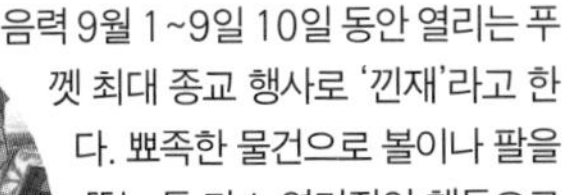

음력 9월 1~9일 10일 동안 열리는 푸껫 최대 종교 행사로 '낀재'라고 한다. 뾰족한 물건으로 볼이나 팔을 뚫는 등 다소 엽기적인 행동으로 이미 해외 토픽에 여러 번 나온 유명한 행사이기도 하다.

19세기 초 푸껫에 이주한 중국계 태국인에 의하여 시작된 행사로, 이 기간에는 육식을 금함으로써 마음과 영혼을 정화한다. 또한 10가지 규칙을 정해 놓고 엄격히 지키고 있다.

고행은 신에 대한 믿음과 자기 수행을 표현하는 것으로 고통을 느끼지 못한다고 한다. 모든 사람이 흰옷을 입고 참여하며 푸껫 타운의 사원에서 이루어진다.

Travel Tip

채식주의자 축제 10가지 규칙

- 축제 기간 동안 몸을 청결히 한다.
- 주방 기기를 청결히 유지하며 축제에 참가하지 않는 사람들과는 따로 사용한다.
- 축제 기간 동안에는 흰 옷을 입는다.
- 신체적, 정신적 행동을 조심한다.
- 고기를 먹지 않는다.
- 성관계를 하지 않는다.
- 음주를 하지 않는다.
- 상중인 사람은 축제에 참석하지 않는다.
- 임신 중인 여자는 어떤 의식도 보지 않도록 한다.
- 생리 기간 중인 여자는 의식에 참석하지 않는다.

11월 빛의 축제 '러이 끄라통' Loi Krathong

러이끄라통(Loi Krathong)은 연꽃 모양의 배를 물에 띄워 보내면서 소원을 비는 축제이다. 태국력으로 12월인 11월 보름에 바나나 잎으로 만든 '끄라통(Krathong)'이라는 배에 초를 켜고 향, 꽃, 동전 등을 넣어 강이나 호수에 띄워 보내려는 사람들로 북새통을 이룬다.

이 끄라통 배의 촛불이 꺼지지 않고 배가 멀리 떠내려갈수록 소원이 잘 이루어진다고 믿는다. 매년 11월이 되면 방콕의 짜오프라야 강변은 수많은 연꽃 배로 장관을 이룬다. 치앙마이에서는 '콤러이'라고 불리는 큰 종이 풍선에 불을 켜서 날려 보내기도 하는 등 지역마다 조금 차이가 있다. 방콕을 비롯한 고대 도시 아유타야, 치앙마이, 수코타이에서 성대하게 열린다.

이 기간에는 호텔에서 투숙객을 대상으로 연꽃 배를 만드는 행사를 진행하기도 하며, 방콕의 강변에 위치한 호텔은 방 잡기가 힘들 정도이다.

12월 화려한 요트들의 향연 '킹스 컵 King's Cup 요트 대회'

1987년 왕의 60번째 생일을 기념하기 위해 생긴 이래로 매년 12월 초에 열리는 국제 규모의 대회이다. 푸껫의 해변과 팡아 지역에서 수많은 요트를 한곳에서 볼 수 있는 기회이기도 하다. 해변과 선착장에 고급 요트들이 장관을 이룬다. 이 기간 요트를 볼 수 있는 해변가 리조트는 예약이 힘들다.

푸껫의 대표 액티비티

푸껫은 다양한 자연환경의 덕택으로 그 어느 휴양지보다 다양한 액티비티가 발달되었다. 바다에서 즐길 수 있는 거의 모든 종류의 해양 스포츠가 가능하고, 골프, 코끼리 트래킹 등 지상 레포츠도 어느 하나 부족함이 없다. 대표적인 투어만 하나씩 해도 일주일의 일정으로는 소화하기 힘든 레포츠의 천국이다. 투어 대부분은 하루가 소요되는 전일 일정으로, 여행 일정에 무리가 가지 않도록 꼭 하고 싶은 것만 골라서 하는 지혜가 필요하다. 스노클링은 개별적으로 배를 빌려 다녀올 수도 있지만 왕복 픽업과 중식 등이 포함된 여행사의 일일 투어로 다녀오는 것이 편리하다.

스노클링 Snorkeling

아름다운 에메랄드 빛 바다에서 열대어에게 먹이를 주고 함께 수영하는 것은 푸껫에서 꼭 한 번은 해 봐야 하는 일이다. 수영을 못하는 사람도 구명조끼를 입고 쉽게 할 수 있다. 스노클링 투어로 잘 알려진 피피섬 이외에도 카이섬, 라차섬 등에서도 스노클링을 즐길 수 있다. 노약자나 아동이 있는 가족 여행이라면 가깝고 힘들지 않은 카이섬 스노클링을 추천한다.

투어명	일정	비용	특징
피피섬 전일 투어	08:00~16:00	성인 2,100B 아동 1,600B	피피섬에서 즐기는 가장 대표적인 스노클링 투어로 피피섬의 여러 포인트에서 스노클링을 즐긴다.
피피섬 페리호 투어	07:00~16:00	성인 1,500B 아동 1,200B	큰 피피섬으로 들어가는 여객선을 타고 피피 돈에서 스노클링을 즐기는 투어이다.
라차섬 전일 투어	08:00~16:00	성인 1,200B 아동 1,100B	라차섬에서 즐기는 스노클링 투어
카이섬 반일 투어	08:00~12:40 11:30~16:30	성인 1,100B 아동 700B	푸껫에서 스피드 보트로 약 15분 정도 거리의 가까운 카이섬으로 이동하는 스노클링 투어로 아동이나 노약자가 하기 좋다.
시밀란 전일 투어	06:00~19:00	성인 3,200B 아동 2,800B	시밀란 국립 공원이 개장하는 매년 11월 1일~4월 말만 가능하다.
바나나 비치 꼬헤섬 투어	08:30~17:30	성인 1,900B 아동 1,700B	푸껫 남부에서 스피드 보트로 10분 정도 이동하면 나오는 꼬헤(Koh Hey)섬의 바나나 비치에서 즐기는 투어다. 각종 액티비티를 투어에 추가할 수 있다.
라차섬+산호섬 바나나 비치 투어	08:30~17:30	성인 2,300B 아동 1,900B	스노클링 포인트로 유명한 라차섬과 산호섬의 해변에서 바나나 보트, 제트 스키 등 다양한 액티비티를 한 번에 즐기는 투어

스쿠버 다이빙 Scuba Diving

다이빙은 전문 자격증을 따기 위한 전문 코스와 초보자를 위한 체험 다이빙 코스가 있다. 다이빙 전문 자격증 취득을 위한 PADI 교육 코스는 최소 3일 이상의 교육과 실습 과정이 필요하다. 그 외에 이미 자격증이 있는 사람들의 펀 다이빙(Fun Diving) 코스와 초보자들이 재미로 즐기는 체험 다이빙 프로그램 등이 있다.
체험 다이빙은 처음 다이빙을 해 보는 초보자들도 가능하며, 간단한 교육을 받은 후 즐길 수 있다.

투어명	일정	비용	특징
라차섬 체험 다이빙	07:30~16:00	5,000B	다이빙 2회, 스노클링 포함 사항: 조식, 중식, 숙소 왕복 픽업·센딩, 수중 사진 개별 준비물: 타월, 수영복, 선크림 등
라차야이 펀 다이빙	07:30~15:00	4,000B	다이빙 2회 장비 렌탈 500B/일 별도

버블버블 다이브 Bubble Bubble Dive

푸껫 찰롱에 위치한 다이빙 전문 한인 숍으로 라차섬, 피피섬 등 다양한 프로그램이 마련되어 있으며 숙소도 운영 중이다.

홈페이지 www.bubblebubbledive.com 전화 094) 910 2850

팡아만 투어 Phang Nga Bay Tour

피피섬과 더불어 푸껫의 또 다른 유명 관광지인 팡아만을 즐기는 방법 중 하나이다. 팡아만 투어는 스노클링과 달리 수영에 집중하는 투어는 아니다. 수백 개의 섬이 떠있는 팡아만의 절경을 카누를 타고 눈과 몸으로 체험하면서 즐기는 에코 투어이다.

투어명	일정	비용	특징
팡아만 시카누 전일 투어	08:00~16:00	성인 1,600B 아동 1,200B	팡아만의 절경을 시카누를 타고 즐기는 투어이다. 피피섬 스노클링 투어와 더불어 푸껫의 대표적인 투어이다.
팡아만 육로 투어	09:30~19:00	성인 1,500B~ 아동 1,100B~	팡아만 관광뿐만 아니라 사파리 관광, 과일 농장 등을 둘러보는 복합적인 일정이다.
존그레이스 투어	12:00~20:00	성인 3,200B 아동 1,700B	오후에 팡아만에서 카누를 즐기며 관광한 후 선상 디너와 러이끄라통 행사를 즐길 수 있다.

요트 Yacht

새하얀 돛을 단 요트를 타고 바다를 누비는 럭셔리한 경험을 할 수 있는 투어로, 스피드 보트를 이용하는 스노클링 투어에 비해 다소 높은 비용이지만 요트를 이용한다는 점을 감안하면 합리적인 금액이다. 평균 20명 안팎의 인원으로 진행되는 투어로 오붓한 분위기를 기대하기는 힘들다.

투어명	일정	비용	특징
선셋 요트	16:30~20:30	성인 950B 아동 950B	간단한 스낵과 함께 요트에서 노을을 보는 일정이다.
라차섬 요트	07:30~17:00	성인 3,200B 아동 2,100B	요트를 타고 라차섬으로 이동, 체험 다이빙과 바다 낚시를 동시에 즐길 수 있다.
마이톤섬 요트	09:30~17:30	성인 1,800B 아동 1,800B	가까운 마이톤섬으로 요트를 타고 이동, 일정은 마이톤섬에서 이루어지는 요트 투어이다.

코끼리 트래킹 Elephant Tracking

코끼리를 타고 정글을 체험하는 색다른 경험을 할 수 있다. 트래킹 후 코끼리에게 바나나 등 직접 먹이를 주는 시간도 주어진다.

코끼리 트래킹	30분	성인 500B, 아동 300B	픽업이 따로 제공되지 않고 코끼리 트래킹 장소로 개별 이동해야 한다.

낚시 Fishing

유명한 피싱 포인트가 많은 푸껫 바다는 바다낚시를 즐기기에 최적의 장소이다. 짜릿한 손맛뿐만 아니라 직접 잡은 고기를 배에서 바로 먹는 재미도 있는 일석이조의 액티비티이다.

투어명	일정	비용	특징
트롤링	07:00~15:30	성인 1,900B / 950B	배에 자동 낚시 장치인 트롤링을 달고 가면서 하는 낚시 투어로, 파도가 높아지는 5~10월이 적기이나 날씨의 영향을 많이 받는 단점도 있다.

골프 Golf

푸껫은 세계적인 수준의 골프 클럽이 위치하고 있어, 매년 골프 마니아들이 즐겨 찾는 곳 중 하나이다. 국제적인 수준의 시설뿐만 아니라 바다와 호수, 숲이 코스 내 위치하고 있어 환상적인 배경을 자랑한다.

골프장	비용	특징
미션힐 푸껫 골프 클럽 Mission Hills Phuket Golf Club 홈페이지 missionhillsphuket.com 전화 076) 310 888	그린피 3,700B 캐디피 400B 카터 700B	2004년 잭 니클라우스가 설계한 클럽으로, PGA에서 인정받은 국제 수준의 골프 클럽이다. 골프장 내에 리조트 시설이 함께 있다.
블루 캐년 컨트리 클럽 Blue Canyon Country Club 홈페이지 www.bluecanyonclub.com/golf 전화 076) 328 088	Lake Course 그린피 3,800B 캐디피 350B 카터 700B Canyon Course 그린피 5,100B 캐디피 350B	총 36홀로 푸껫 최고의 시설을 갖춘 골프장이다. 캐년 코스와 레이크 코스로 나뉘며, 특히 캐년 코스는 1994년 그렉노먼과 1998년 타이거우즈를 제치고 어니 엘스가 우승한 곳으로 유명하다. 골프 클럽 이외에도 리조트와 스파 시설을 갖추고 있다.
라구나 골프 클럽 Laguna Golf Club 홈페이지 www.lagunaphuketgolf.com 전화 076) 324 350	그린피 4,400B 캐디피 350B	라구나 단지와 가까운 곳에 위치하며, 라구나 지역 호텔 투숙객에게는 별도 할인이 적용된다.
로치팜 골프 클럽 Loch Palm Golf Club 홈페이지 lochpalm.com 전화 076) 321 929–34	그린피 4,100B 캐디피 400B 카터 700B	빠통과 푸껫 타운에서 차로 약 15분 거리에 위치한 가장 가까운 골프 클럽이다.

* 위 투어 프로그램의 일정과 비용은 몽키트래블(thai.monkeytravel.com)등 현지 여행사의 정보를 토대로 작성되었으며 추후 업체의 사정으로 변동될 수 있습니다.

자유여행의 첫걸음

푸껫 호텔 이용 A to Z

여행객에게 호텔 이용은 여행지에 도착해서 가장 먼저 부딪히는 부담스러운 일이 될 수 있다. 평소 궁금했던 호텔 이용법! 알고 보면 전혀 어렵지 않은 일이다. 또한 호텔에서 제공하는 프로그램 및 부대시설을 잘만 이용하면 객실 비용 그 이상의 혜택을 누릴 수 있다. 체크인부터 체크아웃까지 한눈에 보는 호텔 이용 A to Z를 알아보자.

체크인 Check In

호텔 객실에 입실하는 것을 체크인(Check-in), 퇴실을 체크아웃(Check-out)이라고 하는데 보통 체크인은 14시이고 체크아웃은 12시이다. 호텔에 도착하면 프런트 데스크에 여권과 예약한 바우처(Voucher, 또는 예약증)를 제시하면 숙박계를 쓸 것을 요구한다. 숙박계에는 여권 번호, 영문 이름, 주소, 서명 등을 영어로 기입하는데 주소는 한국 내 주소를 쓰면 되고 잘 모르면 동 단위까지만 써도 된다. 서명은 여권과 동일하게 한다. 숙박계를 작성하고 나면 신용카드나 현금으로 디포짓(Deposit)을 한다. 실제 결제가 되는 것은 아니고, 객실 파손이나 물품 훼손에 대한 보증의 개념이다. 모든 투숙 과정이 끝나면 키를 받아 객실로 이동하면 된다.

짐은 직원이 객실까지 가져다주는데, 짐을 가져오면 약간의 팁을 주면 된다. 경우에 따라 직원이 객실까지 동행하여 비품 사용법과 객실 안내를 하기도 하는데 설명이 끝나면 역시 성의 표시를 하는 센스도 잊지 말자.

디포짓(Deposit)이란?

호텔에서 객실 내 가구나 비품의 파손 및 추후 발생될 비용에 대비하여 보증금을 요구하는데 이를 디포짓이라고 한다. 디포짓은 신용카드나 현금으로 할 수 있고 신용카드의 경우 호텔 측에서 일정 비용을 승인 요청하거나 신용카드를 복사하여 보관하게 된다. 혹시 신용카드로 승인이 되었다고 해도 실제 결제가 되는 것은 아니니 놀라지 말자! 신용카드가 없거나 카드 사용이 불안하면 현금으로 대신하면 된다. 체크아웃 시 파손이나 호텔 내에서 사용한 비용이 없으면 보증금은 돌려받거나 신용카드로 결제되는 것은 없다.

팁은 얼마나 주어야 할까?

호텔에 도착해서 객실로 짐을 가져다주는 컨시어즈(Concierge) 직원과 매일 객실을 청소해 주는 룸 메이드(Room Made/House Keeping) 직원에게 약간의 수고비를 주는 것은 세계적인 관례이다.
컨시어즈 직원은 짐 한 개당 약 40~50바트(또는 미화 2~3달러) 정도, 룸 메이드는 아침 조식을 먹으러 나갈 때 침대 위 또는 침대 옆 테이블 위에 역시 40~50바트(또는 미화 2~3달러) 정도 놔두면 된다. 팁은 만족스러운 서비스에 대한 성의 및 감사의 표시이다. 의무적인 것은 아니지만 어느 정도 성의 표시는 에티켓이다.

미니 바 & 객실 비품 Mini Bar & Room Amenity

객실 내 냉장고와 그 주변에 마련된 음료, 스낵류, 주류, 물 등을 미니 바라고 한다. 호텔 예약 시 '미니 바 무료 제공(Free Minibar or Complimentary)'이라는 조건이 없다면, 객실 내 냉장고 안에 들어 있는 음료와 스낵류, 주류는 유료이다. 무료(Complimentary)라고 쓰여진 생수 2병과 서랍이나 바구니 안에 들어 있는 커피와 차류는 무료이다. 단, 에비앙(Evian) 또는 브랜드 생수는 유료일 확률이 높다(미니 바 가격 리스트 체크). 그 외, 욕실에 마련된 샴푸, 린스, 보디 로션 등의 비품을 룸 어메니티(Room Amenity)라고 하는데 투숙 기간 동안 매일 새로 제공된다. 최근 환경 보호의 일환으로 일회용 칫솔, 치약 등은 없는 곳이 많으니 개인적으로 챙겨 가야 한다.

호텔에 따라서 객실 테이블에 열대 과일이나 초콜릿(허니문의 경우)을 놓는 경우가 있는데, 미니 바 리스트에 가격이 나와 있지 않거나 요금 표시가 없으면 무료로 제공되는 것일 확률이 높다. 더 정확하게 확인하고 싶으면 프런트에 문의하면 된다.

금고 사용법(Safety Box)

호텔 내 객실 옷장이나 테이블 아래에 보면 금고(Safety Box)가 있다. 금고는 비밀번호 입력식과 신용카드 잠금식 2가지가 있는데 대부분 비밀번호 입력식이다. 사용 방법은 금고의 리셋(Reset) 버튼을 누르고(없으면 생략해도 된다) 4자리 비밀번호를 누르고 잠금(Close) 버튼을 누르면 된다. 열 때에는 비밀번호로 설정한 4자리 번호를 누르고 열림(Open) 버튼을(역시 따로 버튼이 없으면 생략) 누르면 열린다. 귀중품이나 여권 등은 금고에 넣어 두는 것이 안전하다.

인터넷(Internet or WIFI)

대부분의 호텔에서는 인터넷(유선 또는 무선) 사용이 유료이다. 객실 또는 호텔 내에서 인터넷에 접속하여 방 번호와 투숙객 이름으로 로그인하면 비용이 나온다. 무료인 경우, 자동 접속되거나 비용이 명시되어 있지 않다. 체크인 시, 인터넷 사용이 무료인지 물어보는 것이 가장 확실하다.

룸서비스(Room Service)

객실 내 안내문에 객실에서 주문할 수 있는 식사, 음료, 주류 등의 리스트가 있는데 이를 룸서비스라고 한다. 호텔에 따라서 24시간 주문 가능한 메뉴도 있고 주문 시간이 정해진 것도 있다.
룸서비스로 주문한 음식의 비용은 체크아웃할 때 일괄적으로 계산하게 된다. 이를 룸 차지(Room Charge)라고 한다.

조식 Breakfast

조식은 보통 호텔 로비 근처의 레스토랑에서 진행된다. 조식 시간은 호텔마다 다소 다르지만 보통 07:00~10:00이다. 객실료에 아침 식사가 포함된 경우, 조식 식당 입구에서 방 번호를 말하고 자리를 잡고 식사를 하면 된다. 간혹 테이블에 영수증을 가져다주는 경우가 있으나, 조식 포함이면 방 번호와 서명만 하면 된다.
조식은 뷔페식으로 제공되는 것이 일반적이나 풀빌라나 고급 숙소의 경우 주문식으로 제공되기도 한다.

부대시설 이용하기

대부분의 리조트는 공용 풀, 헬스클럽, 키즈 클럽 등의 부대시설을 갖추고 있다. 내가 지불하는 객실 비용에는 이러한 부대시설을 사용하는 비용도 포함되었다고 보면 된다. 이러한 부대시설에서 제공하는 액티비티 프로그램이 있는데 보통 객실 내에 비치되어 있거나 액티비티 센터에서 정보를 얻을 수 있다. 동력이나 재료가 필요한 프로그램을 제외하고라도 무료로 할 수 있는 프로그램이 많다. 잘만 이용하면 객실 비용 그 이상의 혜택을 누릴 수 있다.

수영장(Pool)

투숙객의 경우, 호텔 내 수영장 이용은 무료이다. 수영장 옆 선베드도 사용할 수 있다. 비치 타월은 수영장 옆 비치 타월 데스크에 방 번호를 말하고 받아서 사용하면 된다. 호텔에 따라 체크인 시 비치 타월 카드를 따로 주는 곳도 있다.

레스토랑(Restaurant)

호텔 내 레스토랑은 이용 후 모든 비용을 객실에 일괄 부과하는 룸 차지(Room Charge)이다. 호텔 내 레스토랑은 저녁 식사에 테마 뷔페를 진행하는 경우가 많고, 투숙객에게는 별도 할인이 적용되기도 한다.

피트니스 & 스파(Fitness & Spa)

거의 모든 호텔에는 피트니스와 사우나 및 샤워 시설이 있는데 투숙객에게는 무료로 제공된다. 호텔 부속 스파는 비용을 지불하고 이용해야 하나 투숙객에는 할인되는 프로그램도 있다.

체크아웃 Check-out

퇴실 시간(Check-out)은 12시이다. 12시 전에 짐을 싸서 로비에서 객실 키를 반납하고 호텔에서 사용한 금액이 있으면 비용을 지불하면 체크아웃 과정이 끝난다. 룸서비스로 주문해서 먹은 음식 또는 호텔 내 레스토랑 및 스파 등에서 사용한 내역이 있으면 영수증 내역을 잘 확인하고 현금 또는 신용카드로 지불하면 된다. 체크인 시 보증금(Deposit)을 현금으로 했다면 보증금을 돌려받게 된다.

레이트 체크아웃(Late Check-out)

정규 퇴실 시간인 12시를 넘어서 체크아웃하는 것을 말하는데, 공식적으로 14:00~18:00는 객실료의 50%, 18시가 넘으면 1박의 객실료가 부과된다. 예약 시 또는 체크인 시, 호텔에 레이트 체크아웃을 요청하면 객실 상황에 따라서 호텔에서 허가하는 경우가 있는데 보통 최대 14~15시 정도이다.

여행 정보

- 여행 준비
- 출입국 수속
- 태국 입국
- 집으로 돌아가는 길

여권 만들기

해외 여행의 첫걸음은 바로 여권을 만드는 것부터 시작한다. 여권은 항공편 탑승할 때 이외에도 해외에서 신분증의 역할을 하는 중요한 서류이다. 여권에 사용할 영문 이름은 한 번 신청하면 추후 영문 이름 변경이 힘들기 때문에 신중하게 결정해야 한다.

2008년 8월부터 전자 여권 제도가 시행됨에 따라 여권은 본인이 직접 신청해야 하는 '본인 직접 신청제'가 시행되었다. 여행사 대행 또는 대리인의 신청이 불가능하다. 전자 여권은 기존 여권과 외양은 유사하나, 여권 뒤표지에 전자칩과 안테나가 내장되어 있으며 신규와 기존 여권을 재발급하는 사람들은 모두 이 전자 여권으로 발급 받게 된다.

여권 신청은 가까운 여권 발급 기관에서 여권 발급 신청서+여권용 사진 1매(6개월 이내에 촬영한 사진), 신분증을 가지고 신청할 수 있다. 여권은 1년 이내 1회만 사용할 수 있는 단수 여권과 5년, 10년의 복수 여권이 있는데, 국가별로 단수 여권의 입국이 불가능한 국가도 있으니 확인 후 발급하는 것이 좋다.

여권 발급 신청서

서울은 각 구청에서, 지방은 시, 군청 등에서 신청할 수 있다. 보통 발급 후 3~7일 정도 소요되나, 여름 휴가철이나 방학 기간에는 더 소요될 수 있으니 출발 일에 여유를 두고 미리 신청하는 것이 좋다.

여권 발급 기관 및 신청에 관한 자세한 사항은 www.passport.go.kr에서 확인할 수 있다.

여권 발급에 필요한 서류

1. 여권 발급 신청서 1부
2. 여권용 사진(3.5×4.5cm 사이즈로, 6개월 이내에 촬영한 것이어야 함)
3. 신분증
4. 발급 수수료

Tip 긴급 여권 재발급 서비스

여권의 자체 결함(신원 정보지 이탈 및 재봉선 분리 등) 또는 여권 발급 기관의 행정 착오로 여권이 잘못 발급된 사실이 출국 3일 전 발견된 경우 또는 인도적·사업상 급히 출국할 필요가 있다고 인정되는 경우 48시간 내 긴급하게 여권을 발급 받을 수 있다.

여권 발급 신청서, 여권용 사진 2매(6개월 이내에 촬영한 사진), 신분증, 신청 사유서 등을 지참하고 여권발급 기관을 방문하면 된다.

출발 당일 또는 하루 전에 여권의 파손 또는 유효 기간이 경과되었음을 알았을 경우, 인천공항 내 외교부 영사 민원 서비스에서 긴급 여권 재발급 서비스를 받을 수 있다.

기존 여권이 있는 경우에 한하여 여권 유효 기간 연장이나 단수 여권 발급 등의 서비스를 제공하고 있으나 급한 해외 출장 및 유학 등의 긴급한 목적이 아닌 단순한 관광, 친지 방문 등에는 서비스가 제한된다.

위치 인천공항 내 외교부 영사 민원 서비스 센터 여객터미널 3층 시간 월~금 09:00~17:00 전화 032 740 2773~4

비자

태국을 여행 목적으로 방문하는 경우 최대 90일까지 무비자로 체류할 수 있다. 단, 여권 유효 기간이 최소 6개월 이상 남아 있어야 한다.

태국관광청 www.visitthailand.or.kr
주한태국대사관 www.thaiembassy.org/seoul

항공권 준비

같은 이코노미 항공권이라도 유효 기간이 짧을수록, 일정이 정해졌거나 마일리지 적립이 안 되는 등 제한적 조건이 있을수록 저렴하다.
보통 일주일 이내의 여행 기간에는 유효 기간이 7일 이내인 티켓이 저렴한데 이 7일짜리 항공권부터 판매되므로 여행 날짜가 정해졌다면 항공권부터 예약하는 것이 좋다.
항공권은 항공사 홈페이지 및 할인 항공권을 전문적으로 판매하는 인터넷 사이트를 통해 스케줄 및 좌석 등을 실시간으로 조회 및 구매할 수 있다. 타이항공 등 해당 항공사의 티켓을 전문적으로 판매하는 업체를 이용하는 방법도 있다.
항공권을 예약할 때에는 여권상의 영문과 동일한 영문 이름으로 예약해야 하며, 여권이 없어도 예약 및 구매는 가능하나 여권상의 영문과 다를 경우 추후 탑승이 거절될 수 있으므로 주의한다.
갑자기 떠나는 여행인 경우, 급하게 판매하는 공동 구매 및 땡처리 항공권을 이용하는 방법도 있다.

할인 항공권 예약 사이트

온라인투어 www.onlinetour.co.kr
투어익스프레스 www.tourexpress.com
인터파크 tour.interpark.com

공동 구매 및 땡처리 항공권 판매 사이트

땡처리 항공권 www.ttang.com
하나투어 www.hanatour.com
모두투어 www.modetour.com

한국-푸껫 간 직항편은 대한항공, 아시아나, 진에어 등이, 경유편은 캐세이퍼시픽항공(홍콩 경유), 타이항공(방콕 경유), 싱가포르항공(싱가포르 경유) 등이 운항하고 있다.

Tip 마일리지를 모아라!

해당 항공사를 탑승한 이후 탑승한 거리만큼 마일리지를 적립해 주고 이후 일정 마일리지가 쌓이면 마일리지로 항공권을 교환해서 사용할 수 있는 프로그램이다.
항공사마다 차이는 있으나 1인당 4만 마일리지이면 1인 무료 동남아 왕복 이코노미항공권으로 교환할 수 있다. 마일리지는 반드시 탑승 전 해당 항공사 마일리지 프로그램에 회원 가입이 되어 있어야 하고 탑승 시 적립 요청을 해야 한다. 탑승자 본인 앞으로만 적립이 되고 추후 가족은 가족 합산 신청을 통해 합산이 가능하다.
인천-푸껫 간 왕복은 약 5,000마일리지 정도가 적립된다.

- 스타얼라이언스 www.staralliance.com/ko
  : 아시아나, 타이항공, 싱가포르항공 등
- 스카이팀 www.skyteam.com/ko
  : 대한항공, 델타항공, 베트남에어라인 등
- 아시아마일즈 www.asiamiles.com/am/ko/homepage
  : 캐세이퍼시픽, 드래곤 에어 등

방콕-푸껫 간 국내선은 방콕에어, 타이항공, 에어아시아 등이 하루 20여 차례 운행한다.

대한항공 kr.koreanair.com
아시아나 www.flyasiana.com
타이항공 www.thaiairway.com
싱가포르항공 www.singaporeair.com
캐세이퍼시픽 항공 www.cathaypacific.com/kr

Tip 전자 항공권 E-Ticket이란?

항공권 예약 및 발권 후에 탑승자 정보 및 티켓 번호, 예약 번호, 항공 스케줄 등의 내용이 들어 있는 전자 항공권 발행 확인서(e-Ticket Passenger Itinerary Receipt)를 이메일로 받게 되는데 이것을 줄여서 전자 항공권 또는 E-Ticket이라고 한다.

기존의 종이에 발행되던 항공권은 이 전자 항공권으로 대체되어 출력해서 공항 해당 항공사 카운터에 여권과 함께 제시하고 탑승권을 받으면 된다.
이 전자 항공권도 항공권이므로, 영문 변경 및 출발일 변경 등의 수정 사항이 있을 때 재발행 수수료가 발생할 수 있으므로 항공권 예약 및 발권 시 신중하게 확인해야 한다. 전자 항공권 발행 확인서는 탑승 수속/입출국/세관 통과 시 요구될 수 있으므로 전 여행 기간 동안 소지해야 한다.

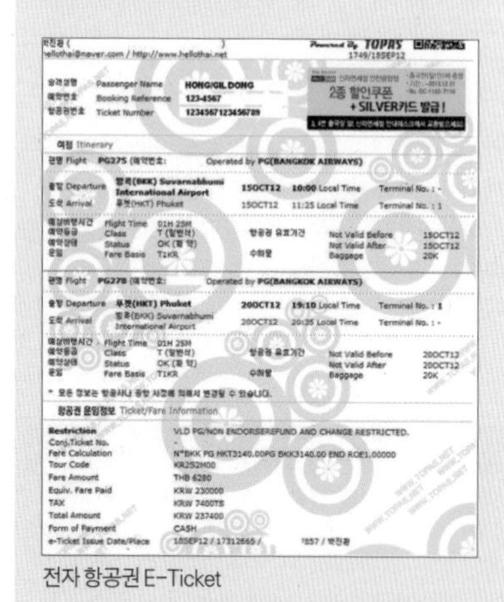
hellothai@naver.com / http://www.hellothai.net
Powered By TOPAS
1749/18SEP12

	Passenger Name	HONG/GIL DONG
	Booking Reference	123-4567
	Ticket Number	1234567123456789

2종 할인쿠폰 + SILVER카드 발급!

Itinerary

Flight PG275 Operated by PG(BANGKOK AIRWAYS)

Departure	방콕(BKK) Suvarnabhumi International Airport	15OCT12	10:00 Local Time	Terminal No. : -
Arrival	푸껫(HKT) Phuket	15OCT12	11:25 Local Time	Terminal No. : 1

Flight Time	01H 25M		
Class	T	Not Valid Before	15OCT12
Status	OK	Not Valid After	15OCT12
Fare Basis	T1KR	Baggage	20K

Flight PG278 Operated by PG(BANGKOK AIRWAYS)

Departure	푸껫(HKT) Phuket	20OCT12	19:10 Local Time	Terminal No. : 1
Arrival	방콕(BKK) Suvarnabhumi International Airport	20OCT12	20:35 Local Time	Terminal No. : -

Flight Time	01H 25M		
Class	T	Not Valid Before	20OCT12
Status	OK	Not Valid After	20OCT12
Fare Basis	T1KR	Baggage	20K

Ticket/Fare Information

Restriction	VLD PG/NON ENDORSE/REFUND AND CHANGE RESTRICTED.
Conj.Ticket No.	-
Fare Calculation	N*BKK PG HKT3140.00PG BKK3140.00 END ROE1.00000
Tour Code	KR2S2M00
Fare Amount	THB 6280
Equiv. Fare Paid	KRW 230000
TAX	KRW 7400TS
Total Amount	KRW 237400
Form of Payment	CASH
e-Ticket Issue Date/Place	18SEP12 / 17312665 /

전자 항공권 E-Ticket

호텔 예약하기

푸껫은 숙소의 종류가 다양하고 그 수도 많아서 그 어느 여행지보다도 숙소 선택이 어려운 곳이다. 숙소의 수만큼이나 예약할 수 있는 사이트나 방법도 다양하다.

호텔은 나의 일정과 동선, 여행 예산에 맞춰서 선택해야 하며 호텔을 선택한 후에는 호텔 홈페이지나 호텔 전문 예약 사이트를 통해 예약하면 된다.
호텔도 항공권과 마찬가지로 인기 호텔의 경우 조기 만실이 될 수 있으며 투숙할 여행객 수와 영문 이름을 정확하게 기재해야 한다.
예약 시, 추후 취소나 변경 시 환불에 대한 규정을 꼼꼼하게 확인하는 것도 잊지 말자.
개인 블로그나 태국 여행 전문 커뮤니티에서 호텔 리뷰를 참고하면 숙소 선택에 도움이 된다.

태국 여행 정보 사이트

태사랑 www.thailove.net
휴트래블 cafe.naver.com/honeymoon100

푸껫 현지 여행사

몽키트래블 thai.monkeytravel.com
크린푸켓 cleanphuket.co.kr/index/index.php

호텔 예약 사이트

호텔패스 www.hotelpass.com
아고다 www.agoda.co.kr
호텔스 닷컴 kr.hotels.com

환전하기

환전은 현지 통화로 하는 것이 기본이다. 푸껫을 포함한 태국에서는 타이바트 THB를 사용하는데, 지폐로는 20, 50, 100, 1000바트가 있고, 한국에는 100바트 이상 지폐부터 있다.
타이바트 THB는 기타 통화로서, 항시 보유하는 시중 은행이 적어서 방문 전 확인하는 것이 좋다. 환전은 은행에서 발행하는 환전 쿠폰이나 사이버 환전을 신청하면 환율 우대를 받을 수 있다.
환전은 카드와 현금으로 나눠서 사용할 부분을 정

하고 여기에 비상 시에 대비한 약간의 금액을 포함한 금액만 환전하는 것이 좋다. 대부분의 쇼핑몰, 호텔, 고급 레스토랑에서는 신용카드 사용이 자유롭기 때문이다.
환전을 너무 많이 하면 나중에 한국에서 남은 바트를 재환전할 때 환차 손해가 크다. 개인 차가 있지만 2인 1일 기준 10만 원 정도로, 4박 6일이면 40만 원 정도 바트로 환전해서 가져가면 된다. 혹시 모를 비상시를 대비하여, 미화 100달러짜리로 1~2장 정도 가져갔다가 급할 때 현지에서 바트로 환전해서 사용하는 방법도 있다.
현금 이외에 호텔 체크인 시 보증의 개념으로 사용되는 비자(VISA) 또는 마스터(Master) 카드도 함께 가져가야 한다.

인터넷 환전(사이버 환전)

평소 이용하는 은행의 인터넷 뱅킹을 통해 환전 신청을 하고, 출발 당일 인천공항 또는 원하는 지점에서 환전한 금액을 받을 수 있다. 시중은행이나 인천공항에서 환전하는 것보다 할인율이 높은 편이다.

KEB하나은행 사이버 환전 www.kebhana.com
우리은행 사이버 환전 www.wooribank.com

짐 싸기

짐을 쌀 때에는 수하물로 부칠 짐과 기내로 들고 갈 짐을 나눠서 싸도록 한다. 물에 젖거나 입은 옷 등을 넣을 수 있는 지퍼백을 미리 챙겨가면 편리하다. 더운 나라로 여행할 때 옷을 너무 많이 챙겨가기보다는 구김 안 가고 잘 마르는 옷으로 몇 벌 정도 가져가는 것이 좋다. 노트북, 카메라 등 전자제품은 수하물로 부치면 파손될 수 있으니, 직접 들고 타는 것이 좋다. 충전기도 꼭 챙기고 멀티 어댑터도 있으면 좋다.
항공사마다 차이는 있지만 수하물로 부칠 수 있는 짐의 무게는 이코노미석 기준 1인당 20kg 정도이고, 기내로 들고 갈 수 있는 것은 10kg 내외이다. 공식적으로 20kg이 넘으면 초과된 무게만큼 추가 수하물 비용을 내야 한다.
액체류는 기내 반입에 제한이 있으므로 가능한 트렁크에 넣어서 짐으로 부치는 것이 좋다. 반드시 기내로 들고 가야 하는 품목이라면 규정대로 나눠 담아서 들고 타면 된다.

분류	체크	준비물 내용
여권 / 항공권		여권 복사본 1부, 항공권, 호텔 바우처 등
옷(반바지, 티셔츠, 원피스)		- 하루 한 벌 정도로, 구김 안 가고 잘 마르는 옷으로. - 레스토랑에서의 식사를 위해 여자는 원피스, 남자는 셔츠 한 벌 정도 챙기는 것이 좋다. - 지퍼백을 가져가면 빨래 및 젖은 옷을 담기에 좋다.
수영복 및 물놀이용품		수영복, 물안경, 튜브 등
신발(슬리퍼1, 하이힐1)		슬리퍼, 아쿠아 슈즈(또는 크록스), 구두 한 켤레
화장품(선크림)		자외선 차단 지수 높은 선크림, 진정 효과 있는 스킨
비상약		감기약, 소화제, 일회용 밴드, 두통약, 버물리 등
전자제품		카메라, 넷북, 휴대폰 등(충전기도 꼭 챙겨가자)
위생용품		칫솔, 치약은 꼭 챙기기!
그 외		선글라스, 소형 계산기(쇼핑할 때 유용), 작은 가방, 컵라면(인당 1~2개씩)

Tip 액체 및 겔류 기내 반입 제한

화장품 등의 액체겔류는 단위 용기당 100㎖ 이하의 액체류를 1ℓ 이하의 투명한 플라스틱제 지퍼락 봉투에 담은 봉투 1개만 반입이 가능, 이 봉투는 보안 검색 전 제시해야 한다.

그 외에 끝이 뾰족한 무기 및 날카로운 물체(가위와 우산, 등산용 폴, 면도칼 등)와 골프채 등 둔기, 화기 및 총기류와 호신용 스프레이 등 화학 물질 및 유독성 물질도 반입 금지 품목이다.

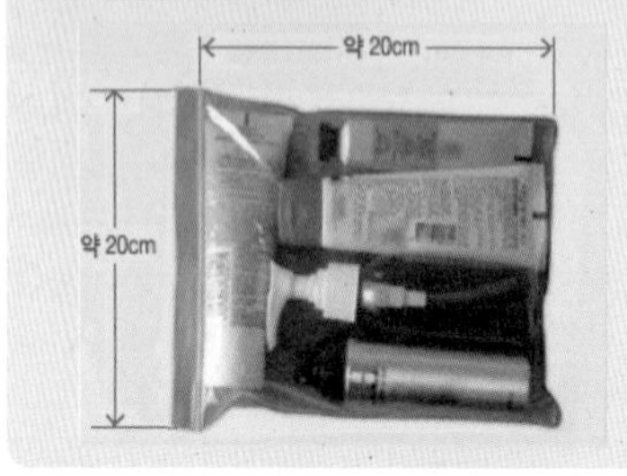

여행자 보험

만약의 일에 대비해서 여행자 보험은 반드시 들어야 한다. 출발 당일 공항 내 보험 회사 데스크에서 신청할 수 있으나 출발 전 보험 회사 인터넷 홈페이지 또는 보험 회사로 직접 신청하는 것이 좀 더 저렴하다.

은행에서 환전하거나 신용카드 회사에서 항공권 구입 시 여행자 보험을 들어 주기도 한다. 여행자 보험은 여행 기간보다 1~2일 정도 여유 있게 신청하는 것이 좋다. 여행자 보험을 들 때에는 상해 및 질병, 휴대물 도난 등의 보장 내역 및 금액을 꼼꼼히 확인해야 한다.

DB손해보험 www.idbins.com
삼성화재 www.samsungfire.com
KB손해보험 www.kbinsure.co.kr

출입국 수속

공항 도착 → 탑승권 발급 → 출국장 → 보안 심사 → 출국 심사 → 비행기 탑승 → 이륙

공항 도착

한국-푸껫 간 항공편은 인천공항과 부산 김해공항에서 출발한다. 국제선 항공편은 최소 출발 2시간 전에 공항에 도착해서 출국 수속을 해야 한다. 출발 1시간~50분 전에 해당 항공사의 탑승 수속이 마감되고 최근에는 정시 운항을 위하여 출발 10분 전에 탑승 게이트를 닫는 일도 많다.

탑승권 발급

공항에 도착하면 해당 항공사 카운터에 가서 전자 항공권(E-Ticket)과 여권을 제시하고 탑승권을 받는다. 이때 수하물로 부칠 짐을 함께 부치면 된다. 해당 항공사의 마일리지 적립을 위해 카드 또는 번호를 제시한다. 짐을 부치면 수하물표를 주는데, 나중에 짐을 찾을 때 필요하므로 반드시 잘 보관해야 한다.

Tip 자동 체크인 키오스트 이용하기

대한항공, 아시아나, 캐세이퍼시픽 항공사는 셀프로 탑승권을 발급 받을 수 있는 키오스크 기기를 이용할 수 있는데 길게 줄을 설 필요가 없어 빠른 탑승 수속을 할 수 있다. 해당 항공사 발권 카운터 옆 키오스크 기기에서 여권을 스캔하면 티켓이 자동 발권된다. 짐은 셀프 체크인 전용 카운터에서 부치면 된다.

Tip 현금 출금은 반드시 출국 심사 전에!

출국 심사 후 면세 지역에서는 현금 출금(외환 관리법에 의거 현금 출금기 설치 불가)이 불가하기 때문에 출국 심사 전에 필요한 현금을 출금해야 한다.

출국장

가까운 출국장으로 가서 여권과 탑승권을 보여주고 안으로 들어가면 된다. 출국장 안쪽에 세관 신고대가 있는데, 여행 시 사용하고 다시 가져올 귀중품 또는 고가품은 출국하기 전 세관에 신고한 후 '휴대 물품 반출 신고(확인)서'를 받아야 입국 시에 면세를 받을 수 있다.

보안 심사

보안 심사를 받기 전에 신발은 준비된 슬리퍼로 갈아 신어야 하며, 여권과 탑승권을 제외한 모든 소지품을 검사 받는다. 노트북, 휴대폰 등도 가방에서 꺼내 바구니에 담아야 하며, 칼, 가위 같은 날카로운 물건이나 스프레이, 라이터, 가스 같은 인화성 물질은 반입이 안 되므로 기내 수하물 준비 시 미리 체크하도록 한다.

출국 심사

2006년 8월 1일부터는 출국 신고서가 전면적으로 생략되어 출국 신고서는 작성할 필요가 없다. 출국 심사대 대기선에서 기다리다가 차례가 오면 한 사람씩 여권과 탑승권을 제시하면 된다. 가족 또는 동반인이더라도 한 명씩 순서대로 심사를 받아야 한다.

여권에 출국 확인 도장을 받고 출국 심사대를 통과한다. 심사를 받는 동안에는 선글라스, 모자 등을 벗고 전화 통화는 자제한다.

Tip 자동 출입국 심사 서비스

출입국할 때 항상 긴 줄을 서서 수속을 밟아야 하는 번거로움을 없애기 위해 시행하고 있는 제도이다. 주민등록이 된 7세 이상의 대한민국 국민이면(14세 미만 아동은 법정대리인 동의 필요) 모두 가능하고, 18세 이상 국민은 사전 등록 절차 없이 이용할 수 있다. 때에 따라 자동 출입국 심사대가 붐비는 경우도 있으니, 상황에 맞게 이용한다.

면세점 이용

출국 심사를 마치고 나오면 면세 구역에서 면세품 쇼핑을 할 수 있다. 인터넷 면세점이나 시내 면세점에서 산 물건이 있으면 각 면세점별 인도 장소에서 받는다.

비행기 탑승

출국 심사를 마친 후 해당 탑승 게이트로 이동하여 항공기에 탑승하면 된다. 해당 탑승 게이트는 탑승권에 나와 있다. 보통 항공기 출발 30분 전에 탑승을 시작하여 10분 전에 탑승이 마감되니 항공기 출발 최소 10분 전에는 해당 탑승 게이트 앞에서 대기해야 한다.

이륙

승무원에게 탑승권을 보여 주고 좌석 위치를 안내 받는다. 짐은 머리 위 선반 또는 의자 아래에 넣는다. 이륙, 착륙 시 항상 안전벨트를 착용하고, 등받이와 테이블은 제자리로 하고, 휴대폰 등 전자 기기는 반드시 끈다. 기내식, 음료, 주류는 모두 무료이다. 단, 기내에서는 고도가 높아 쉽게 취할 수 있으므로 주의한다. 기내 화장실(Lavatory)은 밀어서 열고 들어가고, 들어가서는 반드시 문을 잠근다. Vacancy(녹색)는 비었음, Occupied(레드)는 사용 중임을 나타낸다. 출입국 신고서는 2022년 10월 1일부로 전면 폐지가 되었으므로 따로 작성할 필요가 없다.

태국 입국

착륙 → 입국 심사 → 짐 찾기 → 세관 심사 → 입국장 → 공항에서 호텔까지

착륙

푸껫 국제공항에 도착하면 도착(Arrival) 또는 이민국(Immigration) 사인을 따라서 이동하면 된다. 방콕을 경유하는 경우에는 방콕공항에서 'Transfer To Phuket' 표지판을 따라서 이동하다가 해당 게이트에서 방콕 → 푸껫행 항공편에 탑승하면 된다. 이 경우 짐은 최종 목적지인 푸껫에서 찾는다.

입국 심사

입국 심사대에 도착하면 여권을 입국심사관에게 제시한다. 혹시 출국편 항공권을 요청할 수 있으니 전자 항공권(E-Ticket)을 소지하는 것이 좋다.

짐 찾기

타고 온 항공편명의 수하물 벨트에서 짐을 찾으면 된다. 비슷한 색의 가방이 많으므로 가방에 붙어 있는 수하물 번호와 수하물표의 이름과 번호를 확인하고 가방을 찾는다.

세관 심사

수하물 벨트에서 짐을 찾은 후 세관을 통과해서 나가면 된다. 태국 세관에 신고할 물품이 있는 경우 빨간색 채널인 'Goods to Declare'로, 세관에 신고 물품이 없는 방문 탑승객은 'Nothing to Declare' 출구(녹색 채널)로 통과하면 된다.
태국은 담배 및 주류 반입에 엄한 규정을 가지고 있으며, 최근 이에 대한 단속과 처벌이 강화되어 아래 규정을 반드시 지켜야 한다.

Tip 태국 입국 시, 담배와 주류의 제한 사항

1인당 1리터 이하의 주류와 200개피(1보루)만 반입 가능하다. 1리터 이상의 주류를 반입하다 발각되는 경우 주류 압수와 더불어 구매 가격의 2배의 벌금을 지불해야 한다.
200개비(1보루)를 초과하는 양의 담배를 반입하다 발각되면 구매한 모든 담배의 압수와 더불어 구매한 가격의 79%에 해당하는 10배의 벌금을 지불해야 한다.

Tip 주의사항

태국을 함께 입국하는 일행의 담배나 주류 등을 한 개의 쇼핑백에 담는 것 역시 용납되지 않는다. 각각 개인별로 소지해야 한다.

입국장

위의 모든 과정을 거쳐서 나오면 도착홀(Arrival)이다. 여행사에 픽업 신청을 요청했다면 이곳에서 기사를 만나게 되고, 택시나 버스를 이용할 경우 해당 위치로 이동하면 된다.

공항에서 호텔까지

푸껫공항에서 호텔까지 이동하는 가장 빠르고 편리한 방법은 여행사 픽업 서비스를 이용하는 것이다. 그 다음이 미터 택시순이다. 도전적인 사람이라면 공항 버스나 미니 버스를 이용해도 되지만, 시간이 오래 걸리고 어느 정도의 불편함은 감수해야 한다.
인원이 많고 짐이 많은 초행길 여행자라면 여행사 픽업 서비스가 오히려 비용을 줄이고 편한 방법이 될 수 있다. 단, 여행사 픽업 서비스는 미리 예약해야 가능하며 예약 없이 도착했다면 공항 미터 택시를 이용하는 방법이 있다.

공항 버스 Airport Limousine

공항 ↔ 푸껫 타운 구간을 운행한다. 08:00~20:30(공항 출발 기준) 사이에 운행하며, 약 1시간 20분 정도 소요된다. 배차 간격은 오전 30분, 오후 1시간 간격이다. 티켓은 푸껫 국제공항 도착홀 1층 Airport Limousine 카운터와 푸껫 타운 버스 터미널에서 구입 가능하며, 요금은 구간에 따라 30B~100B(타운-공항)이다. 여행객들이 주로 투숙하는 호텔이 많은 빠통, 까론, 까따 지역을 운행하지 않아서 실제로 이용할 확률은 적다.

홈페이지 www.airportbusphuket.com
전화 080) 465 5666
운행 시간 **첫차** 08:00(공항 출발), 06:00(푸껫 타운 출발) / **막차** 20:30(공항 출발), 18:30(푸껫 타운 출발)

Tip 공항 버스 주요 루트

푸껫 공항 - 더 슬레이트 푸껫 리조트(18:30 이후 무정차) - 딸랑 - 영웅자매상 - 보트라군 - Baan Teelanka(By Pass) - 테스코로터스(Samkong) - 센트럴 페스티벌 / 빅씨 - 시노인 - 푸껫 타운 버스 터미널

미니 버스

같은 방향의 사람들을 모아 미니 버스로 이동하는 형태이다. 공항 → 푸껫 타운, 빠통, 까론, 까따 등 주요 지역으로 운행하며, 1인당 요금을 부과한다. 빠통 내에서도 호텔별로 내려 주는 시간이 소요되어 다소 오래 걸리는 단점이 있다.

공항 → 빠통 180B, 까론·까따 200B, 푸껫 타운 150B / 1인당

미터 택시

공항 건물 오른쪽 끝에 있는 미터 택시 카운터로 가면 된다. 처음 2km까지 기본요금 50바트에 1km마다 미터당 7바트가 추가된다. 공항에서 출발할 경우 100B가 추가된다. 공식적으로는 미터 택시이나 빠통, 까론, 까따 등 주요 지역은 정해진 요금으로 운행한다.

공항→빠통 800B, 까론·까따 1,000B, 푸껫 타운 650B 정도

푸껫 택시 미터 서비스
Phuket Taxi Meter Service
076) 232 157, 158

여행사 차량

공항 도착홀로 나오면 이름이 적힌 피켓을 든 기사를 만나서 바로 호텔이나 시내로 이동하는 편리한

시스템이다. 2~4인이 이용할 수 있는 승용차와 8인승 밴 두 종류의 차량으로 픽업한다. 편리하고 빠르고 안전하다는 것이 장점이다. 특히 푸껫에 밤 도착인 한국발 항공 스케줄을 감안하면 시간, 비용 대비 가장 효율적인 공항 픽업 방법이다.

몽키트래블
thai.monkeytravel.com 070) 7010 8266

집으로 돌아가는 길

공항 도착 → 탑승권 발급 → 출국 심사 → 비행기 탑승 → 입국 심사 → 짐 찾기 → 세관 검사

공항 도착

국제선 항공편은 최소 출발 2시간 전에 공항에 도착해서 출국 수속을 해야 한다. 출발 1시간~50분 전에 해당 항공사의 탑승 수속이 마감되고 최근에는 정시 운항을 위하여 출발 10분 전에 탑승 게이트를 닫는 일이 많다. 방콕을 경유해서 한국으로 들어가는 경우에도 최소 2시간 전에 도착해서 탑승 수속을 해야 한다.

탑승권 발급

공항에 도착하면 해당 항공사 카운터에 가서 전자항공권(E-Ticket)과 여권을 제시하고 탑승권을 받는다. 이때 수하물로 부칠 짐을 함께 부치면 된다. 한국 출국 때와 마찬가지로 액체류는 트렁크에 넣거나 짐으로 싸서 수하물로 보내야 한다.

출국 심사

출국 심사대 대기선에서 기다리다가 차례가 오면 한 사람씩 여권과 탑승권을 제시하면 된다. 입국 시 작성했던 출국 신고서(Departure Card)가 여권과 함께 있어야 한다. 가족 또는 동반인이더라도 한 명씩 순서대로 심사를 받아야 한다. 여권에 출국 확인 도장을 받고 출국심사대를 통과한다.

면세점 이용

출국 심사를 마치고 나오면 면세 구역으로 면세품 쇼핑을 할 수 있다. 푸껫 공항 내 면세 구역에는 간이 매점, 항공사 라운지, 간단하게 마사지를 받을 수 있는 마사지 숍이 함께 있다.

비행기 탑승

해당 탑승 게이트로 이동하여 항공기에 탑승하면 된다. 해당 탑승 게이트는 탑승권에 나와 있다.
보통 항공기 출발 30분 전에 탑승을 시작하여 10분 전에 탑승이 마감되니 그 전에 해당 탑승 게이트 앞에서 대기해야 한다. 돌아오는 기내에서는 세관 신고서를 작성해 두었다가 도착 시 세관에 제출해야 한다.

입국 심사

비행기에서 내려 입국 심사대로 이동 후, 여권을 제시하고 입국 심사를 받으면 된다. 자동 출입국 심사를 신청한 사람은 기기를 통해서 심사를 받게 된다.

짐 찾기

도착하는 항공편의 해당 수하물 벨트 번호가 나와 있는 전광판을 참고해서 짐을 찾는다.

세관 검사

기내에서 작성한 세관 신고서를 제출해야 하며, 세관 신고를 해야 하는 사람은 자진 신고가 표시되어 있는 곳으로 간다. 만약 신고를 하지 않고서 면세 범위를 초과한 물건을 가지고 들어오다가 세관 심사관에게 발각되는 경우에는 가산세를 내거나 관세법에 따라 처벌받을 수 있다.
입국 시 1인당 면세 한도액은 해외에서 취득(무상 포함)한 물품을 포함하여 $800까지이다. 단, 주류 2병 합산 2L 이하, 총 $400 이하 / 담배 1보루 / 향수 60ml는 위 금액에 포함되지 않는다.
면세 범위를 초과한 물품의 국내 반입 시 자세한 예상 세액은 관세청 홈페이지 내 '휴대품 예상 세액 조회'를 통해 미리 계산할 수 있다.

여행 회화

태국어

간단한 의사소통

안녕하세요?	사와디 카
잘 지내세요?	사바이 디 마이?
잘 지내요.	사바이 디
당신은 이름이 뭡니까?	쿤 츠 아라이?
내 이름은 ○○입니다.	폼 츠 ○○ (여성의 경우 – 폼 대신 찬)
이해를 못하겠어요.	마이 카오짜이
이해하겠어요.	카오짜이 래우
만나서 반갑습니다.	인디 티다이 루짝쿤
어디에 사세요?	쿤 팍유 티 나이?
저는 한국에서 왔습니다.	폼 마짝 까올리 (여성의 경우 폼 대신 찬)
저는 태국어를 아주 조금 합니다.	풋 파사 타이 다이 닛노이
천천히 말씀해 주세요.	가루나 풋 차차
영어를 할 줄 아세요?	쿤 풋 타사 앙끄릿 다이마이?
저는 푸껫에서 5일간 머무릅니다.	폼 유 티 푸껫 하 완
당신은 몇 살 입니까?	쿤 아유 타올라이?
저는 서른다섯 살입니다.	폼 쌈십하 삐 래오.
잠깐만 기다리세요.	로사크루
배고파요.	히우 카오
갈증나요.	히우 남

숫자

1	**능**	2	**썽**	3	**쌈**	4	**씨**	5	**하**
6	**혹**	7	**젯**	8	**펫**	9	**까오**	10	**씹**
11	**씹엣**	12	**씹썽**	30	**쌈씹**	40	**씨십**	100	**능러이**
200	**썽러이**	300	**쌈러이**	400	**씨러이**	1000	**능판**	10000	**능문**

식당에서

메뉴 좀 볼 수 있을까요?	**커 두 메뉴 노이?**
새우 볶음밥을 주문하고 싶어요.	**폼 아오 카오 팟 꿍**
닭고기 바베큐 3접시와 콜라 한 병을 주세요.	**커 까이 양 쌈짠 레 콕 쿠엇능**
아이스 커피 두 잔만 주실래요?	**커 카페 옌 썽 투어이?**
싱하 맥주 세 병 주세요.	**커 비야싱 삼 쿠엇**
맵지 않게 해주세요.	**커 마이 펫**
매운 음식을 좋아해요.	**첩 아한 펫**
진짜 맛있군요.	**아로이 찡찡**
계산서 가져다주세요.	**커 첵빈**
수박 주스 한 잔과	**커 땡모빤 깨오 능 레 카페 썽**
커피 한 잔 주세요.	**투어이**
모기향 좀 가져다주세요.	**커 약깐융**
이미 주문했어요.	**썽 래오**

칭찬과 감사

고맙습니다.	콥 쿤
천만에요.	마이 뺀 라이
미안합니다.	커 톳

쇼핑

시장이 어디 있습니까?	딸랏 유 티나이?
여기 가방이 있습니까?	까빠우 미 마이?
너무 비싸군요.	팽 큰 빠이
얼마예요?	타올라이?
디스카운트 좀 해 주세요.	롯 다이마이?
300B에 하죠?	삼러이 다이마이?

택시에서

메트로폴 호텔에 가고 싶어요.	폼 똥깐 빠이 롱램 메트로폴
빠통 비치까지 얼마입니까?	빠이 핫 빠똥 타올라이?
여기서 멈추어 주세요.	윶 티니 노이
오른쪽으로 도세요.	리오 콰
왼쪽으로 도세요.	리오 싸이
곧장 가세요.	뜨롱 빠이
천천히 가 주세요.	빠이 차차
빨리 가 주세요.	빠이 레오레오

긴급한 상황

실례합니다.	커톳.
화장실은 어디 있습니까?	홍남 유 티나이?
나는 아파요.	폼 마이 싸바이 (여성의 경우 – 폼 대신 찬)
의사가 필요해요.	폼 똥깐 모
도와주세요.	추어이 두어이
도와주실 수 있으세요?	추어이 노이 다이마이?
경찰이 필요해요.	똥깐 폽 땀루엇
병원이 어디에 있죠?	롱파야반 유 티나이?
별문제 아닙니다.	마이 뺀 라이

여행 회화

영어

인사

처음 뵙겠습니다.	How are you.
(대답 시)	Pretty good. / Fine thanks.
만나서 반갑습니다.	Nice to meet you.
저는 ~라고 합니다.	My name is ~.
이 분이 ~ 씨입니다.	This is ~.

공항

무엇을 도와 드릴까요?	May I help you?
탑승 개시는 언제입니까?	When is boarding time?
이름을 알려 주시겠어요?	Just your name, please.
여권 번호를 알려 주시겠어요?	Passport number, please?
창쪽으로 좌석을 드릴까요? 복도쪽으로 드릴까요?	Window or aisle?
창쪽으로 주세요.	Window, please.
비행기 표를 보여 주세요.	Your ticket, please?
여기 있습니다.	Here you are. / Here it is.
짐은 두 개입니다.	I have two pieces of baggage.
이 예약을 취소해 주십시오.	Cancel this reservation, please.

환전

환전소는 어디입니까?	Where can I change money?
바트로 바꿔 주세요.	Change Dallar, please.
달러를 태국바트로 바꾸고 싶습니다.	I'd like to change Dallar into THB.
환율은 어떻게 되나요?	What's the exchange rate?
1달러에 ~바트입니다.	One Dallar is ~B.

입국 수속 시

여권을 보여 주십시오.	Passport, please.
방문 목적이 무엇입니까?	What's the purpose of your visit?
관광차 왔습니다.	For sightseeing. / For tour.
사업차 왔습니다.	On business.
푸껫 어디서 머물 예정입니까?	Where will you stay in Puket?
○○○ 호텔에서요	At the OOO Hotel.
얼마나 계실 겁니까?	How long will you stay here?
한 달간 있을 예정입니다.	I'll stay here for a month.
2주간 있을 겁니다.	Two weeks.
세관 신고할 것이 있습니까?	Do you have anything to declare?
없습니다.	No, I don't. / Nothing.
즐거운 여행하십시오.	Have a good time.
행운을 빕니다.	Have a good luck.

교통수단

택시를 불러 주세요.	Taxi, please.
택시 정류장은 어디입니까?	Where is the taxi stand?
기차역까지 가 주세요.	To the train station, please.
이 주소로 가 주세요.	To this address, please.
여기서 세워 주세요.	Stop here, please.
국제공항까지 요금이 얼마입니까?	How much is it to the international airport?
~로 가는 버스가 맞나요?	Is this bus for ~?
버스는 어디에서 타나요?	Where can I get on a bus?
요금은 얼마입니까?	What's the fare?
이 기차는 ~ 역에서 정차하나요?	Does this train stop at ~?
어디서 갈아 타나요?	Where do I change?
~까지는 얼마나 걸립니까?	How long dose it take to go to ~?
이 표를 취소할 수 있나요?	Can I cancel this ticket?
침대 열차가 있습니까?	Is there a sleeping train?
다음 역에서 내릴 겁니다.	I'm getting off at the next stop.
택시는 어디에서 타나요?	Where can I get a taxi?
어디로 가십니까?	Where are you going?
~로 갑시다.	To the ~, please.
여기서 세워 주세요.	Let me off here, please.
얼마입니까?	How much is it?
여기 있습니다.	Here it is.

사진 촬영

당신 사진을 찍어도 될까요?	May I take your picture?
저랑 같이 찍을래요?	Please pose with me?
죄송하지만 셔터 좀 눌러 주세요.	Excuse me, press the shutter, please.

호텔

오늘밤 묵을 방이 있나요?	Have you a room for tonight? Do you have a room for tonight?
방 값은 얼마인가요?	What's the rate for the room?
방 좀 미리 볼 수 있나요?	Can I see it, please?
더블 룸으로 하고 싶어요.	I'd like double room. / Double room, please.
욕실이 딸린 방으로 하고 싶어요.	I'd like a room with bath.
좀 더 싼 방은 없습니까?	Have you nothing cheaper?
지금 체크인을 할 수 있나요?	Can I check in now?
아침 식사가 포함되어 있는 요금입니까?	Does it include breakfast?
체크아웃 시간은 몇 시입니까?	When is check out time?
귀중품을 맡아 주시겠어요?	Can I check my valuables with you?
맡긴 짐을 찾고 싶은데요?	May I have my baggage back?
세탁 서비스가 있습니까?	Do you have laundry service?
세탁을 부탁합니다.	I have some laundry. Laundry, please.
언제까지 될까요?	When will it be ready?
모닝콜 서비스를 받을 수 있나요?	Can I get a morning call service?
지금 체크아웃을 하고 싶습니다.	Check out, please.

아플 때

몸이 안 좋아요.	I feel sick. / I feel no good.
병원에 데려다 주세요.	Please take me to the hospital.
의사를 불러 주세요.	Please call a doctor.
열이 있어요.	I have a fever.
머리가 아파요.	I have a headache.
저는 A형입니다.	My blood type is A.

음식점

금연석으로 주세요.	Non-smoking, please.
주문하시겠어요?	May I take your order? / Would you like to order now?
이것으로 먹겠어요.	I'll have this one.
추천할 만한 요리가 무엇입니까?	What would you recommend?
이것은 무슨 요리인가요?	What kind of dish is this?
아이스티가 있나요?	Do you have ice-tea?
커피 주세요.	I'll have coffee, please.
사양합니다, 배가 너무 불러요.	No, thank you. I'm full, I had enough.
계산서를 주세요.	Check, please.

길 묻기

실례지만, ~ 게스트하우스가 어딥니까?	Excuse me, Where is the ~ guest house?
여기가 지금 어딥니까?	Where am I now?
역에 가는 길을 가르쳐 주세요.	How can I get to the station?
여기가 무슨 거리입니까?	What street is this?
~까지 얼마나 멉니까?	How far is it to ~?
얼마나 걸립니까?	How long will it take?

국제 전화를 신청할 때

한국에 수신자 부담으로 전화를 하고 싶습니다.	I want to place a long distance collect call to Korea.
국제 전화를 하고 싶은데요.	I want to place an overseas call.
어느 나라에 하실 건가요?	Where are you calling?
한국에 하고 싶은데요.	I'm calling Korea.
서울 123국에 1234번입니다.	I'm calling Seoul and the number is 123-1234.

항공권을 예약할 때

다음주 월요일 인천행 비행기를 예약하려고 하는데요?	I'd like to make a reservation to In-cheon (Seoul) for next monday.
2등석으로 예약하고 싶습니다.	I'd like to travel economy-class.
언제 탑승 수속을 하지요?	When am I supposed to check in?

쇼핑

그냥 둘러보고 있는 중입니다.	I'm just looking around.
시계 좀 볼 수 있나요?	Can I see some watches?
다른 물건 좀 보여 주세요.	Show me another one, please.
너무 큽니다(작습니다).	It's too big(small).
이것으로 하겠습니다.	I'll take this one.
이것을 사겠어요.	I'll buy this.

기타 유용한 일상 회화

어느 나라에서 왔나요?	Where are you from?
지금 몇 시죠?	What's the time? What time is it now?

물어봐도 될까요?	Can I ask you a question?
어디 가는 중입니까?	Where are you going?
무슨 일입니까?	What happened?
매우 친절하시네요.	You are very kind.
당신이 부럽네요.	I envy you.
시간 있나요?	Do you have time?
이곳에는 자주 오나요?	Do you come here often?
한국 음악 좋아하세요?	Do you like Korean music?
이 책을 빌릴 수 있을까요?	Can I borrow this book?
계속 연락하는 거 잊지 마세요.	Remember to keep in touch.
당신 맘대로 하세요.	It's up to you.
너무 배가 고파요.	I'm starving.
목이 마르군요.	I'm thirsty.
맥주가 마시고 싶군요.	I'd like a beer.
맛있네요.	It's delicious. / It's yummy.
각자 계산합시다.	Let's go Dutch.
아주 좋은 날씨네요.	What a beautiful day.
날씨가 나쁘네요.	What a terrible day.
비가 올 거 같네요.	Looks like it will rain.
날씨가 개었으면 좋겠는데.	I hope it's going to clear.
당신 전화 번호 좀 알 수 있을까요?	May I have your phone number?
전화해도 될까요?	May I call you?
다시 한 번 말씀해 주실래요?	I beg your pardon?
화장실이 어딥니까?	Where is the restroom(toilet)?
당신 직업이 뭡니까?	What do you do? / What's your occupation?

찾아보기

INDEX

빠통

Sightseeing

Massage & Spa

Food & Restaurant

Nightlife

Shopping

Hotel & Resort